普通高等教育"十三五"规划教材

金属塑性变形理论基础

魏坤霞　魏　伟　主　编

胡　静　王世颖　汪丹丹　副主编

中国石化出版社

内 容 提 要

本书根据教育部颁布的材料科学与工程专业教学大纲要求，系统阐述了金属塑性变形的基本理论，较好地反映了金属塑性变形理论的新发展。主要内容包括：金属流动及变形的基本规律、金属塑性变形的不均匀性、金属塑性变形中组织性能的变化和温度-速度效应、金属的塑性及变形抗力、金属的性能要求及控制、金属塑性变形中的断裂、摩擦与润滑等基本理论，同时介绍了轧制过程的基本概念、金属在轧制过程中的变形规律以及轧制力的计算问题。

本书可作为高等院校材料工程及相近专业的教材使用，也可供从事材料加工领域工作的工程技术人员参考。

图书在版编目（CIP）数据

金属塑性变形理论基础／魏坤霞主编 . —北京：中国石化出版社，2019.12
普通高等教育"十三五"规划教材
ISBN 978-7-5114-5542-0

Ⅰ．①金… Ⅱ．①魏… Ⅲ．①金属-塑性变形-高等学校-教材 Ⅳ．①TG111. 7

中国版本图书馆 CIP 数据核字（2019）第 249963 号

中国石化出版社出版发行
地址：北京市东城区安定门外大街 58 号
邮编：100011 电话：（010）57512500
发行部电话：（010）57512575
http://www.sinopec-press.com
E-mail：press@ sinopec.com
北京富泰印刷有限责任公司印刷
全国各地新华书店经销

*

787×1092 毫米 16 开本 14.5 印张 362 千字
2020 年 11 月第 1 版　2020 年 11 月第 1 次印刷
定价：45. 00 元

前　言
PREFACE

《金属塑性变形理论基础》一书是遵照国家"十三五"普通高等教育本科专业教材规划精神，呼应"材料科学与工程"国家一级学科和"材料加工工程"国家二级学科的建设要求，并根据材料科学与工程专业的教学大纲和编者的教学体会，参阅了国内外塑性变形方面的有关文献资料编写而成。

本书系统阐述了金属塑性变形的基本理论，较好地反映了金属塑性变形理论的新发展。主要内容包括：金属流动及变形的基本规律、金属塑性变形的不均匀性、金属塑性变形中组织性能的变化和温度-速度效应、金属的塑性及变形抗力、金属的性能要求及控制、金属塑性变形中的断裂、摩擦与润滑等基本理论，也介绍了轧制过程的基本概念、金属在轧制过程中的变形规律以及轧制力的计算问题。

本书编写体系思路清晰，概念阐述简单明了，理论讲述深入浅出，保持较好的逻辑关系。为便于课堂教学和学生自学，在每章开始设有导读，主要介绍学习的要点和知识点，同时每章最后设有复习思考题以便读者更好地复习总结。

本书可作为高等学校材料工程及相近专业的教材使用，也可供从事材料加工领域工作的工程技术人员参考。全书共 10 章，教学授课约 40 学时。使用电子课件授课（索取配套课件和习题请与出版社联系），可增加课时信息量减少课时数。

在编写过程中，参考并引用了一些书刊、文献、资料的有关内容，在此致谢。本书出版得到了常州大学材料科学与工程学院的资助，同时中国石化出版社也为本书编辑出版付出大量的劳动，对此深表感谢！

鉴于编者学术水平所限，书中难免有不当和疏漏之处，敬请同行专家、学者和读者批评指正。

目 录 <<
CONTENTS

3　金属塑性变形中组织性能的变化和温度−速度效应

8　轧制过程

1 概　　述

本章导读：本章主要了解金属塑性变形与金属塑性成形的历史发展；了解金属塑性变形的概念；知晓塑性成形的特点及分类；熟知体积不变假设、最小阻力定律、塑性弹共存定律及应用。

1.1　金属塑性变形基础知识

1.1.1　金属塑性变形与金属塑性成形的概念

1.1.1.1　金属塑性变形

金属塑性变形（plastic deformation of metals）是指金属零件在外力作用下产生不可恢复的永久变形。其产生塑性变形的原因是原子的滑移错位。

人类很早就利用塑性变形进行金属材料的加工成形，但只是在一百多年以前才开始建立塑性变形理论。

1864~1868 年，法国人特雷斯卡（H. Tresca）在一系列论文中提出产生塑性变形的最大切应力条件。

1911 年德国卡门（T. von Karman）在三向流体静压力的条件下，对大理石和砂石进行了轴向抗压试验。1914 年德国人伯克尔（R. Bker）对铸锌作了同样的试验。他们的试验结果表明：固体的塑性变形能力（即塑性指标）不仅取决于它的内部条件（如成分、组织），而且同外部条件（如应力状态条件）有关。

1913 年德国冯·米泽斯（R. von Kises）提出产生塑性变形的形变能条件。1926 年德国人洛德（W. Lode）、1931 年英国人泰勒（G. I. Taylor）和奎尼（H. Quinney）分别用不同的试验方法证实了上述结论。

金属晶体塑性的研究开始于金属单晶的制造和 X 射线衍射的运用。早期的研究成果包括在英国伊拉姆（C. F. Elam）（1935 年）、德国施密特（E. Schmidt）（1935 年）、美国巴雷特（C. S. Barrett）（1943 年）等的著作中。主要研究了金属晶体内塑性变形的主要形式-滑移以及孪晶变形。以后的工作是运用晶体缺陷理论和高放大倍数的观测方法研究塑性变形的机理。

金属塑性变形理论应用于两个领域：①解决金属的强度问题，包括基础性的研究和使用设计等；②探讨塑性加工，解决施加的力和变形条件间的关系，以及塑性变形后材料的

1

性质变化等。

材料在外力作用下会产生应力和应变(即变形),当施加的力所产生的应力超过材料的弹性极限达到材料的流动极限后再除去所施加的力,除了占比例很小的弹性变形部分消失外,会保留大部分不可逆的永久变形,即塑性变形,使物体的形状尺寸发生改变,同时材料的内部组织和性能也发生变化。绝大多数金属材料都具有产生塑性变形而不破坏的性能。

1.1.1.2 金属塑性成形

金属塑性成形(metal plastic forming)即利用金属的塑性变形能力对金属材料进行成材和成型加工的方法。

金属塑性成形加工是具有悠久历史的加工方法,早在 2000 多年以前的青铜器时代,我国劳动人民就已经发现铜具有塑性变形的能力,并且掌握了锤击金属用以制造兵器和工具的技术。

随着近代科学技术的发展,塑性成形(加工)技术已经具有了崭新的内容和含义。作为这门技术的理论基础——金属塑性成形理论发展得比较晚,在 20 世纪 40 年代才逐步形成独立的学科。

金属塑性成形理论是在塑性成形的物理、化学和塑性力学的基础上发展起来的一门工艺理论。

金属塑性成形的物理和物理化学基础属于金属学范畴。20 世纪 30 年代提出的位错理论从微观上对塑性变形的机理做出了科学的解释。对于金属产生永久变形而不破坏其完整性的能力-塑性,人们也有了更深刻的认识。塑性,作为金属的状态属性,不仅取决于金属材料本身(如晶格类型、化学成分和组织结构等),还取决于变形的外部条件,如合适的温度、速度条件和力学状态等。

金属塑性成形理论的另一重要方面是塑性成形力学,它是在塑性理论(或者称塑性力学)的发展和应用中逐渐形成的。

1864 年,法国工程师屈雷斯加(H. Tresca)首次提出最大切应力屈服准则。

1913 年,密席斯从纯数学的角度出发,提出了另一新的屈服准则-密席斯准则。

1925 年,德国学者卡尔曼(Von Karman)用初等方法建立了轧制时的应力分布规律,最早将塑性理论用于金属塑性成形(加工)技术。

继卡尔曼不久,萨克斯(G. Sachs)和奇别尔(E. Siebel)在研究拉丝过程中提出了相似的求解方法-切块法,即后来所称的主应力法。

此后,人们对塑性成形过程的应力、应变和变形力的求解逐步建立了许多理论求解方法:如滑移线法、工程计算法、变分法和变形功法、上限法、有限元法等。

塑性成形中求解应力、应变等是一项繁重的计算工作,近年来由于计算机技术的飞速发展以及在生产中的普遍应用,对塑性成形问题的求解起了很大的促进作用。如已经出现的用于金属塑性成形的有限元分析软件,ANSYS、Dynaform、Deform 等,为塑性成形的研究提供了极大的方便。

金属塑性成形理论是一门年轻的学科,其中还有大量的问题有待进一步研究和解决。

1.1.2 金属塑性成形的特点

与金属切削、铸造、焊接等成形方法相比,金属塑性成形具有以下优点:

（1）经过塑性加工，金属的组织、性能得到改善和提高

金属在塑性加工过程中，往往要经过锻造、轧制或者挤压等工序，这些工序使得金属的结构更加致密、组织得到改善、性能得到提高。对于铸造组织，这种效果更加明显。例如炼钢铸成的钢锭，其内部组织疏松多孔、晶粒粗大而且不均匀，偏析也比较严重，经过锻造、轧制或者挤压等塑性加工可以改变它的结构、组织性能。

（2）金属塑性成形的材料利用率高

金属塑性成形主要是依靠金属在塑性状态下的体积转移来实现的，这个过程不会产生切削，因而材料的利用率高。

（3）金属塑性成形具有很高的生产率

这一点对于金属材料的轧制、拉丝、挤压等工艺尤为明显。例如，在 $12000 \times 10^3 N$ 的机械压力机上锻造汽车用的六拐曲轴仅需 40s；在曲柄压力机上压制一个汽车覆盖件仅需几秒钟；在弧形板行星搓丝机上加工 M5 的螺钉，其生产率可以高达 12000 件/min。随着生产机械化和自动化的不断发展，金属塑性成形的生产率还在不断提高。

（4）通过金属塑性成形得到的工件可以达到较高的精度

近年来，由于应用先进的技术和设备进行塑性加工，不少零件已经实现少、无切削的要求。例如，精密锻造的伞齿轮，其齿形部分精度可不经切削加工而直接使用，精锻叶片的复杂曲面可以达到只需磨削的精度，等等。

由于金属塑性成形具有上述优点，因而在国民经济中得到广泛使用。

1.2 金属塑性成形方法分类

金属塑性成形的种类很多，目前还没有统一的分类方法。按照其成形的特点，一般把塑性加工分为五大类：轧制、拉拔、挤压、锻造、冲压。其中每一类又包括了各种加工方法，形成了各自的加工领域。

1.2.1 轧制

轧制最早在 16 世纪后期发展起来，目前约有 90% 的金属材料涉及轧制工艺。

轧制是金属通过旋转轧辊的间隙（各种形状），因受轧辊的压缩使横断面积减小，长度增加的过程。主要用来生产型材、板材、管材。轧制的基本操作是平板轧制，即简单轧制，轧出来的是平板和薄板。

轧制方式按轧件运动分有：纵轧、横轧、斜轧、楔横轧。

纵轧：金属在两个旋转方向相反的轧辊之间通过，轧辊轴线与坯料运动方向垂直，并在其间产生塑性变形的过程（图 1-1）。

横轧：金属在两个旋转方向相同的轧辊之间通过，轧辊轴线与坯料运动方向平行，并在其间产生塑性变形的过程（图 1-2）。

斜轧：轧辊轴线与坯料运动方向互成一定的角度的轧制（图 1-3）。

楔横轧：利用两个外表镶有凸块并作同向旋转的平行轧辊对沿轧辊轴向送进的坯料进行轧制的方法（图 1-4）。

通过轧制可以轧制各种形状截面的产品（图 1-5）。

根据金属状态分有：热轧、冷轧。

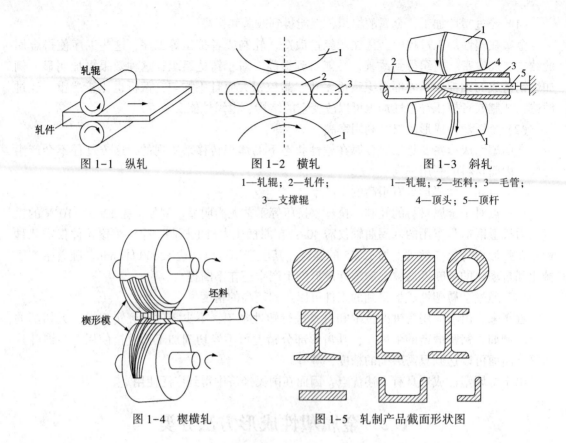

图 1-1 纵轧　　　　　图 1-2 横轧　　　　　图 1-3 斜轧
　　　　　　　　　　1—轧辊；2—轧件；　　　1—轧辊；2—坯料；3—毛管；
　　　　　　　　　　3—支撑辊　　　　　　　4—顶头；5—顶杆

图 1-4　楔横轧　　　　　　　图 1-5　轧制产品截面形状图

1.2.2　拉拔

拉拔是使用拉拔机大的夹钳将金属坯料从一定形状和尺寸的模孔中拉出，从而获得各种断面的型材、线材和管材（图 1-6、图 1-7）。

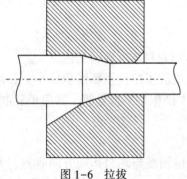

图 1-6　拉拔

1.2.3　挤压

挤压是把坯料放在挤压机的挤压筒中，在挤压杆的压力作用，使金属从一定的形状和尺寸的模孔中流出。

挤压可以分为正挤压和反挤压。正挤压时挤压杆的运动方向和金属从模孔中挤出的金属的流动方向一致，而反挤压时挤压杆的运动方向与模孔中挤出的金属的流动方向相反（图 1-8、图 1-9）。

1.2.4　锻造

锻造可以分为自由锻造和模锻。自由锻造一般是在锤锻或者水压机上，利用简单的工具将金属锭或者块料锤成所需要形状和尺寸的加工方法。

自由锻造不需要专用模具，因而锻件的尺寸精度低、生产效率不高。

模锻是在模锻锤或者热模锻压力机上利用模具来成形的，是金属在具有一定形状的锻模膛内受冲击力或压力而变形的加工，金属的成形受到模具的控制，因而其锻件的外形和尺寸精度高，生产效率高，适用于大批量生产，模锻又可以分为开式模锻和闭式模锻（图 1-10）。

图 1-7　拉拔产品截面形状图

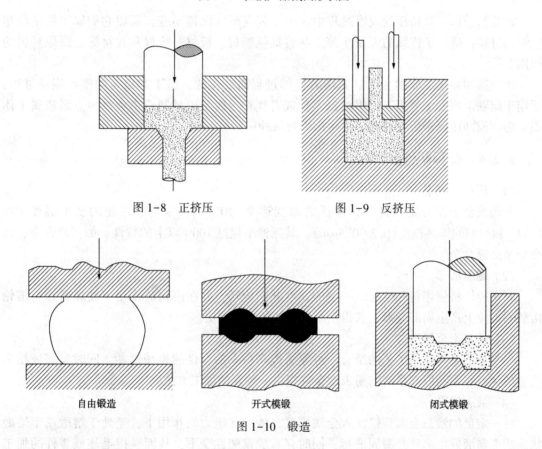

图 1-8　正挤压　　　　　　　　图 1-9　反挤压

自由锻造　　　　　　　开式模锻　　　　　　　闭式模锻

图 1-10　锻造

1.2.5　冲压

冲压又可以分为拉伸、弯曲、剪切等。

拉深等成形工序是在曲柄压力机上或者油压机上用凸模把板料拉进凹模中成形，用以生产各种薄壁空心零件(图 1-11)。

弯曲是坯料在弯矩的作用下成形，如板料在模具中的弯曲成形、板带材的折弯成形、钢材的矫直等(图 1-12)。

剪切是指坯料在剪切力作用下进行剪切变形，如板料在模具中的冲孔、落料、切边、板材和钢材的剪切等(图 1-13)。

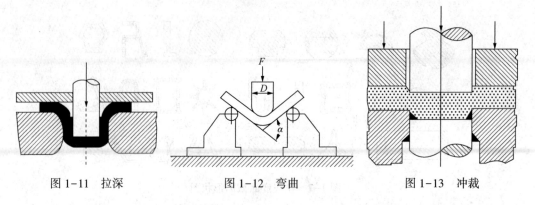

| 图 1-11 拉深 | 图 1-12 弯曲 | 图 1-13 冲裁 |

在轧制、拉拔和挤压的成形过程中，由于其变形区保持不变，所以它们属于稳定的塑性流动过程，适用于连续的大量生产，起着提供型材、板材、管材和线材等金属原材料的作用。

而锻造和冲压成形的变形区是随着变形过程而变化的，属于非稳定的塑性流动过程，适用于间歇生产，主要用于提供机器零件或者坯料，属于机械制造工业领域。锻造属于体积成形，而冲压属于板料成形，故也称为板料冲压。

1.2.6　特种塑性成形

（1）超塑性成形

金属或合金在特定条件下，即低的形变速率（$10^{-2} \sim 10^{-4}\,s^{-1}$）、一定的变形温度 $T \geqslant 0.5T_m$ 和均匀的细晶粒度（$0.2 \sim 0.5\mu m$），其延伸率超过 100% 以上的特性。如：铝合金、钛合金及高温合金。

（2）旋压成形

利用旋压机使坯料和模具以一定的速度共同旋转，并在滚轮的作用下使坯料在与滚轮接触的部位上产生局部变形，获得空心回转体的加工方法。

（3）粉末冶金锻造

是粉末冶金与锻造工艺的结合。可显著提高粉末冶金件的机械性能，同时又保证粉末冶金的优点。是制取高强高韧粉末冶金件提供一种新的加工方法。

（4）液态模锻

将一定量的液态金属直接注入金属模膛，随后在压力的作用下，是处于熔融或半熔融状态的金属液发生流动并凝固成形，同时伴有少量塑性变形，从而获得毛坯或零件的加工方法。

其他加工方法还有高能率成形和充液拉深等。

1.2.7　热成形、冷成形和温成形

按照塑性成形时的工件温度，金属塑性成形还可以分为热成形、冷成形和温成形。

热成形是在金属再结晶温度以上所完成的加工，如热轧、热锻、热挤压等。

冷成形是在不产生回复和再结晶的温度以下所进行的加工，如冷轧、冷冲压、冷挤压、冷锻等。

温成形则是介于热成形和冷成形之间的温度下进行的加工，如温锻、温挤压等。

1.3 金属塑性变形的基本定律

1.3.1 体积不变假设及应用

1.3.1.1 体积不变假设的概念

金属塑性变形后的体积与塑性变形前的体积相等，这就是体积不变定律，也叫体积不变假设。

金属或合金在外力的作用下，首先产生弹性变形，然后产生塑性变形。金属在弹性变形过程中，除发生形状改变外，体积也要发生改变，在弹性变形阶段的体积变形会随着弹性变形的消除而恢复到原始体积。

实际上，在不同的塑性成形工艺中的塑性变形过程中，常会有变形前后金属体积略有改变的情况(减小或增加)。这是由于：

① 在热轧制过程中，或对铸态钢坯进行锻造时，金属内部的缩孔、气泡和疏松被焊合，密度提高，体积略有减小。除内部有大量存在气泡的沸腾钢锭(或有缩孔及疏松的镇静钢锭、连铸坯)的加工前期外，热加工时，金属的体积可以看作是不变的。

② 金属坯料在加热过程中产生氧化皮等在变形时脱落也使其体积有所减小。

③ 在热轧过程中金属因温度变化而发生相变以及在冷变形过程中晶粒破碎，亚结构的形成使金属密度减小，体积略有增加。

这种体积变化都极为微小，例如钢试样拉伸时，当应力为 $19.6 \times 10^7 Pa$，体积改变仅为 0.04% 左右；冷加工时金属的体积变化为 0.1%~0.2%，并且这些在体积上引起的变化经过再结晶退火后仍然恢复到原有的数值。

这些微小的体积变化与变形材料整个体积相比可忽略不计。所以在金属塑性变形过程中假设变形前后体积不变。

也就是说，金属塑性变形时，假设其变形前的体积 V_1 和变形后的体积 V_2 相等。这种体积不变假设，用数学式表示为

$$V_1 = V_2$$

因此，在金属塑性变形加工中，坯料和锻模模膛的尺寸等均可以按体积不变来计算。

1.3.1.2 变形程度的表示方法

在解决金属塑性加工实际问题时，往往容易直观了解三个主要方向的变形，用变形程度表示塑性变形的量。现以镦粗为例分析变形程度的各种表示形式及其物理概念。

(1)绝对变形量

如图 1-14 所示，假设平行六面体变形后仍为平行六面体，则三个方向的绝对变形量表示为

$$\begin{array}{ll} \text{压下量} & \Delta h = H - h \\ \text{宽展量} & \Delta b = b - B \\ \text{延伸量} & \Delta l = l - L \end{array}$$

(2)相对变形程度

绝对变形量不能确切表示变形程度的大小，仅表示工件外形尺寸的变化，所以一般用相对变形程度来表示，相对变形程度是指绝对变形量与工件原始尺寸的比值的百分数。

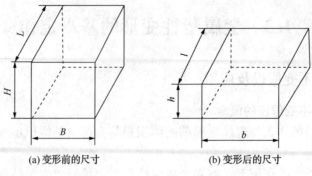

| (a) 变形前的尺寸 | (b) 变形后的尺寸 |

图 1-14　变形前后的平行六面体

$$相对压下量\qquad \varepsilon_1 = \frac{l-L}{L} \times 100\%$$

$$相对宽展量\qquad \varepsilon_2 = \frac{b-B}{B} \times 100\%$$

$$相对延伸量\qquad \varepsilon_3 = \frac{H-h}{H} \times 100\%$$

（3）真实变形程度

相对变形程度是变形结束后的总的相对变形量，不能确切地反映某变形瞬间的真实变形程度。在变形过程中，如原始尺寸 H 经过无穷多个中间数值变成 h，则由 H 到 h 的终了变形程度可看作是各阶段相对变形的总和。假设某瞬时的相对变形程度为 $\Delta h_i / h_i$。真实变形程度为

$$\varepsilon_h = \lim_{x \to \infty} \sum_{i=1}^{n} \frac{\Delta h_i}{h_i}$$

则在三个方向的真实变形程度为

$$\delta_1 = \ln(l/L)$$
$$\delta_2 = \ln(b/B)$$
$$\delta_3 = \ln(h/H)$$

这种用对数形式表示的变形程度反映了工件的真实变形程度，所以称为真变形或对数变形。

真变形与一般的相对变形相比较具有以下特点：

① 一般的相对变形表示方法不能确切地反映变形的实际情况，变形程度愈大，误差也愈大。

② 真变形具有可加性，而一般相对变形无可加性。

③ 真变形为可比变形，相对变形为不可比变形。

④ 根据体积不变条件，轧制时变形前后的体积应相等。

⑤ 真变形可以表示相对的位移体积。

1.3.1.3　体积不变假设的应用

（1）确定轧制后轧件的尺寸。

设矩形坯料的高、宽、长分别为 H、B、L，轧制以后的轧件的高、宽、长分别为 h、b、l（图 1-15），根据体积不变条件，则

$$V_1 = HBL$$
$$V_2 = hbl$$

即 $$HBL = hbl$$

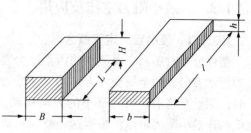

在生产中，一般坯料的尺寸均是已知的，如果轧制以后轧件的高度和宽度也已知时，则轧件轧制后的长度是可求的，即

$$l = \frac{HBL}{hb}$$

图 1-15　矩形断面工件加工前后的尺寸

【例题 1-1】　轧 50×5 角钢，原料为连铸方坯，其尺寸为 120×120×3000mm，已知 50×5 角钢每米理论重 3.77kg，密度为 7.85t/m³，计算轧后长度 l 为多少？

解：

坯料体积　　　　　　$$V_0 = 120×120×3000 = 4.32×10^7 mm^3$$

50×5 角钢每米体积为　$$3.77/(7.85×10^3/10^9) = 480×10^3 mm^3$$

由体积不变定律可得

$$4.32×10^7 = 480×10^3 × l$$

轧后长度　　　　　　　　　　$$l ≈ 90m$$

（2）根据产品的断面面积和定尺长度，选择合理的坯料尺寸。

【例题 1-2】　某轨梁轧机上轧制 50kg/m 重轨，其理论横截面积为 6580mm²，孔型设计时选定的钢坯断面尺寸为 325×280mm²，要求一根钢坯轧成三根定尺为 25m 长的重轨，计算合理的钢坯长度应为多少？

根据生产实践经验，选择加热时的烧损率为 2%，轧制后切头、切尾及重轨加工余量共长 1.9m，根据标准选定由于钢坯断面的圆角损失的体积为 2%。由此可得轧后轧件长度应为

$$l = (3×25 + 1.9)×10^3 = 76900mm$$

由体积不变定律可得

$$325×280L(1-2\%)(1-2\%) = 76900×6580$$

由此可得钢坯长度

$$L = \frac{76900×6580}{325×280×0.98^2} = 5673mm$$

故选择钢坯长度为 5.7m。

（3）在连轧生产中，为了保证每架轧机之间不产生堆钢和拉钢，则必须使单位时间内金属从每架轧机间流过的体积保持相等，即

$$F_1 v_1 = F_2 v_2 = \cdots = F_n v_n$$

式中　F_1、F_2、…、F_n——每架轧机上轧件出口的断面积；

　　　v_1、v_2、…、v_n——各架轧机上轧件的出口速度，它比轧辊的线速度稍大，但可看作近似相等。

如果轧制时 F_1、F_2、…、F_n 为已知，只要知道其中某一架轧辊的速度（连轧时，成品机架的轧辊线速度是已知的），则其余的转数均可一一求出。

1.3.2　最小阻力定律及应用

1.3.2.1　最小阻力定律概念

塑性成形时影响金属流动的因素十分复杂，可以应用最小阻力定律定性地分析金属质点的流动方向。即金属受外力作用发生塑性变形时，如果某质点有向各个方向移动的可能性时，则质点将沿着阻力最小的方向移动，故宏观上变形阻力最小的方向上变形量最大，这就叫作最小阻力定律。根据这一规律可以通过调整某个方向的流动阻力，来改变金属在某些方向的流动量，使得成形更为合理。最小阻力定律可以有下列三种描述。

描述 1： 物体在变形过程中，其质点有向各个方向移动的可能时，则物体内的各质点将沿着阻力最小的方向移动。

描述 2： 金属塑性变形时，若接触摩擦较大，其质点近似沿最短法线方向流动，也叫最短法线定律。

描述 3： 金属塑性变形时，各部分质点均向耗功最小的方向流动，也叫最小功原理。

1.3.2.2　最小阻力定律的应用

（1）判断金属变形后的横断面形状

运用最小阻力定律可以解释用平头锤进行镦粗时，各种截面形状随着变形程度的增加逐渐接近于圆形。

例 1-1： 矩形六面体的镦粗。

图 1-16 为塑压矩形断面的变化情况。由图可清楚地看出：随着压缩量的增加，矩形断面的变化逐渐变成多面体、椭圆和圆形断面。

对于这个现象的分析：图 1-1(a)~图 1-1(c)分别为圆形、方形、矩形截面上各质点在镦粗时的流动方向，图 1-17(d)是矩形截面镦粗后的截面形状。如果镦粗时各方向上摩擦力相等，则各方向上的变形量的大小就和各边长度成正比。由于金属流动的距离越短，摩擦阻力也就越小，所以端面上任何一点的金属必然沿着垂直边缘的方向流动。随着变形程度的增加，断面的周边将趋于椭圆，而椭圆将进一步变为圆。如能不断镦粗下去，坯料最终可能成为圆形截面，如图 1-17(d)所示(图中箭头长度可视为变形量的多少)。此后，各质点将沿着半径方向流动。因为相同面积的任何形状，圆形的周长最短，因而最小阻力定律在镦粗中也称为最小周边法则。

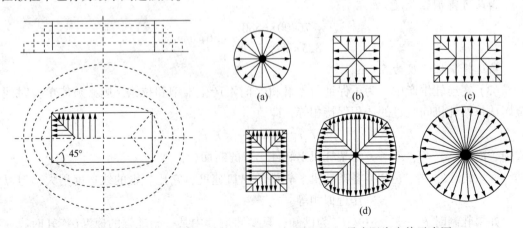

图 1-16　塑压矩形断面柱体变化规律　　　　图 1-17　最小阻力定律示意图

10

这里用角平分线的方法把矩形断面划分为四个流动区域——两个梯形和两个三角形。为什么用角平分线划分呢？因为角平分线上的质点到两个周边的最短法线长度是相等的。因此，在该线上的金属质点向两个周边流动的趋势也是相等的。

由图可见，每个区域内的金属质点，将向着垂直矩形各边的方向移动，由于向长边方向移动的金属质点较向短边移动的多，故当压缩量增大到一定程度时，将使变形的最终断面变形为圆形。

任何断面形状的柱体，当塑压量很大时，最后都将变成圆形断面。

（2）确定金属流动的方向

例1-2：轧制生产中的情况。

① 利用最小阻力定律分析小辊径轧制的特点。如图1-18所示，在压下量相同的条件下，对于不同辊径的轧制，其变形区接触弧长度是不相同的，小辊径的接触弧较大，接触弧长度小，因此，在延伸方向上产生的摩擦阻力较小，根据最小阻力定律可知，金属质点向延伸方向流动的多，向宽度方向流动的少，故用小辊径轧出的轧件长度较长，而宽度较小。

② 为什么在轧制生产中，延伸总是大于宽展？

首先，在轧制时，变形区长度一般总是小于轧件的宽度，根据最小阻力定律得，金属质点沿纵向流动的比沿横向流动的多，使延伸量大于宽展量；其次，由于轧辊为圆柱体，沿轧制方向是圆弧的，而横向为直线型的平面，必然产生有利于延伸变形的水平分力，它使纵向摩擦阻力减少，即增大延伸，所以，即使变形区长度与轧件宽度相等时，延伸与宽展的量也并不相等，延伸总是大于宽展。

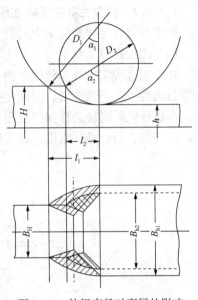

图1-18　轧辊直径对宽展的影响

1.3.3　弹塑性共存定律及应用

1.3.3.1　弹塑性共存定律

物体在产生塑性变形之前必须先产生弹性变形，在塑性变形阶段也伴随着弹性变形的产生，总变形量为弹性变形和塑性变形之和。

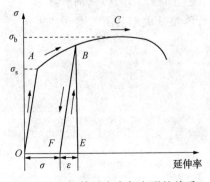

图1-19　拉伸时应力与变形的关系

为了说明在塑性变形过程中，有弹性变形存在，我们通过拉伸实验为例来说明这个问题。

图1-19为拉伸实验的变化曲线（$OABC$），当应力小于屈服极限时，为弹性变形的范围，在曲线上表现为 OA 段，随着应力的增加，即应力超过屈服极限时，则发生塑性变形，在曲线上表现为 ABC 段，在曲线的 C 点，表明塑性变形的终结，即发生断裂。

从图中可以看出：

① 变形的范围内（OA），应力与变形的关系成正比，可用胡克定律近似表示。

11

② 在塑性变形的范围内（ABC），随着拉应力的增加（大于屈服极限），当加载到 B 点时，则变形在图中为 OE 段，即为塑性变形 δ 与弹性变形 ε 之和，如果加载到 B 点后，立即停止并开始卸载，则保留下来的变形为 $OF(\delta)$，而不是有载时的 OE 段，它充分说明卸载后，其弹性变形部分 $EF(\varepsilon)$ 随载荷的消失而消失，这种消失使变形物体的几何尺寸多少得到了一些恢复，由于这种恢复，往往在生产实践中不能很好控制产品尺寸。

③ 弹性变形与塑性变形的关系。要使物体产生塑性变形，必须先有弹性变形或者说在弹性变形的基础上，才能开始产生塑性变形，只有塑性变形而无弹性变形（或痕迹）的现象在金属塑性变形加工中，是不可能见到的。因此，我们把金属塑性变形在加工中一定会有弹性变形存在的情况，称之为弹塑共存定律。

1.3.3.2 弹塑性共存定律在压力加工中的应用

弹塑性共存定律在轧钢中具有很重要的实际意义，可用以指导我们生产的实践。

（1）用以选择工具

在轧制过程中工具和轧件是两个相互作用的受力体，而所有轧制过程的目的是使轧件具有最大程度的塑性变形，而轧辊则不允许有任何塑性变形，并使弹性变形愈小愈好。因此，在设计轧辊时应选择弹性极限高，弹性模数大的材料；同时应尽量使轧辊在低温下工作。相反的，对钢轧件来讲，其变形抗力愈小，塑性愈高愈好。

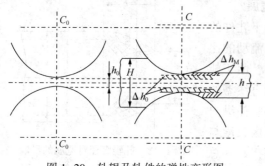

图 1-20　轧辊及轧件的弹性变形图

（2）由于弹塑性共存，轧件的轧后高度总比预先设计的尺寸要大

例 1-3：如图 1-20 所示，轧件轧制后的真正高度 h 应等于轧制前事先调整好的辊缝高度 h_0，轧制时轧辊的弹性变形 Δh_n（轧机所有部件的弹性变形在辊缝上所增加的数值）和轧制后轧件的弹性变形 Δh_M 之和，即

$$h = h_0 + \Delta h_n + \Delta h_M$$

因此，轧件轧制以后，由于工具和轧件的弹性变形，使得轧件的压下量比我们所期望的值小。

复习思考题

1-1　解释什么是金属塑性变形？什么是金属塑性成形？说出他们的区别和联系。

1-2　与金属切削、铸造、焊接等成形方法相比，金属塑性成形具有哪些优点？

1-3　金属塑性成形的方法有哪些？

1-4　解释"体积不变假设"，有何应用？

1-5　解释"最小阻力定律"，有何应用？

1-6　解释"弹塑性共存定律"，有何应用？

2　金属塑性变形的不均匀性

本章导读：学习本章要掌握变形不均匀的基本概念和均匀变形的条件；熟悉基本应力、工作应力、附加应力和残余应力的概念及其区别和联系；熟知各种引起变形和应力分布不均匀的因素及影响规律；会分析变形和应力分布不均匀的原因及防止措施。

金属塑性加工时，工件内变形和应力的分布是不均匀的，它既影响到产品的质量性能，也使塑性加工工艺复杂。虽说在各种情况下变形不均匀性的表现以及所造成的后果不尽相同，但也有大量的共性方面。下面将以在平行的平锤头间塑压圆柱体为典型事例，来分析讨论塑性加工时金属变形不均匀分布的现象、产生原因以及所引起的后果。

2.1　均匀变形与不均匀变形

2.1.1　基本概念

若变形区内金属各质点的应变状态相同，即它们相应的各个轴向上变形的发生情况，发展方向及应变量的大小都相同，这个体积的变形可视为均匀变形。否则就叫不均匀变形。

如图 2-1 所示，把物体分成很多小格，设变形前变形体高 H，宽 B，任意格子的高 H_x，宽 B_x，变形后变形体高 h，宽 b，任意格子的高 h_x，宽 b_x，则均匀变形的条件为 $H_x/h_x=H/h$ 且 $B_x/b_x=B/b$。

均匀变形有如下特点：

① 变形前体内的直线和平面，变形后仍然是直线和平面；

② 变形前彼此平行的直线和平面，变形后仍然保持平行；

③ 任何一个二阶曲面变形后仍为二阶曲面，其中变形前的球体于变形后变为椭球体；

④ 两个几何相似且位置相似的单元体，于变形后仍保持几何相似。

要实现均匀变形状态必须满足以下条件：

① 变形物体的等向性；

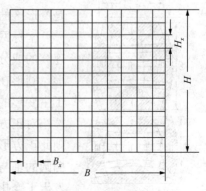

图 2-1　坐标格子

② 变形物体内任意质点处物理状态完全彻底均匀，特别是物体内任意质点处的温度相同，变形抗力相等；

③ 接触表面任意质点承受相同的绝对和相对压下量；

④ 整个变形物体同时处于工具的直接作用下，即没有外端的影响；

⑤ 接触表面上完全没有外摩擦或没有外摩擦引起的阻力。

要全面满足以上条件，严格说是不可能的，因此，不均匀变形是绝对的，这种不均匀会影响到产品的质量性能，也会使塑性变形更加复杂。因此必须对不均匀变形的规律加以研究，以便采取各种有效措施来防止或减轻其不良后果。

不均匀变形实质上是由金属质点的不均匀流动引起的。因此，凡是影响金属塑性流动的因素，都会对不均匀变形产生影响。塑性变形不均匀的典型现象有很多。例如，挤压或拉伸棒材的后端凹入；平砧下镦粗圆柱体时出现的鼓形；板材轧制时易出现舌头和鱼尾等均表明变形体横断面上延伸都是不均匀的。

2.1.2 研究变形分布的方法

在金属塑性加工中，常用以下几种实验方法来研究变形体内变形的分布。

（1）网格法

网格法是研究金属塑性加工中的变形分布，变形区内金属流动情况等应用最广泛的一种方法。这种方法是变形前在试样的表面或内部的剖面上用某种方法（画上、铸上、嵌上等）刻上坐标网，变形后测量和分析坐标网的变化，确定变形物体各处的变形大小及分布。其实质是观察变形前后，各网格限定区域金属几何形状的变化。

图2-2为刻有同心圆的由圆片组成的圆柱体试样的变形情况。为研究变形体某部位或某截面上的变形情况，常对铅试样在这些部位或图2-2组合圆柱体压缩截面上刻上网格，然后用熔点比铅低得多的武德合金（例如，熔点为70℃的武德合金：Pb 26.7%、Sn 13.3%、

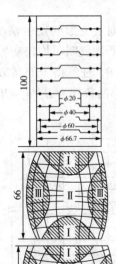

Bi 50%、Cd 10%）把切开的试样焊上，以防变形时错动，变形后把武德合金熔化去掉，显出网格的变化情况。

此方法的优点是可以直接测出变形体内各部分的变形情况。但应注意的是在刻画网格时应使其比例有足够大的数值和使刻画线条精细，否则会影响测量精度。目前网格法可作定量分析。

在用网格法研究金属的变形分布时可把网格的每个单元看作是变形区的单元，在整个变形过程中承受均匀变形。

坐标网可以是立体的，也可以是平面的。平面坐标网可以是连续的或分开的。分开的坐标网的单元或者是正方形，或者是圆形。圆形在变形过程中变成椭圆形，此椭圆轴的尺寸和方向反映了主变形的大小和方向。

对正方形网格来讲，当其轴在变形前后始终与主轴重合时，则此正方形在变形后变为矩形，此正方形的内切圆变为椭圆，此椭圆的轴与矩形的轴相重合。若主轴的方向相对原来正方形的轴发生了变化，则此正方形将变为平行四边形，此平行四边形的内接圆为椭圆形，此椭圆的轴与新的主轴相重合。

图2-2 组合圆柱体压缩

（2）螺钉法

此法是变形前在物体的适当位置上钻以螺孔，并旋入螺钉，在变形后沿螺钉轴将其剖开，测量螺距变化来了解变形情况。

此方法的缺点是破坏了金属的完整性，以及由于不均匀变形使螺杆歪扭，往往得不到所要求的剖面。

此外，也有研究者在变形前物体的钻孔中紧密地插入同样材料的芯棒，变形后沿芯棒轴剖开，通过观测芯棒位置及形状尺寸的变化，以及与基体金属发生缝隙的情况，来定性地判断变形分布与金属流动情况，以及在不同地方产生附加应力的种类。

（3）硬度法

金属与合金经变形后产生加工硬化。变形程度越大，加工硬化越强，因而其硬度也就越高。按此道理做如下实验：经充分退火的金属与合金，当进行冷变形后在所研究的截面上测量硬度，硬度大的部位就表示这里的变形程度大。应当注意，对欲测量硬度的截面，如已受机械加工，则应先经电解腐蚀和抛光，以消除因切削加工所引起的加工硬化的影响。例如，镦粗铝合金的圆柱体试样，在对称垂直截面上洛氏硬度的变化情况，如图2-3所示。接触表层的硬度则较小，越靠近表面的中心越小。在中心部分的同一层上，靠试样中部硬度比最外部（边部）大。这正好说明镦粗时三个区的存在。

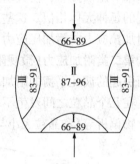

图2-3 冷镦粗铝合金后垂直截面上洛氏硬度的变化

硬度法比较简便，但是一种很粗略的方法，它只能对冷变形金属定性地反映变形的分布情况。因为只有那些加工硬化厉害的金属，随着变形程度的增大，硬度才能发生明显的增加。另外，硬度的变化也是非线性的，这种情况将影响实验的效果与精确度。

除此之外，研究变形分布的方法还有示踪原子法、光塑性法、云纹法等。

2.2　金属塑性变形时所受应力

金属塑性变形时变形物体内变形的不均匀分布，不但能使物体外形歪扭和内部组织不均匀，而且还使变形物体内的应力分布也不均匀。此时，除基本应力外，还产生附加应力。

2.2.1　基本应力和附加应力

2.2.1.1　概述

由外力作用所引起的应力叫作基本应力。或物体在塑性变形状态中，完全根据弹性状态所测出的应力叫作基本应力。表示这种应力分布的图形叫基本应力图。

附加应力是变形体为保持自身的完整和连续，约束不均匀变形而产生的内力，就是说附加应力是由不均匀变形所引起的，但同时它又限制不均匀变形的自由发展。此外，附加应力是互相平衡成对出现的。当一处受附加压应力时，另一处必受附加拉应力，这就是金属的塑性变形附加应力定律。

2.2.1.2　附加应力的分类及产生原因

附加应力根据产生的原因可分为三类：

第一类附加应力(宏观附加应力)：是由宏观不均匀变形而引起变形物体的 部分与另一部分之间产生相互平衡而引起的附加应力。

发生此类不均匀变形，主要与以下因素有关：①接触面上外摩擦力的作用；②变形体内不同区域材料性质不均匀；③加热温度不均匀；④变形物体与工具的形状等。

如图 2-4 为在凸形轧辊上轧制矩形坯的情形，图中 l_a 为边缘部分自成一体时轧制后的长度，l_b 为中间部分自成一体时轧制后的长度，$\bar{l}$ 为整个矩形板轧制后的实际长度。轧件边缘部分 a 的变形程度小，而中间部分 b 变形程度大，若 a、b 部分不是同一个整体，则中间部分比边缘部分发生更大的纵向延伸(图中虚线所示)。因轧件实际上是一个整体，虽然各部分的压下量不同，但纵向延伸趋于相等。由于金属整体性限制的结果，轧件中间部分给边缘部分施以拉力，使其增加延伸，而边缘部分给中间部分施以压力，使其减小延伸，使它们的延伸大体相似。这些由于不均匀变形而产生的相互作用、相互平衡的拉或压应力就是附加拉应力或附加压应力。

第二类附加应力(微观附加应力)：由在变形体中两个或几个相邻晶粒之间有不均匀变形而引起的彼此平衡的附加应力。

在几个晶粒之间发生不均匀变形，是由于它们在性质方面不同(存在不同的相、杂质或碳化物偏析等)和晶粒大小与位向(对作用的应力而言)不同而引起的。如图 2-5 所示。

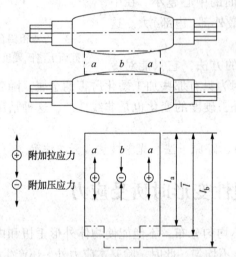 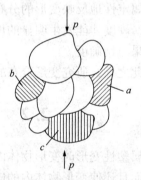

图 2-4　在凸形轧辊上轧制矩形坯产生的附加应力　　　图 2-5　相邻晶粒的变形

第三类附加应力(微观附加应力)：产生于晶粒内部，在滑移面附近或在滑移带中由各部分彼此之间平衡起来的晶格畸变所引起的附加应力。

当晶体变形时，参加滑移的滑移面只占可能有的滑移面很少一部分(不超过 1%~2%)，剩下的滑移面(分布于滑移带之间的晶块和分布滑移面之间的薄片)在物体塑性变形时，实际上并不参加晶内的滑移，这样在晶体内部发生了不均匀变形，从而引起了第三种附加应力。

2.2.1.3　附加应力对塑性变形的影响
附加应力对塑性变形会产生不良后果：

① 引起变形体的应力状态发生变化，使应力分布更不均匀。如凸形轧辊轧制板材。

② 造成物体的破坏。如挤压制品表面出现周期性裂纹。

③ 使材料变形抗力提高和塑性降低，提高单位变形力。不均匀变形引起附加应力时变形所消耗的能量增加，从而使单位变形力增高。

④ 使产品质量降低，造成物体形状歪扭。如薄板或薄带轧制、薄壁型材挤压时出现的镰刀弯、波浪形等。

⑤ 使生产操作复杂化。

⑥ 形成残余应力。由于附加应力成对出现，彼此平衡，只要变形的不均匀状态不消失，它始终存在，因此当外力去除后，他仍残留在物体内而形成残余应力。

2.2.2　工作应力和残余应力

工作应力是处于应力状态的物体在变形时用各种方法实测出来的应力，其分布图为工作应力图。当物体的变形绝对均匀时，基本应力图与工作应力图相同。而当变形呈不均匀分布时，工作应力等于基本应力与附加应力的代数和。

① 当附加应力等于零时，则基本应力等于工作应力；

② 当附加应力与基本应力同号时，则工作应力的绝对值大于基本应力的；

③ 当附加应力与基本应力异号时，则工作应力的绝对值小于基本应力的。

基本应力、附加应力和工作应力的关系如图 2-6 所示。

残余应力是变形物体由于变形分布不均匀产生附加应力，变形结束后残留在变形物中的内应力称之为残余应力。当变形结束后三种不同的附加应力就留在变形体内形成了三种不同的残余应力：第一类残余应力（宏观应力）、第二类残余应力（显微应力）、第三类残余应力（超显微应力）。总残余应力为三种残余应力之和。

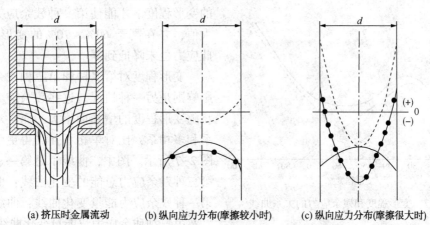

(a) 挤压时金属流动　　(b) 纵向应力分布（摩擦较小时）　　(c) 纵向应力分布（摩擦很大时）

图 2-6　基本应力、附加应力和工作应力的关系

（——）基本应力　　（┄┄）附加应力　　（-●●●-）工作应力

塑性变形的总位能是由释出位能和约束位能两部分所组成。释出位能用来确定平衡外力作用的内力的数值。而约束位能则是用来确定由塑性变形引起的相互平衡内力的数值。因附加应力是由不均匀变形引起的相互平衡的内力所造成，所以约束位能也同样可确定在每一变形瞬间附加应力的数值。虽然残余应力是变形完毕后保留在物体内的附加应力，但并不是所有的约束位能都用于形成残余应力，而是有部分位能在塑性变形中由于软化而被释放。因此，残余应力的位能应小于在整个塑性变形过程中用于形成附加应力的位能。

2.2.2.1 残余应力的主要影响因素

残余应力与附加应力一样也同样受到变形条件的影响。其中主要是变形温度、变形速度、变形程度、接触摩擦、工具和变形物体形状等。

(1) 变形温度的影响

在确定变形温度的影响时应注意到在变形过程中是否有相变存在。若在变形过程中出现双相系时，将会引起第二种附加应力的产生，从而使残余应力增大。

但在一般情况下，当变形温度升高时，附加应力以及所形成的残余应力减小。温度降低时，出现附加应力和残余应力的可能增大。因此，即使是对单相系金属也不允许将变形温度降低到某一定值以下。

在变形过程中温度的不均匀分布是产生极大附加应力的一个原因，自然也是产生极大残余应力的一个原因。如果变形过程在高于室温条件下完成时，具有某一数值的残余应力时，则此残余应力会因物体冷却到室温而增加。

(2) 变形速度的影响

变形速度对残余应力也有如同对附加应力那样的影响。通常，在室温下以非常高的变形速度使物体变形时，其附加应力和残余应力有减小的趋势。而在高于室温的温度下，增大变形速度时，这些应力反而有可能增加。

(3) 变形程度的影响

随着变形程度的增加，第一种附加应力，亦即第一种残余应力开始急剧增加。当塑性变形程度达到20%~25%时，第一种残余应力达到最大值。当变形继续增加时，此应力将开始减小，并当变形程度超过52%~65%时，应力几乎接近于零。但是当温度升高时，在较大的变形程度下才能使第一种残余应力达到最大值，并在高于60%~70%的变形条件下，此应力也未降低到零。

变形程度对第二种和第三种残余应力的影响则是另一种情况。这些残余应力的数值将随变形程度的增加而增大，而且对于双相系和多相系，比对单相系提高得更强烈。如图2-7所示。图中，曲线1是第一、第二及第三种残余应力总能的变化曲线；曲线2是第一种残余应力能量变化曲线；曲线3是第二及第三种残余应力总能量变化曲线。

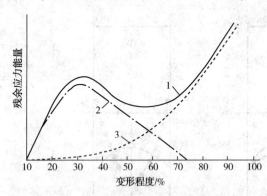

图2-7 变形程度和残余应力的关系曲线

2.2.2.2 残余应力引起的后果

(1) 引起物体尺寸和形状的变化

当在变形物体内存在残余应力时，则物体将会产生相应的弹性变形或晶格畸变。若此残余应力因某种原因消失或其平衡遭到破坏，此相应的变形也将发生变化，引起物体尺寸和形状改变。

对于对称形的变形物体来讲，仅发生尺寸的变化，形状可保持不变。例如，当用表面层具有拉伸残余应力和心部具有压缩残余应力的棒材坯料在车床上车成圆柱形工件时，切削后由于具有拉伸残余应力的表面层被车削掉，成品工件的长度将有所增加。如图2-8所示。

若加工件是不对称的，则物体除尺寸变化外，还可能发生形状的改变。如图2-9所示。

18

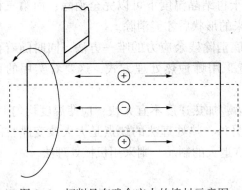
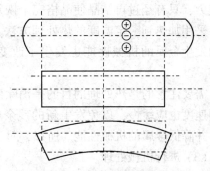

图 2-8　切削具有残余应力的棒材示意图　　　　图 2-9　板材裁剪后的变形

引起残余应力的消失或减小的原因，除机械加工外、时间的延长等因素。有时，具有残余应力的物体在热处理过程中，或受到冲击后也会发生尺寸和形状的变化。

（2）使零件的使用寿命缩短

因残余应力本身是相互平衡的，有拉应力也有压应力，所以当具有残余应力的物体受载荷时，在物体内有的部分的工作应力为外力所引起的应力与此残余应力之和，有的部分为其差，这样就会造成应力在物体内的分布不均。若工作应力为和时，就会在低于材料的屈服强度产生塑性变形，甚至达到材料的断裂强度而产生断裂，从而缩短了零件的使用寿命。

（3）降低了金属的塑性加工性能

当具有残余应力的物体继续进行塑性加工时，由于残余应力的存在可使物体内的应力和变形的不均匀分布更加强烈。当附加拉应力与基本应力的叠加有可能超过变形物体的强度极限时，在变形物体内部个别部位产生开裂裂纹，降低了变形物体的塑性。例如。在初轧的开始几道，由于坯料较厚，变形量较小，变形仅限于接触表面附近，坯料中心部位产生附加拉应力，很容易使本来塑性较差的中心部位，铸造组织开裂。

（4）降低金属的耐蚀性以及冲击韧性和疲劳强度

残余应力的存在，使金属塑性、冲击韧性、疲劳强度降低，变形抗力升高。当金属制品表面层存在残余拉应力时，会降低其耐蚀性。

2.2.2.3　减小残余应力影响的措施

残余应力是由附加应力的变化而来，其根本原因就是物体产生了不均匀变形，使在物体内出现了相互平衡的内力。因此，残余应力不仅产生在塑性加工过程中，而且也产生在不均匀加热、冷却、淬火和相变等过程中。减小或消除残余应力的方法主要从以下三方面进行考虑：

（1）减小材料在加工和处理过程中所产生的不均匀变形。

① 正确选定变形的温度-速度制度。

② 减小金属表面上的外摩擦。

③ 合理设计加工工具形状。

④ 尽可能保证变形金属的成分及组织均匀。

（2）对加工件进行热处理。

例如工件的回火和退火等方式来减小或消除。实践证明，第一种残余应力用低温回火

19

方法就可以大为减小；第二种残余应力在稍低于再结晶温度下可以完全消除；而第三种残余应力，只有经过再结晶使晶格完全恢复到原来的形状后才能消除。

采用加热到一定温度的热处理方法，是彻底消除残余应力的唯一方法，同时随着再结晶的发生金属的机械性能也发生了改变，究竟采用哪种热处理方式，这要看实用的目的而定。

需要注意的是热处理的目的是消除残余应力，加热速度不宜太快，应使温度均匀上升；冷却速度也应缓慢，以免发生新的残余应力。另外，热处理法的缺点是大大改变晶粒的大小，并降低金属的机械性能。所以，对于不允许退火的制品，则采用机械处理法。

（3）进行机械处理。

这种方法的实质是在物体表面上附加一些表面变形，使之产生附加应力以抵消原有的残余应力或尽量减小其数值。显然，采用这种方法只有当物体表面层存在有残余拉应力时才有效。因为根据以前所讲的附加应力产生的原因可知，用机械法会使物体表面产生压应力。此方法只能减小第一种残余应力，且只当工件表面层中具有残余拉应力时才能适用。事实上当表面层具有残余拉应力时更危险，所以这类方法还是有很大实际意义的。

机械处理方法是利用使物体表面产生很小的塑性变形的方法来减小残余应力。这种处理方法主要有：

① 使工件彼此相碰（此方法仅限于尺寸小、形状简单的工件）；

② 用喷丸法打击工件表面或用木槌敲打表面；

③ 表面碾压和压平；

④ 表面拉拔；

⑤ 在冲模内作表面校形或者精压等。

这种方法仅使工件产生表面变形，所以在变形中，于工件表面层中产生附加压应力，在工件中层产生附加拉应力。可见，此方法只能减小第一种残余应力。且只当工件表面层中具有残余拉应力时才能适用。

如图 2-10 所示，表面层中具有残余拉应力的板材经表面碾压后，其残余应力大为减小。在一定限度内，表面变形越大，残余应力减小得越多。

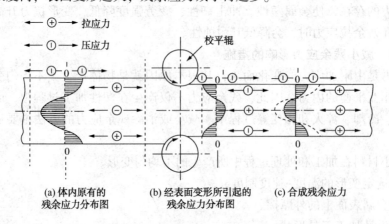

(a) 体内原有的   (b) 经表面变形所引起的   (c) 合成残余应力
   残余应力分布图   残余应力分布图

图 2-10　用表面碾压减小残余应力的方法

实验证明，拉制黄铜棒经碾压后，其内部的残余应力发生如图 2-11 所示的变化。可见，表面变形可使原来的残余应力几乎减小 1 倍，甚至可使表面拉应力变成压应力。

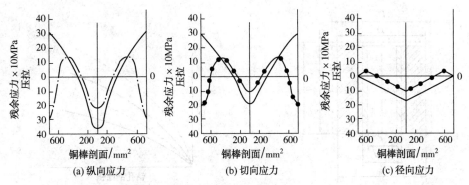

图 2-11　黄铜棒在碾平前后的残余应力分布图

（实线为拉制铜棒的残余应力；虚线表示铜棒在碾平后的残余应力）

表面变形程度越大、残余应力减少得越多。但此变形程度不应超过某一限度，一般是在 1.5%～3% 以下。若超过此限度，会造成有害的后果，因为这样不但不会减小残余应力，反而会使残余应力增加。

2.2.2.4　残余应力的检测方法

残余应力的大小和符号（拉为正、压为负）与金属在变形过程中的受力状态、变形状态、加工工具轮廓形状、变形温度-变形速度及金属内部质量有密切关系。定量或定性地测量出残余应力的大小或符号，对分析生产工艺过程中的问题，继而提出改进措施是有益的。

测定制品内残余应力的方法主要有机械法、化学腐蚀法及无损检测法。

（1）机械法

将被测物体截取一定尺寸的试样，采取车削、铣、钻孔、膛孔等机械加工方法，逐层地除去具有对称性残余应力的试样上某些部分。由于平衡状态被破坏，试样剩余部分将产生一定的变形来适应。于是测量出变形大小值，算出相应各层的残余应力值，然后绘出某轴线上残余应力大小及分布图。用此法仅能测出第一类残余应力。工作越细致，测量越准确，结果越精确。

以厚壁管和棒材、采用钻孔法为例。取一段长度为直径三倍的试样，在其正中心钻一通孔，然后用膛杆或钻头从内部逐次去除一层薄金属，如图 2-12 所示。这时应注意防热，以免影响测量数据的准确性。每次去除约 5% 的断面积，去除后测量试样长度与直径变化，然后计算出 ε_1 及 ε_d 的大小（注意测量时要求冷态尺寸）：

$$\varepsilon_1 = \frac{L-L_1}{L}\times100\% \qquad \varepsilon_d = \frac{D_1-D}{D}\times100\%$$

式中　L，D——膛孔前试样的长度及直径；

　　　D_1，L_1——膛孔后试样的直径及长度。

每次膛孔前后可用高精度的测量装置测量出 L、L_1、D、D_1，并计算出 ε_1 及 ε_d，同时求出：

$$\lambda = \varepsilon_1 + \nu\varepsilon_d \qquad \theta = \varepsilon_d + \nu\varepsilon_1$$

式中　ν——泊松系数。

然后绘出变形与膛孔横断面积 F 的关系曲线，如图 2-13 所示。曲线上任一点的导数 $\dfrac{d\lambda}{dF}$ 及 $\dfrac{d\theta}{dF}$ 可用作图法求得，因为它们分别是 ε_1、ε_d 曲线在该点处切线的斜率。可按下述公式求得去除掉一微小面积 dF 后，试样纵向及横向上消失的残余应力值。

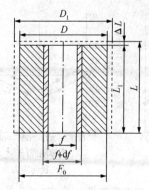

图 2-12 棒材中心钻孔测残余应力

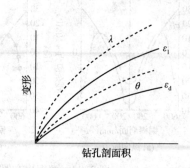

图 2-13 变形与钻孔横断面积的关系曲线

纵向 (轴向) 残余应力：
$$\sigma_1 = E'\left[(F_0-F_1)\frac{d\lambda}{dF}-\lambda\right]$$

纵向 (轴向) 残余应力：
$$\sigma_\theta = E'\left[(F_0-F_1)\frac{d\theta}{dF}-\frac{F_0+F_1}{2F_1}\theta\right]$$

径向残余应力：
$$\sigma_r = E'\frac{F_0-F_1}{2F_1}\theta \quad E'=\frac{E}{1-\nu^2}$$

式中 E——材料的弹性模量；

F_0——试样原始断面积；

F_1——试样逐层膣去部分的断面积。

（2）化学腐蚀法

化学腐蚀法测量残余应力只能定性不能定量。它是将试样浸入相应的腐蚀剂中，以开始浸蚀到发现裂纹所经历的时间长短来衡量残余应力的大小。时间越短，残余应力值愈高，反之愈低(图 2-14)。如果试样上产生纵向裂纹，说明是横向残余应力的作用；若是横向裂纹，则表明是纵向残余应力的作用。

此法对金属丝、薄带中是否存在残余应力比较合适。

（3）无损检测法

① X 射线法

X 射线方法既可以定性又可以定量地测出残余应力的大小。在 X 射线法中包括有劳埃法和德拜法。在劳埃法中可根据干扰斑点形状的变化来定性地确定残余应力。如图 2-15 所示，当无残余应力存在时，各干扰斑点呈点状分布。有残余应力时，各干扰斑点伸长，呈"星芒"状。

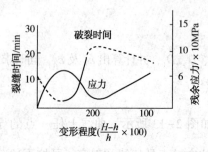

图 2-14 用化学腐蚀法和机械法测冷轧
黄铜残余应力的比较曲线

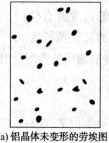

(a) 铝晶体未变形的劳埃图　(b) 铝晶体塑性变形后的劳埃图

图 2-15 铝晶体的劳埃图

用德拜法可以定量地测出所存在的残余应力。第一种残余应力可根据德拜图上衍射线条位置的变化来确定。第二种和第三种残余应力可根据衍射线条的宽度变化和强度的变化来确定。它是利用在应力作用下晶格点阵间距离发生变化、并且与应力大小成比例这一事实，因此根据 X 射线行射线条位置的变化和采用相应的理论公式，即可计算出残余应力值。

最新研究的残余应力检测方法是 $\cos\alpha$ 方法，$\cos\alpha$ 方法早在 1978 年就由 S. Taira 等提出，但真正应用于残余应力测试设备中还是近几年的事情。日本 Pulstec 公司于 2012 年研制出了世界上首款基于 $\cos\alpha$ 方法的 X 射线残余应力分析仪。在 X 射线照射到样品后，全二维探测器收集到来自样品的 360° 全方位衍射信息，并在探测器上形成德拜环，无应力的德拜环是标准的圆形，受残余应力作用的样品所产生的德拜环是一个发生了变形的德拜环，通过德拜环的变化并采用 $\cos\alpha$ 方法就可计算出残余应力。图 2-16 为测试图片，左下角是探测器上得到的德拜环。图 2-17 是焊接件的残余应力测试数据，软件自动计算出的残余应力结果为：(-240 ± 7)MPa（负号表示压应力）。

图 2-16　测试图

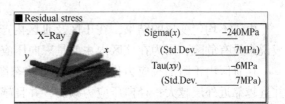

图 2-17　焊接残余应力测试数据

② 中子衍射法

中子衍射方法的原理和 X 射线方法本质上是一样的，都是根据材料的晶体面间距变化来求得应变，并根据弹性力学方程计算残余应力。但中子散射能量更高，可以穿透的深度更大，当然中子衍射的成本也是最昂贵的。

③ 超声波法

该方法的物理和实验依据是 S. Oka 于 1940 年发现的声双折射现象，通过测定声折射所导致的声速和频谱变化反推出作用在试件上的应力。试件的晶体颗粒及取向会影响数据的准确度，尽管超声波方法也属无损检测方法，但其仍需进一步完善。

2.3　引起变形不均匀分布的原因

引起变形不均匀分布的原因主要有接触面上的外摩擦，变形区的几何形状和尺寸，工具和变形体的轮廓形状，变形物体的外端，变形体内温度不均匀分布、金属本身性质的不均匀、化学成分及性质不均等。下面分别讨论这些因素对变形及应力分布的影响。

2.3.1　接触面外摩擦的影响

2.3.1.1　镦粗时变形和应力分布不均匀的现象

塑性变形时，在工具和变形金属之间的接触面上必然存在摩擦。由于摩擦力的作用，在一定程度上改变了金属的流动特性并使应力分布受到影响。

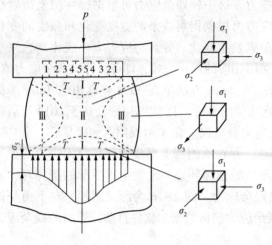

图 2-18 镦粗时摩擦力对
变形及应力分布的影响

如图 2-18 所示，镦粗圆柱体时摩擦力对变形及应力分布的影响。在变形力 p 力的作用下金属坯料受到压缩而使其高度减小横断面积增加。若在接触面上无摩擦力的影响且材料性能均匀，则发生均匀变形。

由于接触面上有摩擦力存在，使接触表面附近金属变形流动困难，而使圆柱形坯料转变成鼓形。在此种情况下，可将变形金属整个体积大致分为三个区域。

Ⅰ区表示由于摩擦影响而产生的难变形区；

Ⅱ区表示与外作用力约成 45°的最有利方位的易变形区；

Ⅲ区表示变形程度居于中间的自由变形区。

由于不均匀变形的结果，在Ⅰ区及Ⅲ区内产生附加拉应力，在Ⅰ区内的附加拉应力一般说来没有危险，因为在该区内主要是三向压应力状态图示。

在Ⅲ区由于附加拉应力作用，使应力状态图示发生了变化：环向(切向)出现拉应力，并且越靠近外层越大；径向压应力减弱，并且越靠近外层越小。镦粗有时在侧面出现裂纹，即为此环向拉应力作用的结果。

由于外摩擦的影响，也使接触表面上的应力分布不均匀。沿试样边部的应力等于金属的屈服点，由边缘向中心部分，应力逐渐升高，如图 2-18 下部曲线。这种应力分布不均匀的现象可用带孔的玻璃锤头镦粗塑料试样的实验可清楚看到，如图 2-19 所示。

对接触面上的应力所以有上述的分布规律可做如下解释；如图 2-18 所示，当外层 1 受到压力后，一面变形一面向外移动，由于摩擦力的影响，使其移动受到了阻碍，因而使外层 1 对第 2 层产生了压力。第 2 层所需压力要比第 1 层的增加，因为除了使第 2 层变形的压力外，还需克服第 1 层给第 2 层所加的压力。第 3 层处于更不利的情况，因为要使其变形，必须克服第 1 层和第 2 层加给它的压力。故由外层到内层应力逐渐增加。

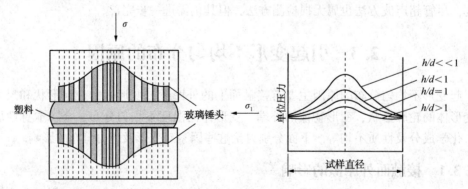

图 2-19 用塑料镦粗时单位压力分布图

另外，沿物体高度方向由接触面至变形体的中部，应力的分布是逐渐减小的，这是由于外摩擦的影响逐渐减弱所致。可见靠近接触面的中部三向压应力最强，在变形体中间部

24

分(Ⅱ区)为三向不等的压应力图示。

2.3.1.2 侧面翻平现象

变形物体在压缩时，由于接触摩擦的作用，在出现单鼓形的同时，还会出现侧表面的金属局部地转移到接触表面上来的侧面翻平现象。

如图 2-20 所示，随着压下率的增加，aa 和 bb 部分由侧表面逐步地转移到端面上来。此侧面翻平现象发生在侧表面面积的减小量大于接触面面积的增加量的时候。如果接触面面积增加量大于侧面的减小量时，则因新的接触面的形成将不再吸收侧面的多余面积。

由此可见，物体在压缩时接触面积的增加，可由接触表面上金属质点滑动和侧面质点翻平两部分组成。

侧面金属翻平量的大小取决于接触摩擦条件和变形物体的几何尺寸。接触面上的摩擦越大，接触面上的金属质点越不易滑动，因而侧面金属转移上来的数量就越多。试样的高度越大，侧面金属越易于转移到接触表面上来。当试样的高度大于直径时，接触面积的增加将主要是由侧面金属的转移所造成。

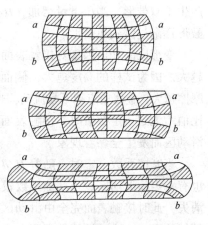

图 2-20　圆柱体垂直剖面上坐标
网格在镦粗过程中的变化

2.3.1.3 黏着现象

实验结果表明，圆柱体金属在镦粗过程中，若接触摩擦较大和高径比 H/D 较大时，则在端面的中心部位有一区域，在此区域上金属质点对工具完全不产生相对滑动而黏着在一起。此现象称为黏着现象。此黏着在一起的区域称为黏着区。此黏着现象也影响到金属的一定深度，构成"难变形区"。难变形区是以黏着区为基底的圆锥形或近似圆锥形的体积，这是由于外摩擦的影响是沿宽度方向(或径向)由侧边向中心逐渐增强；沿高度方向由端面向中心逐渐减弱。

2.3.2　变形区几何因素的影响

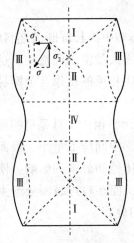

图 2-21　当镦粗高件时不同
区域的变形分布情况

在金属塑性变形中存在的外摩擦、变形的不均匀分布情况与变形区几何因素(如 H/d、H/L、H/B 等)有密切关系(H：试样高度；d：试样直径；L：试样长度；B：试样宽度)。

实验表明：镦粗圆柱体时，当试样原始高度与直径比 H/d ≤2.0 时才发生上述的单鼓形不均匀变形。当坯料高度较大且变形程度甚小时(当 H/d>2.0 时)，则往往只产生表面变形，而中间层的金属不产生塑性变形或塑性变形甚小，结果导致形成双鼓形，如图 2-21 所示。

即在镦粗试件时：

当 H/d≤2.0，即压缩低件时，将产生单鼓的不均匀变形；

当 H/d>2.0，即压缩高件时，将产生双鼓的不均匀变形。

例如在平锤头下锻造大钢钉或在初轧机上轧制时，由于前几道压下量较小，往往只产生表面变形，而侧面呈双鼓形。也可认为在靠近接触表面的难变形区，好像较硬的锥形楔子压入易变形区，由于楔劈作用，使易变形区内金属产生较大的变形。因此，当试样高度较小时，上下两个难变形区相交构成一体，结果使中间部分有大量金属向外流动而成单鼓形。而镦粗高件时，靠近两接触表面的难变形区彼此相距甚远，其楔劈作用仅仅能涉及与难变形区靠近的局部地区，于是便产生了双鼓形。当压下量增加，H/d 比值不断减小，两个难变形区逐渐靠近，因此就由双鼓形逐渐过渡到单鼓形。

变形区的几何因素对接触表面上黏着区大小的影响是：H/d（或 H/L、H/B）越大黏着区越大。因为试样的高度愈大，侧面金属越易于转移到接触表面上来。另外，接触表面上外摩擦越大，金属质点越不易流动，也使黏着区越大。可见，在外摩擦较大的情况下，当 H/d 比值增大到一定数值时，接触表面的增加仅靠侧面金属局部地转移到接触表面上来，没有滑动区而发生全黏着现象。

当摩擦系数一定时，随着 H/d 值的减小黏着区减小，这时接触表面上既有部分黏着区，也有一定的滑动区。当摩擦系数较小，而 H/d 比值又减小到一定限度时，黏着区可能完全消失，此时接触表面完全由滑动区所组成。这种情况多出现于冷轧薄板带材而且润滑情况较好的场合。这时沿轧件高度上应力差值大大减轻。

由以上分析可见，接触表面上的外摩擦和变形区的几何因素，是决定在平锤头下塑压和在平辊上轧制时变形及应力分布的最主要因素，并且它们是同时作用着，因此，必须综合考虑才能正确分析具体事物。另外还应当看到，当外摩擦系数一定时，随着压下量的增加使 H/d 比值不断变化，从而也使每道加工中接触表面分区情况以及变形与应力分布连续不断地变化着。

2.3.3 工具和变形物体轮廓形状的影响

由于加工工具和变形物体轮廓形状的不同，造成某一个变形方向变形量不一致，从而使变形和应力分布不均匀。

工具（或坯料）形状是影响金属塑性流动方向的重要因素。工具与金属形状的差异，造成金属沿各个方向流动的阻力有差异，因而金属向各个方向的流动（即变形量）也有相应差别。

例 2-1：如图 2-22（a）和图 2-22（b）所示，在圆形砧或 V 形砧中拔长圆断面坯料时，工具的侧面压力使金属沿横向流动受到很大的阻碍，被压下的金属大量沿轴向流动，这就使拔长效率大大提高。当采用如图 2-22（c）所示的工具时，则产生相反的结果，金属易于横向流动。叉形件模锻时金属被劈料台分开就属于这种流动方式。

例 2-2：型钢生产时，椭圆孔形中轧制矩形坯，如图 2-23 所示。由于工具是呈凹形轮廓形状，使沿轧件宽度上压下量不一致，靠近坯料边缘压下量大，中间压下量小，因而沿轧件纵向延伸不一致，造成变形分布不均匀。同时，由于金属整体性和外端的影响，使轧件各部分又获得同一延伸。因此，在坯料中部将产生附加拉应力，而坯料边缘部分产生附加压应力。由于工具的形状及附加应力的作用，使应力产生不均匀分布。

还有一种不均匀变形是由于沿宽度上不对称压下造成的。

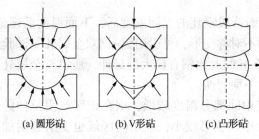

(a) 圆形砧　　　(b) V形砧　　　(c) 凸形砧

图 2-22　形砧中拔长

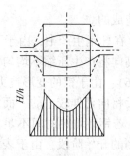

H/h

图 2-23　沿孔形宽度上延伸分布示意图

例 2-3：由于两个轧辊轴线安装不平行，造成沿轧件宽度方向压下量不均，使轧件产生旁弯现象，轧制扁钢时经常可以观察到。当轧件较宽时，由于不对称压下造成轧件两边存在延伸差引起的附加应力，不足以使轧件旁弯，结果延伸较大的一边产生了浪形或皱皮（图 2-24）。

例 2-4：把一块矩形铅板两边向里弯折，然后在平辊上轧制。根据弯折部分的宽度不同轧后会出现什么结果？

厚的边缘部分压下量大，延伸也大，将产生附加压应力，而中部压下量小，延伸小，结果产生附加拉应力。

第一种结果是中部出现破裂。如果折叠部分宽而中部窄，当中部的拉应力超过了材料的断裂强度时，则中部产生周期性破裂，如图 2-25 所示。

图 2-24　边部在附加压应力
作用下产生皱纹（浪形）示意图

图 2-25　中部周期性破裂

第二种结果是折叠部分宽度逐渐变小，使得中间受的拉应力减小，两边受的压应力增加，但拉应力未引起金属破裂，压应力也未引起边缘失稳。

第三种结果是边缘部分产生皱纹（浪形）（图 2-24）。这是因为折叠部分窄而中部宽，边缘部分受压应力大而产生失稳。

2.3.4　变形体温度分布不均匀的影响

变形物体的温度不均匀，会造成金属各部分变形和流动的差异。变形首先发生在那些变形抗力最小的部分。一般，在同一变形物体中高温部分的变形抗力低，低温部分的变形抗力高。这样，在同一外力的作用下，高温部分变形量大，低温部分变形量小。而变形物体是一整体，限制了物体各部分不均匀变形的自由发展，从而产生相互平衡的附加应力。

在变形体内因温度不同所产生热膨胀的不同而引起的热应力，与由不均匀变形所引起的附加应力相叠加后，有时会加强应力的不均匀分布，甚至会引起变形物体的断裂。

在热轧中常见到轧件轧出后会出现上翘或下翘现象，产生此现象原因之一就是轧件的

27

温度不均所造成的。

例2-5：在轧钢生产中，由于下加热不足而造成钢坯的上面温度高，下面温度低现象，在轧制中沿高向将产生压缩不均匀。对于这种不对称变形，可引用铝-钢双金属轧制试验来说明(图2-26)：由于铝的变形抗力低于钢，在轧制时比钢有较大的延伸，所以双金属轧件自轧辊出来后将向延伸较小的一面，即向钢的一面弯曲。

例2-6：若钢坯均热时间不足，造成钢锭中间部分温度较低，则在该区产生拉伸的热应力；在轧制的开始阶段，由于表面变形较大中间变形较小，在中间区域也要引起附加拉应力，这两种拉应力叠加在一起，容易超过金属的断裂强度而在钢锭的中心区产生裂纹。这对塑性较低的金属与合金危险性更大。

2.3.5 变形物体外端的影响

变形物体的外端，是指在变形过程中某一瞬间不直接承受工具作用而处于变形区以外的部分。外端又称外区或刚端。

由于外端与变形区直接相连接，所以在变形中它们之间要发生相互作用。外端(未变形的金属)对变形区金属的影响主要是阻碍变形区金属流动，进而产生或加剧附加的应力和应变。在自由锻造中，除镦粗外的其他变形工序，工具只与坯料的一部分接触，变形是分段逐步进行的，因此，变形区金属的流动是受到外端的制约的。

外端分为封闭形外端和非封闭形外端。

2.3.5.1 封闭形外端

当塑性变形区外围除了工具外，都被外端包围时称为封闭形外端。如图2-27所示。

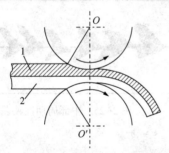

图2-26 铝-钢双金属轧制时
不均匀变形造成的弯曲现象
1—铝；2—钢

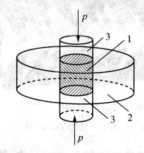

图2-27 封闭形外端
1—变形区；2—外端；3—压头

在被压缩体积的外部存在有封闭形外端时，一方面，被压缩体积的变形要影响到外端的一定区域；另一方面，外端会阻碍被压缩体积的向外扩展。

若外端的体积甚小时，则在变形过程中，在被压缩体积变形的影响下，外端的高度也会有所减小，外端向外扩展。

如果外端的体积较大，则被压缩体积的变形很难进行。若所施的压力非常大时，也可以把工具(压头)压入变形物体内，此时部分变形金属将沿工具的周围被挤出。

可见，金属在具有封闭形外端条件下的压缩与无外端时有很大差别。封闭形外端可以减小被压缩物体的不均匀变形，并可使其三向压应力状态增强。

2.3.5.2 非封闭形外端

当塑性变形区外围除了工具外，部分被外端包围，至少有一个方向没有外端时称为非封闭形外端。如图 2-28 所示。在金属压力加工中属于非封闭形外端的变形过程较多，例如，锻造延伸，拉拔等。

外端对变形物体的纵向延伸有强迫"拉齐"作用，使变形物体沿高度方向的纵向延伸趋于一致。结果，在变形区内于自由延伸大的中部产生附加压应力，于自由延伸小的端部产生附加拉应力。此外，变形物体为一整体，变形物体的纵向延伸的变化也必然会影响着横向宽展的变化。

现以平锤头镦粗长矩形坯料为例，研究外端对变形及应力分布的影响。

假设粗的试样断面为矩形 $ABCD$，在无外端的情况下，试样断面将逐渐变成圆形，如图 2-28 中 $A'B'C'D'$ 所示。在有外端的情况下就不同了，试样断面不会转变成圆形。就纵向变形而言，由于外端的影响，将阻止各部分不均匀伸

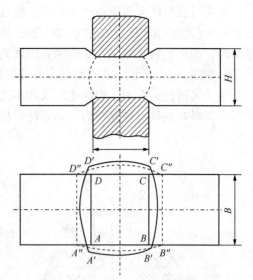

图 2-28　非封闭形外端(局部压缩时外端对延伸和宽度的影响)

长，而使延伸变形趋于均匀。而横向变形，在邻近外端处的金属，除受摩擦阻力外还受外端的影响，使横向流动困难，且距外端越远，此影响逐渐减弱，从而加剧了横向变形的不均匀性，结果使试样断面由 $A'B'C'D'$ 变为 $A''B''C''D''$ 的形状。所以使纵向变形不均匀性减小，横向变形不均匀性增加。

另外，带外端压缩时，在变形区和外端的交界面上要产生剪变形。这样，当工具向下移动时就必须克服因剪变形而引起的剪切抗力。换句话说，当有外端作用时，由于沿工具对工件的垂直压下被外端承担一部分，所以由接触表面向下传播的垂直压力便会很快地逐步变小，从而使厚件的中间区域更不易发生塑性变形。工件越厚，变形越不易深入。外端的这一影响，在分析变形与应力分布及解决变形力计算问题时必须考虑。

如图 2-29(a)所示的坯料拔长，也属于非封闭型外端。在拔长时变形区金属的横向流动受到外端金属的阻碍，在其他条件相同的情况下，横向流动的金属量比自由镦粗时少、变形情况与自由镦粗情况相比也有差异。例如当送进长度 l 与宽度 a 之比(即进料比，l/a)等于 1 时，拔长时沿横向流动的金属量小于轴向的流动量，即 $\varepsilon_a < \varepsilon_l$[图 2-29(b)]。而自由镦粗时，$l/a = 1$ 的水平断面为方形，由最小阻力定律知，沿横向和轴向流动的金属量应该相等。

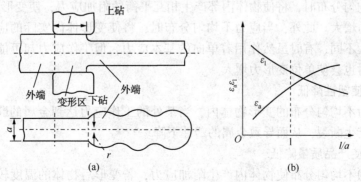

(a)　　　　　　　　　　　　(b)

图 2-29　拔长时外端的影响

外端对变形区金属流动产生影响，也可能引起外端金属产生变形，甚至引起工件开裂。开式冲孔(图2-30)时造成的"拉缩"便是由于冲头下部金属的变形流动所引起的。又如板料弯曲时，如果坯料外端区与冲出的孔距离弯曲线太近，则弯曲后该孔的尺寸和形状要发生畸变，如图2-31所示。这些都是由外端的影响所造成的。

在金属塑性成形中，塑性变形区和不变形的外端之间的相互作用是一个带有普遍性的问题，其影响也是比较复杂的，必须针对具体的变形过程和特点进行分析。

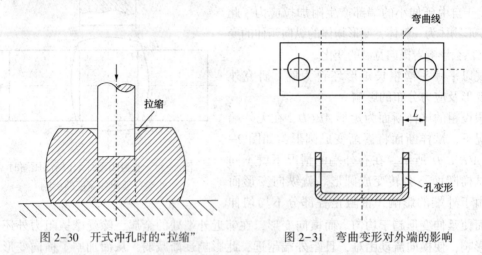

图2-30　开式冲孔时的"拉缩"　　　　图2-31　弯曲变形对外端的影响

2.3.6　金属本身性质不均匀的影响

变形金属中的化学成分、组织结构、夹杂物、相的形态等分布不均会造成金属各部分的变形和流动的差异。例如，在受拉伸的金属内存在一团杂质，由于杂质和其周围晶粒的性质不同，出现应力集中现象，结果这种缺陷周围的晶粒必须发生不均匀变形，并会产生晶间及晶内附加应力。

2.4　变形及应力不均匀分布所引起的后果及减轻措施

2.4.1　变形及应力不均匀分布的后果

2.4.1.1　使单位变形力增大

当变形不均匀分布时，将使物体内部产生相互平衡的附加应力，使变形能量消耗增加，也使单位变形力增大。此外，当应力不均匀分布时，将使变形体内实际的应力分布情况与基本应力有很大不同，有时虽然作用着单向的基本应力，但工作应力却可能变成三向同名应力状态，此时也会使单位变形力增大。

2.4.1.2　使塑性降低

在具有应力不均匀分布的变形物体内，当某处的工作应力达到金属的断裂强度时，则在该处将首先产生断裂，从而导致金属的塑性下降。

2.4.1.3　使产品质量降低

由于变形的不均匀分布使物体内产生附加应力，若变形后物体的温度较低不足以消除此附加应力时，则在物体内将存有残余应力，从而使物体的力学性能下降。同时，由于变

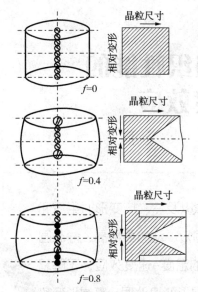

图 2-32 摩擦系数 f 不同时塑压件退火后中心轴上晶粒大小分布

形体内各处的变形不同，其再结晶后各处的晶粒大小也不同，造成组织与性能分布不均(图 2-32)。

2.4.1.4 工具磨损不均匀，操作技术复杂

由于变形体内应力的分布不均，使加工工具的各部分受力不均，以致使工具各部分的弹性变形和磨损不均。这样就使工具设计、制造和维护复杂。同时也使对材料进行的热处理制度复杂化。

2.4.2 减轻变形及应力不均匀分布的措施

(1) 尽可能保证金属化学成分及组织均匀

改进提高熔炼技术水平及铸造工艺水平，减少非金属夹杂物数量及分布状态，必要时采用适当的高温均匀化退火工序，以改善铸造组织及碳化物的大小和分布。

(2) 减小接触表面外摩擦影响

为了降低外摩擦的影响，应降低工具表面粗糙度及使用性能良好的润滑剂，减小变形及应力分布的不均性。

(3) 合理的变形制度

选择恰当的变形温度和变形速度。尽量使变形温度保证金属在单相区内完成塑性变形，并且尽可能使金属在加热及塑性变形过程中，整个体积内温度均匀，从而克服和减轻变形及应力不均匀分布的有害影响。

(4) 合理进行加工工具设计

加工工具还包括轧制时的辊型设计和孔型设计。正确选择和设计加工工具，其目的是使其形状与坯料断面很好配合，使道次之间变形分布尽可能均匀。

例如，热轧薄板时，由于轧制过程中轧辊中部温度升高较大，使轧辊呈凸形，为了沿轧件宽向的压下均匀，应将轧辊设计成凹形；冷轧薄板时，由于轧辊中部产生的弹性弯曲与压扁较大，故应将轧辊设计成凸形。

复习思考题

2-1 何为均匀变形？均匀变形的特点和条件有哪些？

2-2 给出基本应力、工作应力、附加应力和残余应力之间的区别和联系。

2-3 什么叫第一、第二、第三种附加应力？它们都是怎样产生的？

2-4 简述附加应力的分类及产生原因？附加应力对塑性变形的影响有哪些？

2-5 残余应力的主要影响因素有哪些？

2-6 残余应力会引起怎样的后果？如何减小或消除残余应力？

2-7 试分析变形及应力的不均匀分布都是哪些原因造成的？减轻变形不均匀的措施？

2-8 试分析外摩擦和变形区的几何形状对不均匀变形的影响。

3 金属塑性变形中组织性能的变化和温度-速度效应

本章导读： 学习本章需要掌握冷、热变形的概念以及冷、热变形时组织和性能方面有哪些变化；掌握在热变形中发生的动态回复、动态再结晶、静态回复、静态再结晶和亚动态再结晶；熟悉塑性变形中的温度-速度效应，了解温度-速度效应所产生的后果；了解形变热处理中的低温形变热处理、高温形变热处理和预形变热处理。

塑性变形按照变形温度的不同可分为冷变形、热变形和温变形。

3.1 冷变形时组织和性能的变化

3.1.1 冷变形概述

变形温度低于回复温度，在变形中只有加工硬化作用而无回复与再结晶现象，通常把这种变形称为冷变形或冷加工。钢在常温下进行的冷轧、冷拔、冷冲等塑性加工过程皆为钢的冷变形过程。

冷变形时金属的变形抗力较高，且随着所承受的变形程度的增加而持续上升，金属的塑性则随着变形程度的增加而逐渐下降，表现出明显的硬化现象，即加工硬化。

当冷变形量过大时，在金属达到所要求的形状或尺寸以前，将因塑性变形能力的"耗尽"而发生破断；因此，金属的冷变形一般要进行几次，每次只能根据金属本身的性质与具体的工艺条件，完成一定数值的变形量，而且在各道次冷变形中间，要将硬化的，不能继续变形的坯料进行退火处理以恢复塑性。这种冷变形后退火，退火后又重复进行冷变形的作业，称为冷变形-退火循环。图3-1表示冷加工-退火时性能变化情况。可见，恰当的利用冷变形-退火循环可以将金属加工到任意形状和大小，以及任意程度的硬化和软化状态的制品。

尽管冷变形增加了变形时能量的消耗、中间退火次数及随之引起的其他辅助工作，但冷变形仍是制造许多材料的重要手段，特别是薄板和细丝生产。冷变形的优点是制品表面光洁，尺寸精确、形状规整精细；其次，可以得出具有任意硬化程度和软化程度的产品，以满足工业对材料的不同要求，而这是热变形很难实现的。

顺便指出，用退火工艺来进行对硬化材料的部分软化以制取半硬、3/4硬等制品时，因为再结晶过程进行很快，受炉温的波动很敏感，不如用冷变形以控制变形程度严格(特别是那些不可热处理强化的金属和合金)。

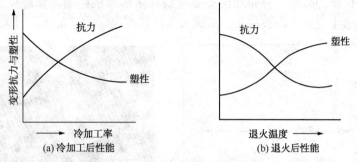

图 3-1 冷加工-退火时性能变化

3.1.2 冷变形时金属组织结构的变化

3.1.2.1 位错密度增加和胞状亚结构

金属塑性变形的物理实质基本上就是位错的运动，位错运动的结果就产生了塑性变形。在位错的运动过程中，位错之间、位错与溶质原子、间隙位置原子以及空位之间、位错与第二相质点之间都会发生相互作用，引起位错的数量、分布和组态的变化。从微观角度来看，这就是金属组织结构在塑性变形过程中或变形后的主要变化。塑性变形对位错的数量、分布和组态的影响是和金属材料本身的性质以及变形温度、变形速度等外在条件有关的。

单晶体塑性变形时，随着变形量增加，位错增多，位错密度增加，运动位错在各种障碍前受阻，要继续运动需要增加应力，从而引起加工硬化。变形到一定程度后产生交滑移，因而引起动态回复，这些塑性变形过程中的变化已是我们所熟知的，不再细述。

多晶体塑性变形时，随着变形量增加和单晶体变形一样，位错的密度要增加。用测量电阻变化、储能变化的方法，或者用测量腐蚀坑的方法以及电镜直接观测的方法都可以出金属材料的位错密度。退火状态的金属，典型的位错密度值是 $10^5 \sim 10^8 \mathrm{cm}^{-2}$，而大变形后的典型数值是 $10^{10} \sim 10^{12} \mathrm{cm}^{-2}$。通过实验得到的位错密度($\rho$)同流变应力($\sigma$)之间的关系是：

$$\sigma = aGb\rho^{\frac{1}{2}}$$

(3-1)

式中　a——等于 0.2~0.3 范围的常数；

　　　G——剪切弹性模量；

　　　b——柏氏矢量。

多晶体塑性变形时，因为各个晶粒取向不同，各晶粒的变形既相互阻碍又相互促进，变形量稍大就形成了位错胞状结构。所谓胞状结构，是变形的各个晶粒中，被密集的位错缠结区分出的许多个单个的小区域。这每一个小区域的内部，位错密集度较低，相对地可认为是没有位错的，这一种区域就称为胞子。这些小区域的边界，称为胞壁。胞壁位错密度最大。胞壁的排列看起来好像很混乱，但有一个共同的倾向，就是它们是平行于低指数晶面排列的。胞壁两侧晶体之间通常存在着一个小于 2° 的取向差，这种结构称为亚结构。

胞的直径一般是 1~3μm，胞的直径同原始晶粒大小无关，它可以随变形量增加而减少到一定程度。通常在 10% 左右的变形时，就很明显地形成了胞状亚结构，当变形量不太大时，随着变形量的增大，胞的数量增多，尺寸减小，而壁的位错变得更加稠密，胞间的取向差也逐渐增加。例如铁在室温下变形时胞的大小同变形量的关系如图 3-2 所示,铜在室温下变形的胞状结构示于图 3-3 所示。

变形金属中位错的数量、分布和组态要受到许多因素的影响。如经强烈的冷变形,胞的外形也沿着最大主变形方向被拉长,形成大量的排列很密的长条状的"形变胞"。

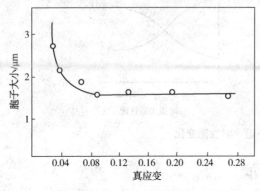

图 3-2 稳态变形时铁的胞子大小同变形量的关系   图 3-3 室温下变形时铜的胞状结构

层错能高的金属,扩张位错的宽度较小,其螺位错易于交滑移,异号位错易于合并消失,所以在相同变形量时,层错能高的金属中,位错密度要比层错能低的位错密度低。同样因为层错能高的金属,其螺位错易交滑移,易于改变它们所在的滑移面,从而便于排成胞壁结构,所以层错能高的金属,例如 Al、Ni、Fe 等,容易产生轮廓清楚的胞状结构。层错能低的金属材料,如奥氏体不锈钢,位错排列是分散的,林位错状的,没有发现轮廓清楚的胞状结构。

空位与运动中的位错发生相互作用时要产生割阶,割阶阻碍位错运动,所以空位增多,可能使位错源增多,位错密度增大。同时又因为空位增多,位错运动受到阻碍不易排列成胞壁,形成胞状结构所需要的变形量就要增大。所以,通常由于淬火冷却比缓慢冷却时的空位密度大,因而位错密度高,同时胞状结构不易形成。

第二相质点对位错的数量和分布以及组态也有明显的影响。间距大的粗质点,促进胞状结构的形成。因为它起着位错源的作用,第二相质点周围住错增加了,因而就易于在第二相所在的滑移面上形成胞壁。相反,细小的第二相在变形中阻碍位错运动的作用大,因而妨碍胞状结构的形成。这种情况下,形成胞状结构所需的变形量要比单相金属相应地要大些,位错密度也比单相金属相应地要高些,处在胞内的位错也增多了。

变形温度有很大影响,铜、铝、金、铁等很多金属的实验都说明:变形温度降低,位错密度增大,胞内位错的数目增多,形成胞状结构的倾向降低。即降低变形温度后,形成明显的胞状结构需要的变形量要大。显然这些都是和位错运动的难易程度有关的。

应变速率影响的一般规律是:增加应变速率有降低变形温度相类似的效果。

同种材料细晶粒样品变形后的位错密度比粗晶粒的大。奇尔斯特(Christ)根据实验资料提出了位错密度和晶粒大小的数量关系:

$$\rho = \frac{\varepsilon}{\alpha k_1 b} \cdot \frac{1}{d^n} \qquad (3-2)$$

式中 d——晶粒直径;

α、k_1、n——和应变有关的常数;

b——柏氏矢量。

小晶粒的材料变形后位错密度高，主要是因为晶界是位错运动的障碍，变形过程中运动位错在晶界前产生塞积，而细小的晶粒组织，单位体积的晶界面积较多，所以细晶粒材料中位错密度就较大。

3.1.2.2　纤维组织

金属冷变形后，晶粒外形、夹杂物和第二相的分布也会发生变化。拉伸时，各晶粒顺着拉伸方向伸长；压缩时，晶粒被压成扁平状。伸长与压缩的程度与变形量有关。变形量大，伸长与压扁的程度也越大。变形量特别大时，晶粒组织成纤维状，故称纤维组织。浸蚀后的金相样品中，几乎无法分辨出晶粒，晶界模糊不清，但晶粒拉长和压扁的趋势仍然清晰可见，它与金属的变形程度相适应。

图3-4为冷轧变形前后的晶粒形状的改变。冷变形金属的组织，只有沿最大主变形方向取样观察，才能反映出最大变形程度下金属的纤维组织。

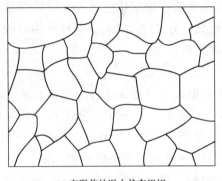　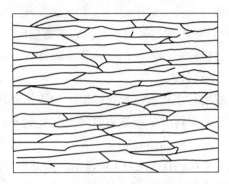

(a) 变形前的退火状态组织　　　　　　　(b) 变形后的冷轧变形组织

图3-4　冷轧前后晶粒形状变化

晶粒被拉长的程度取决于主变形图和变形程度。两向压缩和一向拉伸的主变形图最有利于晶粒的拉长，其次是一向压缩和一向拉伸的主变形图。另外变形程度越大，晶粒形状变化的也越大。

金属或合金内部含有第二相或者有夹杂物偏聚时，变形后会引起这些偏聚区域的伸长而形成带状组织。如轴承钢中的夹杂物带状和碳化物带状。

由晶粒伸长而形成的纤维组织可用退火消除之，但夹杂物或碳化物集聚区因变形伸长而成的带状组织，虽经过高温退火也常常不能完全消除。

金属和合金的多晶体一般说来是各向同性的，但经冷变形，出现了带状组织和纤维组织后，就使金属和合金在性能上具有方向性。

3.1.2.3　变形织构

金属和合金冷变形后，组织结构上还有一个重要的变化，就是可能产生择优取向的多晶体组织，即形成变形织构。

多晶体塑性变形时，各个晶粒滑移的同时，也伴随着晶体取向相对于外力有规律的转动。尽管由于晶界的联系，这种转动受到一定的约束，但当变形量较大时，原来为任意取向的各个晶粒也会逐渐调整，使取向大体趋于一致叫作"择优取向"。具有择优取向的物体，其组织称为"变形织构"。

变形金属中位向的特征，取决于主变形图的特征和组成多晶体晶粒的特征。当变形方向一致时，变形程度越大，位向表现越明显。

金属及合金经过挤压、拉拔、锻造和轧制以后，都会产生变形织构。塑性加工方式不同，可出现不同类型的织构。通常，变形织构可分为丝织构和板织构。

（1）丝织构

丝织构系在拉拔和挤压加工中形成，这种加工都是在轴对称情况下变形，其主变形图为两向压缩一向拉伸。变形后晶粒有一共同晶向趋向与最大主变形方向平行，以此晶向来表示丝织构。如图3-5所示，金属经拉拔变形后其特定晶向平行于最大主变形方向（即拉拔方向），形成丝织构。

实验资料表明，对面心立方金属如金、银、铜、镍等，经较大变形程度的拉拔后，所获得的织构为<111>和<100>。这两种丝织构的组成变化是与试样内杂质、加工条件及材料内原始取向有关。对于面心立方金属，丝织构与金属的堆垛层错能有关。层错能越高的金属，[111]丝织构越强烈。对体心立方金属，不论其成分和纯度如何，其丝织构一般是相同的。经过拉丝后的铁、铝、钨等金属具有<110>丝织构。

（2）板织构

板织构是在轧制或者宽展很小的矩形件镦粗时形成。其特征是各个晶粒的某一晶向趋向于与轧向平行，某一晶面趋向于与轧制平面平行（图3-6），因此，板织构用其晶面和晶向共同表示。例如体心立方金属，当其(100)晶面平行于轧面，[011]晶向平行于轧向时，此板织构可用(100)[011]来表示。据某些实验资料，面心立方金属如铜、铝、金、镍等，其变形织构为{110}<112>+{112}<111>+{123}<634>。体心立方金属的硅钢片，二次冷轧织构为(100)[011]+(112)[1̄10]+(111)[112̄]。

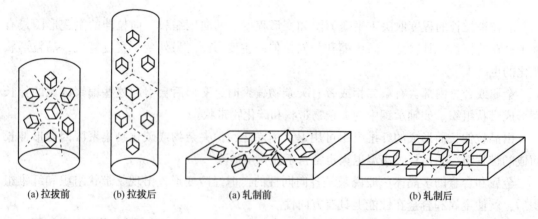

(a) 拉拔前　　　(b) 拉拔后　　　　(a) 轧制前　　　　　(b) 轧制后

图3-5　丝织构示意图　　　　　　图3-6　板织构示意图

具有冷变形织构的材料进行退火时，由于晶粒位向趋于一致，总有某些位向的晶块易于形核及长大，故往往形成具有织构的退火组织，金相组织观察为等轴的晶粒，但它们的取向又是一致的。这种退火后的择优取向，称再结晶织构。

各类金属主要滑移系，变形织构及再结晶织构，如表3-1所示。

表 3-1　各类金属主要滑移系、变形织构及再结晶织构

晶格类型		体心立方	面心立方	密排六方
滑移系		$(110)[111]$	$(111)[1\bar{1}0]$	$(0001)[11\bar{2}0]$
变形织构 （主要的）	丝织构 板织构	$[110]$ $(100)[110]$	$[111]$，少量$[100]$ $(110)[112]$ 有时少量的 $(112)[111]$	$[10\bar{1}0]$ $(0001)[\bar{1}2\bar{1}0]$ $(0001)[\bar{1}2\bar{1}0]$ 与轧向接近20°
再结晶织构 （易于产生的）	丝织构 板织构	钨丝$[110]$ 钼丝$[100]$ $(110)[001]$ 大变形量下 $(001)[110]$	$\lvert 123\rvert[634]$ — $(100)[001]$	$(0001)[\bar{1}2\bar{1}0]$ 少量$(0001)[10\bar{1}0]$

从表 3-1 可看出，滑移系与变形织构往往不同，这是由于当变形程度较大时（一般是变形程度越大，越易产生织构），产生了复杂的滑移所致。例如密排六方晶格金属的滑移方向，开始时是$[11\bar{2}0]$方向，当变形程度大时，出现沿着$[2\bar{1}\bar{1}0]$方向的双滑移，两者联合作用的结果，即出现了沿着$[10\bar{1}0]$的丝织构，如图 3-7(a) 所示。又如体心立方滑移系为$(110)[111]$，但其丝织构为$[110]$，很少为$[100]$。因为在滑移面(110)上有两个可能的滑移方向$[111]$，当产生双滑移后，则由于两者联合作用的结果，合力方向为$[110]$或$[100]$；但是$[110]$与$[111]$的夹角小，合力较大，故多半是沿着$[110]$方向而形成丝织构，如图 3-7(b) 所示。

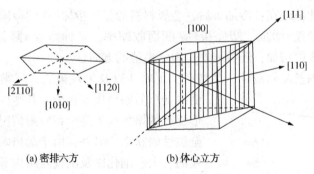

(a) 密排六方　　　　　　　(b) 体心立方

图 3-7　织构与滑移系的相互关系

冷变形金属中形成变形织构的特性，取决于变形程度，主变形图和合金的成分与组织，等等。

变形程度越大，变形状态越均匀，则织构表现得也越明显。

主变形图对产生织构有决定性的影响。在轴对称变形的情况下，如圆柱料的拉伸、通过模孔的拉丝以及圆棒的挤压等。因为三者的主变形图相同，对于同一金属材料，可能得到相同的丝织构。一般轧制较宽的板材、带式法生产带材和通过矩形模孔自由宽展较小的扁带的拉伸，由于三者的主变形图都接近（因为三者的宽展量都很小，故可认为横向变形近似于零），所以对于同一金属，也可得到相似的板织构。

合金元素对变形织构的影响小，形成固溶体的合金一般产生与纯金属相同的变形织构，

两相合金，由于每个相的结构不同，而各自有其本身的择优取向，其影响是使织构的完整性受到削弱，两相合金的织构往往是以塑性好的相为主。当两相塑性差别比较大时，如 Al-Si 合金，难变形的晶体强烈地阻碍易变形晶体有规律的变形，而使织构无法显现出来。

除以上所述，镦粗时也可得到镦粗织构，深冲时可得到深冲织构，其形式也取决于主变形图，例如面心立方金属的镦粗织构是[110]+[100]（双织构），体心钨的是[111]+[100]，密排六方金属，如镁的是[0001]。

应指出，织构不是描述晶粒的形状，而是描述多晶体中的晶体取向的特征。上面虽给出了织构的晶向和晶面，但每个晶粒都转到织构的取向只是一种理想情况，实际上晶粒只是趋向于这些取向，一般是随着变形程度的增加，趋向于这种取向的晶粒越多，这种织构就越完整。上述织构取向只是对织构的定性描述，而不能定量的说明产生织构的程度，用极图则对织构作定量的描述（即用 X 射线衍射的方法来测定）。

3.1.2.4　晶内及晶间的破坏

在冷变形过程中不发生软化过程的愈合作用，因滑移（位错的运动及其受阻、双滑移、交叉滑移等），孪生等过程的复杂作用以及各晶粒所产生的相对转动与移动，造成了在晶粒内部及晶粒间界处出现一些显微裂纹、空洞等缺陷使金属密度减少，是造成金属显微裂纹的根源。

此外，多晶体的各个部分，以至于晶粒间.甚至晶粒内各部分间的变形是不均匀的，因而变形后材料内部还有残余内应力存在。

3.1.3　冷变形时金属性能的变化

3.1.3.1　力学性能

力学性能的变化体现在：冷加工后，金属材料的强度指标（比例极限、弹性极限、屈服极限、强度极限、硬度）增加，塑性指标（断面收缩率、延伸率等）降低，韧性也降低了。此外，随着变形程度的增加，还可能产生力学性能的方向性。

由于发生了晶内及晶间破坏，晶格产生了畸变以及出现第二、三类残余应力等，故经受冷变形后的金属及合金，其塑性指标随所承受的变形程度的增加而下降，在极限情况下可达到接近于完全脆性的状态。另外，由于晶格畸变、出现应力、晶粒的长大、细化以及出现亚结构等，金属的强度指标则随变形程度的增加而提高。

金属力学性能与变形程度的曲线称硬化曲线，如图 3-8 所示。生产中常利用这类关系曲线，生产不同硬化状态的产品。

生产上经常利用冷加工能提高材料的强度，通过加工硬化（或称形变强化）来强化金属材料，向用户提供冷硬状态交货的冷轧、冷拔和冷挤压的高强度型材、带材、线材和钢丝等。因此，冷加工是通过塑性变形改变金属材料性能的重要手段之一。

加工硬化作用的应用，近年来有很大发展。例如，预先形变热处理就是利用加工硬化作用的一例。

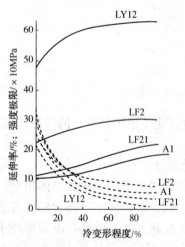

图 3-8　几种铝合金的延伸率（虚线）和
强度极限（实线）与冷变形程度的关系
曲线（其中 LY12 为淬火状态）

38

将平衡组织的钢于室温(或零下温度)进行冷变形，获得相当程度的强化，然后进行中间回火(软化)，最后再进行快速加热的淬火及最终回火。这种处理工艺就称为预先形变热处理。与普通热处理相比，由于预先形变的强化作用，钢的抗拉强度和屈服强度都有相当的提高(10%~30%)，而塑性则保持不变或略有增减。

3.1.3.2 储存能

金属在冷变形时所消耗的能量，大部分转变成热能而散失了，其中一小部分(不超过总能量的10%)，当外力去除后，仍保留在金属的内部，被称为金属的储存能(或残留能)。

金属中的储存能是以原子偏离其点阵平衡位置的位能形式存在的。即储存能以点缺陷、位错和层错的的弹性畸变能的形式存在于金属晶体中。从而使其自由能较冷塑性变形前为高。

冷变形金属中的储存能的多少，通常与下列因素有关：

(1) 位错密度

储存能的大小和位错密度有直接的关系，位错密度增加，存储于金属内部的能量增多。但其他点阵缺陷增加，对提高储存能也有贡献，因此储存能的变化能较全面地反映塑性变形引起的组织结构变化。假定储存能的大小是和位错密度成比例的，则初次再结晶过程中可能释放出的储存能：

$$E = \frac{\varepsilon}{k_2 b} \cdot \frac{1}{d^n} \tag{3-3}$$

式中 k_2——考虑储存能同位错密度的比例关系的常数，其余各个参数的含义同于式(3-2)。

(2) 金属材料的内在因素

在其他条件相同的情况下，几种金属的储存能按下列顺序而降低：锆、铁、镍、铜、铝、铅。由此可见，金属的储存能是随着熔点的降低而减少。此外，储存能还与溶质原子的多少、晶粒大小及第二相性质有关。储存能通常随溶质原子的增多而增大，随晶粒的减小二增大，随第二相与基体变形的不协调性的增加而增加。

(3) 工艺条件

一般来说，凡能引起加工硬化的因素，均能使储存能增大。储存能随变形温度的下降而增大(图3-9)；随变形速度的提高而增加，随变形程度的增加而增加，随不均匀变形程度的增大而增大。

图3-10表示了储存能所占总变形能的百分数与变形量的关系。当变形量较大时，该比值变小。

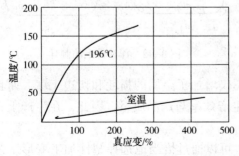

图3-9　Au-Ag合金拉拔加工时的储存能

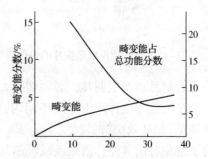

图3-10　纯铜冷加工后畸变能及畸变能
分数随变形量的变化关系

储存能的存在，标志着金属经冷成形后，内能增加，自由能比变形前高，处于热力学不稳定状态，有自发地恢复到变形前状态的趋势。冷变形后的金属在加热时储存能会得到部分或全部的释放。储存能(严格地说应是自由能)是形变金属发生回复和再结晶的驱动力。

3.1.3.3　各向异性

金属材料经塑性变形以后，在不同加工方式下，会出现不同类型的织构。由于织构的存在而使金属呈现各向异性。表3-2为一些常用金属在[100]、[111]方向上的弹性模量与剪切模量的数值，由表可见，在不同结晶学方向上的力学性能是有差异的。

表3-2　一些金属的力学各向异性

金属	弹性模量 E				剪切模量 G			
	$E_{最大}$		$F_{最小}$		$G_{最大}$		$G_{最小}$	
	晶向	kg/mm²	晶向	kg/mm²	晶向	kg/mm²	晶向	kg/mm²
铝	[111]	7700	[100]	5400	[100]	2900	[111]	2500
金	[111]	11400	[100]	4200	[100]	4100	[111]	1800
铜	[111]	19400	[100]	2300	[100]	7700	[111]	3100
银	[111]	11700	[100]	4400	[100]	4450	[111]	1970
钨	[111]	40000	[100]	40000	[100]	15500	[111]	15500
铁	[111]	29000	[100]	13500	[100]	11800	[111]	6100

J. Weerts 对冷轧和再结晶铜板的弹性模量进行了测定，并与理论值做了比较。如图3-11所示，冷轧板为(110)[11$\bar{2}$]和(112)[11$\bar{1}$]织构，退火后，为(100)[001]再结晶立方织构。由图可见，不同取向的弹性模量的理论值与实验值符合得较好。

具有各向同性的金属板材，经深冲后，冲杯边缘通常是比较平整的。具有织构的板材冲杯的边缘则出现高低不平的波浪形(图3-12)。把具有波浪形凸起的部分称为"制耳"。把由于织构而产生的制耳现象称为"制耳效应"。

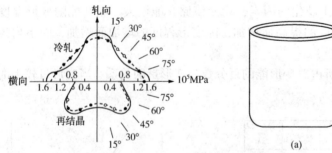

图3-11　冷轧和再结晶铜片的弹性模量值

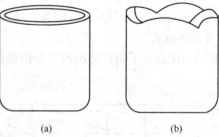

图3-12　深冲件上的制耳

冲压后制品如产生制耳，必须切除。这样不仅增加了金属的损耗和切边工序，而且还会因各向异性使冲压件产生壁厚不均匀，影响生产效率与产品质量。因此，在生产上，必须设法避免"制耳效应"的发生。

为了避免各向异性，消除或减轻制耳效应，可以通过恰当地选择塑性加工变形工艺和退火制度，或者通过适当地调整化学成分来达到。

一些研究者指出，不同压下量和不同退火温度对黄铜板的制耳效应是有影响的。由于工艺制度不同，制耳可出现在离轧制方向 45°处，60°或 120°处，55°或 120°处。一般情况是，最后退火温度高，制耳大；成品前的最后一次中间退火温度低，则制耳小。制耳的分布与黄铜的(111)极图的取向强度位置基本相应。

同样，铜板的退火温度也影响制耳位置的变化。

铝也有这样的影响。冷轧后，相的变形结构为(110)[1̄12]+(112)[11̄1̄]+(123)[634]。冲压后形成与轧向成45°方向上的制耳。退火后铝为立方织构，则在与轧向成 0°、90°制耳，如退火后为(100)[001]+(124)[211]织构，则产生与轧向成30°和90°位置上产生制耳。当变形织构与退火织构共存时，各向异性小。

事物总是一分为二的，在某些情况，方向性也有好处，例如变压器用硅钢片含硅大约3%(质量分数)的铁-硅合金，具有体心立方结构的铁素体组织。当采用适当的热轧、中间退火、冷轧及成品退火工艺时，可以获得所希望具有(011)[100]织构的板材。因为沿着[100]方向磁化率最大，如果将这种板材沿轧制方向切成长条，使织构轴与磁场平行而堆垛成芯棒或拼成矩形铁框，可得到磁化率最高的铁芯。这样一来，由于铁损大大减少，可提高变压器的功率；或者在一定的功率下，可以减小变压器的体积。又如在使用条件下零件承受各向不同载荷时，若使材料的方向性特征与负载的特性相协调，则可提高零件的使用寿命。又如生产雷管紫铜带时需要尽量避免方向性。过去在生产中，采用控制成品前的总变形程度不超过80%的方法，这样加多了中间退火与酸洗工序，不但生产率低而且造成许多浪费。后来经过反复实践研究采取了热轧后直接冷轧至成品的方法，使冷变形程度达99%以上，这时铜带产生了(100)[1̄12]和(112)[11̄1̄]的变形织构，然后采用低温退火的合理终了退火制度，使之产生(100)[001]再结晶织构。这样一来，使再结晶织构与变形织构并存以抵偿相互的不良作用，经深冲及机械性能检验，完全符合要求。另外，弹性合金也是利用织构材料的各向异性来获取优异弹性元件例子，例如面心立方金属[111]方向弹性模量 E 最大，故可以顺[111]方向来截元件。可见利用一定的织构，又是提高材料潜力的一个有效方法。

3.1.3.4 物化性能

冷加工后，形变材料的物理、化学性能也发生明显变化。经冷变形后的金属，由于在晶间和晶内产生微观裂纹和空隙以及点阵缺陷，因而密度降低，导热、导电、导磁性能降低。同样原因，使其金属材料的化学稳定性降低，耐腐蚀性能降低，溶解性增加。

(1) 密度

金属经冷变形后，晶内及晶间物质的破碎，在变形金属内产生大量的微小裂纹和孔隙，使密度下降，如图3-13 所示。例如退火状态的钢密度为 7.865g/cm³，冷变形后密度降至 7.78g/cm³。相应的铜的密度是由 8.95g/cm³，降至 8.89g/cm³。

(2) 导电性

一般来说，金属随着冷变形程度的增加位错密度增加，点阵发生畸变会使电阻增高。例如，冷变形量达到82%的铜丝，比电阻增加 2%；冷变形 99%的钨丝，比电阻增加 50%。

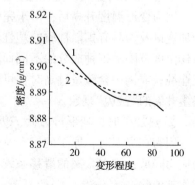

图 3-13　变形程度与密度的关系
1—青铜；2—铜

但有时随着冷变形程度的增加，电阻不但不升高反而显著降低。比如冷拔钢丝。这是因为片状珠光体取向于钢丝的轴向，这是由于有向性所引起的电阻降低超过基体冷加工所引起的电阻升高所致。冷变形还会使晶间物质破坏，使晶粒彼此接触也可减少电阻增加导电性。

所以冷变形对导电性的影响应综合考虑。

（3）耐蚀性能

冷变形后，金属的残余应力和内能增加，从而使化学不稳定性增加，耐蚀性能降低。

冷变形所产生的内应力是造成金属腐蚀（应力腐蚀）的一个重要原因，在实际应用中是相当普遍而又严重的问题。例如，冷变形的纯铁在酸中的溶解速度要比退火状态快；冷加工后的黄铜，由于存在内应力，在氨气、铵盐、汞蒸气以及海水中会发生严重的腐蚀破裂（又称"季节病"）；高压锅炉、铆钉发生的腐蚀破裂等。应力腐蚀的主要预防方法就是退火，消除内应力。

（4）导热性和磁性

冷变形还会使金属的导热性降低。如铜冷变形后，其导热性降低到78%。

冷变形还可能改变磁性。如锌和铜，冷变形后可减少其抗磁性。高度冷加工后，铜可以变为顺磁性的金属，对顺磁性金属冷变形会降低磁化敏感性等。

3.2　热变形时组织和性能的变化

3.2.1　热变形概述

热变形或热加工是指在再结晶温度以上进行的变形过程。一般在热变形时金属所处温度范围是其熔点绝对温度的0.75~0.95倍，在变形过程中，同时产生软化与硬化，且软化进行得很充分，变形后的产品无硬化的痕迹。

在冶金产品中，除一些铸件和烧结件外，利用材料一般在热变形时其塑性较好的特点，几乎所有初加工产品都采用热加工方法。其中一部分产品就以热加工状态使用，另一部分为中间产品，为深加工产品提供坯料。不论中间产品还是最终成品，它们的性能都要受到热加工过程所形成的组织的影响。热加工变形之所以具有如此重要的作用，是因为有其固有特点。

与其他加工方法相比，热加工所具有优点是：

① 热加工时金属的塑性好，断裂倾向小，可采用较大的变形量。

因为变形温度升高后，由于完全再结晶使加工硬化消除，在断裂与愈合的过程中使愈合加速以及为具有扩散性质的塑性机制的同时作用创造了条件。但要充分注意，热加工的最佳温度范围随钢种成分的不同而异，避免在可能发生塑性恶化的温度区间内加工。例如工业纯铁或钢中含硫量过高时，可能形成分布于晶界上的低熔点硫化物共晶体，热变形时发生开裂的"红脆"现象。

② 热加工时，变形抗力低，塑性高，变形达到需要尺寸时，所消耗的能量少。

因为在高温时，原子的运动及热振动增强，扩散过程和溶解过程加速，使金属的临界切应力降低；许多金属的滑移系统数目增多，使变形更为协调；加工硬化现象因再结晶完全而被消除。

③ 热加工变形量大且不需要像冷加工那样要辅以中间退火，因而流程短，效率高，降低成本。

④ 热加工可使室温下不能进行塑性加工的金属（如钛、镁、钼及镍基超合金等）进行加工。

⑤ 热加工作为开坯，可以改善粗大的铸造组织，使疏松和微小裂纹愈合。

⑥ 热加工的金属组织与性能，可以通过不同热加工温度、变形程度、变形速度、冷却速度和道次间隙时间等加以控制。

⑦ 与冷加工相比较，热加工变形一般不易产生织构。这是由于在高温下发生滑移的系统较多，使滑移面和滑移方向不断发生变化。因此，在热加工工件中的择优取向或方向性小。

但和其他加工方法比较起来，其不足之处主要是：

① 热加工需要加热，不如冷加工简单易行。

② 对过薄或过细的工件，由于散热较快，生产中保持热加工温度困难。因此，目前生产薄的或细的金属材料，一般仍采用冷加工（冷轧、冷拉）的方法。

③ 热加工后工件的表面不如冷加工生产的光洁，尺寸也不如冷加工生产的精确。有氧化铁皮和冷却收缩。

④ 由于在热加工结束时，产品内的温度难于均匀一致，温度偏高处晶粒尺寸要大一些，特别是大断面的情况下更为突出。因此，热加工后产品的组织、性能常常不如冷加工的均匀。

⑤ 从提高钢材的强度来看，热加工不及冷加工。因为热加工时由于温度的作用使金属软化。

⑥ 某些金属材料不宜热加工。例如在一般的钢中含有较多的 FeS，或在铜中含有 Bi 时，在热加工中由于晶界上由这些杂质所组成的低熔点共晶体发生熔化，使晶间的结合遭到破坏，而引起金属断裂。

3.2.2　热变形时金属组织及性能变化

热加工虽然不能引起加工硬化，但它能使金属的组织和性能发生显著的变化。热加工变形可认为是加工硬化和再结晶两个过程的相互重叠。在此过程中由于再结晶能充分进行和在变形时靠三向压应力状态等因素的作用，可以使金属产生如下的变化：

3.2.2.1　改善铸态组织

铸态金属组织中的缩孔、疏松、空隙、气泡等缺陷得到压缩式焊合，铸态组织的物理、化学和结晶学方面的不均匀性会得到改善。

铸态组织的不均匀，可从铸锭断面上看出三个不同的组织区域，最外面是由细小的等轴晶组成的一层薄壳，和这层薄壳相连的是一层相当厚的粗大柱状晶区域。其中心部分则为粗大的等轴晶。从成分上看，除了特殊的偏析造成成分不均匀外，一般低熔点物质、氧化膜及其他非金属夹杂，多集结在柱状晶的交界处。此外，由于存在气孔、分散缩孔、疏松及裂纹等缺陷，使铸锭密度较低。组织和成分的不均匀以及较低的密度，是铸锭塑性差、强度低的基本原因。

在三向压缩应力状态占优势的情况下，热变形能最有效地改变金属和合金的铸锭组织。给予适当的变形量，可以使铸态组织发生下述有利的变化。

① 一般热变形是通过多道次的反复变形来完成。由于在每一次道次中硬化与软化过程是同时发生的，这样，变形而破碎的粗大柱状晶粒通过反复的改造而使之锻炼成较均匀、细小的等轴晶粒，还能使某些微小裂纹得到愈合。

② 由于应力状态中静水压力分量的作用，可使铸锭中存在的气泡焊合，缩孔压实，疏松压密，变为较致密的结构。

③ 由于高温下原子热运动能力加强，在应力作用下，借助原子的自扩散和互扩散，可使铸锭中化学成分的不均匀性相对减少。

上述三方面综合作用的结果，可使铸态组织改造成变形组织(或加工组织)，它比铸锭有较高的密度、均匀细小的等轴晶粒及比较均匀的化学成分，因而塑性和抗力的指标都明显提高。

3.2.2.2 细化晶粒和破碎夹杂物

铸态金属中的柱状晶和粗大的等轴晶经锻造或轧制等热变形和对再结晶的有效控制，可变为较细小均匀的等轴晶粒。变形金属中(如各种坯料)的粗大不均匀的晶粒组织，通过热变形和有效的再结晶控制也可变为细小均匀的等轴晶粒。如果热变形和随后的冷却条件适当地配合，还可以得到强韧性能很好的亚晶组织。细小均匀的晶粒组织，亚晶组织是具有强度高、塑性好、韧性好、脆性转化温度低的特点。因此，一般的结构钢都希望得到细小均匀的晶粒组织和亚晶组织。

热变形破碎夹杂物和第二相并能改变它们的分布，这对改善性能十分有益。夹杂物对变形组织的影响，不仅同它的总量有关，而且还和夹杂物的大小和分布有关。通过热变形破碎夹杂物，并改善它集中分布的状态，尽可能地使其分布在较大的范围内，就可分散它的不利作用，从而降低其危害性。如在冷作模具钢、高速钢、轴承钢中存在粗大的碳化物，将明显降低其耐磨性、韧性和接触疲劳寿命。

3.2.2.3 热变形中形成的纤维组织

形成纤维组织也是热加工变形的一个重要特征。铸态金属在热加工变形中所形成的纤维组织和金属在冷加工变形中由于晶粒被拉长而形成的纤维组织不同。前者是由于金属铸态结晶时所产生的枝晶偏析，在热变形中保留下来，并随着变形而延伸形成的"纤维"。

变形金属由于纤维组织的形成而出现方向性，其纵向和横向具有不同的机械性能，从表 3-3 中可见到，沿纤维组织方向试样具有较高的强度和塑性，沿横向的塑性指标降低。

表 3-3　45 号钢机械性能与纤维方向性的关系

试样方向	σ_b/MPa	$\sigma_{b0.2}$/MPa	δ/%	ϕ/%
纵向	700	400	17.5	62.5
横向	660	430	10	31

生产实践中应充分利用纤维组织造成变形金属具有方向性这一特点，使纤维组织形成的流线在工件内有更适宜的分布，即合理流线来提高承载能力。如图 3-14 所示，锻造的曲轴将比切削方法所生产的曲轴有更高的力学性能。

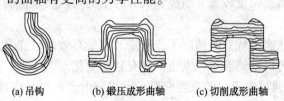

(a) 吊钩　　　(b) 锻压成形曲轴　　　(c) 切削成形曲轴

图 3-14　吊钩和曲轴中流线示意图

44

3.2.2.4 形成带状组织

复相合金中的各个相，在热加工时沿着变形方向交替地呈带状分布，这种组织称为带状组织。带状组织不仅降低金属的强度，而且还降低塑性和冲击韧性，对性能极为不利。轻微的带状组织可以通过正火来消除。

热加工形成的带状组织可表现为晶粒带状和碳化物带状两类。缓冷的热轧低碳钢中可能会出现先共析铁素体和珠光体交替相间的显微组织带状(二次带状)，两相区的低温大变形量轧制使先共析铁素体，被拉长而成的带状组织都属于晶粒带状组织(图3-15)。枝晶偏析严重的高碳钢(如轴承钢、工具钢)如果热加工前或加工过程中未做均匀化退火，先共析渗碳体在热加工中破碎.沿延伸方向分布，也可能出现碳化物带状。终轧温度过高，冷却速度过漫，

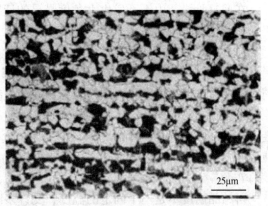

图3-15 低碳钢中的带状组织

压缩比不足都会增大碳化物带状的级别。脆性夹杂物在热加工中可能被破碎而呈点链状分布，塑性夹杂物会被拉长或压扁而呈条带状。钢材中出现这些带状组织，都会降低钢材的机械性能。

3.2.2.5 形成网状组织

高碳钢(如轴承钢)的轧前加热温度一般都高于 AC 线，加热时碳化物几乎全部溶解到奥氏体区内。在轧后奥氏体状态下的冷却过程中，二次渗碳体析出并在奥氏体晶界形成网状碳化物，对材料的使用寿命影响很大，严重地降低其强度和韧性。研究结果表明，保温温度和保温时间比变形量对网状碳化物的影响显著。在变形条件下，在750℃保温，随保温时间的延长析出严重。在轧制生产中，采用降低终轧温度，在850℃左右终轧，通过形变细化碳化物，随后快速冷却到700℃以下,，就可以消除或减少网状碳化物。

总之，通过热变形可以显著的改变金属的组织和性能。设计合适的加工工艺，得到具备理想组织和性能的产品是我们的目的所在。

3.3 回复和再结晶

3.3.1 金属在冷变形后加热时的回复和再结晶

经塑性变形的材料具有自发恢复到变形前低自由能状态的趋势。当冷变形金属加热时会发生回复、再结晶和晶粒长大等过程，这个阶段的回复和再结晶均为静态回复和静态再结晶。了解这些过程的发生和发展规律，对于改善和控制金属材料的组织和性能具有重要的意义。

回复：是指新的无畸变晶粒出现之前所产生的亚结构和性能变化的阶段。

再结晶：是指出现无畸变的等轴新晶粒逐步取代变形晶粒的过程。

晶粒长大：是指再结晶结束之后晶粒的继续长大。

3.3.1.1 静态回复

冷变形金属在低于再结晶温度下加热时，显微组织与强度、硬度均不发生明显变化，只有某些物理性能和微细结构发生变化。这是由于原子在微晶内只能进行短距离扩散，使点缺陷和位错在退火过程中发生运动，从而改变它们的数量和分布。

在回复阶段，由于不发生大角度晶界的迁移，所以晶粒的形状和大小与变形态的相同，仍保持着纤维状或扁平状，从光学显微组织上几乎看不出变化。

3.3.1.2 静态再结晶

在再结晶阶段，首先是在畸变度大的区域产生新的无畸变晶粒的核心，然后逐渐消耗周围的变形基体而长大，直到形变组织完全改组为新的、无畸变的细等轴晶粒为止。

发生再结晶的最低温度称为再结晶温度。它是指经冷变形（变形量>70%）的金属或合金，在 1h 内能够完成再结晶的（再结晶体积分数>95%）最低温度。对常见的金属而言，高纯金属：$T_{再} = (0.25 \sim 0.35)T_m$；工业纯金属：$T_{再} = (0.35 \sim 0.45)T_m$；合金：$T_{再} = (0.4 \sim 0.9)T_m$。

再结晶温度不是一个固定的温度，受许多因素的影响。其中主要有以下几个方面：

① 变形量越大，驱动力越大，再结晶温度越低；

② 金属纯度越高，再结晶温度越低；

③ 加热速度太低或太高，再结晶温度会提高。

3.3.1.3 性能变化

（1）强度与硬度

回复阶段的硬度变化很小，约占总变化的 1/5，而再结晶阶段则下降较多。可以推断，强度具有与硬度相似的变化规律。上述情况主要与金属中的位错机制有关，即回复阶段时，变形金属仍保持很高的位错密度，而发生再结晶后，则由于位错密度显著降低，故强度与硬度明显下降。

（2）电阻

变形金属的电阻在回复阶段已表现明显的下降趋势。因为电阻率与晶体点阵中的点缺陷（如，空位、间隙原子等）密切相关。点缺陷所引起的点阵畸变会使传导电子产生散射，提高电阻率。它的散射作用比位错所引起的更为强烈。因此，在回复阶段电阻率的明显下降就标志着在此阶段点缺陷浓度有明显的减小。

（3）内应力

在回复阶段，大部或全部的宏观内应力可以消除，而微观内应力则只有通过再结晶方可全部消除。

（4）亚晶粒尺寸

在回复的前期，亚晶粒尺寸变化不大，但在后期，尤其在接近再结晶时，亚晶粒尺寸就会显著增大。

（5）密度

变形金属的密度在再结晶阶段发生急剧增高，除与前期点缺陷数目减小有关外，主要是在再结晶阶段中位错密度显著降低所致。

（6）储能的释放

当冷变形金属加热到足以引起应力松弛的温度时，储能就被释放出来。回复阶段时各材料释放的储存能量均较小，再结晶晶粒出现的温度对应于储能释放曲线的高峰处。

3.3.2 金属在热变形过程中的回复和再结晶

金属在再结晶温度以上进行的热变形过程中发生了回复和再结晶，就其性质来讲可分成五种形态，即动态回复、动态再结晶、静态回复、静态再结晶及亚动态再结晶。热变形的最大特点是加工硬化与软化同时进行。如图 3-16 为金属材料在热轧和热挤压时的软化过程。

热变形过程中的静态回复、静态再结晶和亚动态再结晶是热变形终止后，利用余热进行的回复和再结晶。

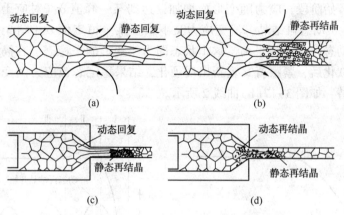

图 3-16　金属材料在热轧和热挤压时的软化过程

静态回复、静态再结晶和亚动态再结晶是热变形终止后，利用余热进行的回复和再结晶。

动态回复和动态再结晶是指在形变过程中和形变同时发生的回复和再结晶。正因为其发生的时间、条件的不同，对材料的组织结构、性能影响也不同。

① 动态回复是金属在热变形中发生的一种软化过程。通过位错的攀移、交滑移和位错从结点脱钉来实现的。

② 若把变形金属从稳定变形阶段迅速冷却后，取样做电镜观察，发现拉长的晶粒内部出现了许多等轴的亚晶粒。亚晶的出现，标志动态回复产生了。

③ 动态再结晶也是金属在热变形中发生的一种软化过程。其软化作用远大于动态回复。

④ 在奥氏体碳素钢、低合金钢、不锈钢、工具钢以及黄铜、蒙乃尔(镍铜合金)、镍基高温合金中容易出现动态再结晶。

⑤ 在热加工温度较低，变形速度高时，一般不发生动态再结晶；容易出现动态再结晶的条件是高温低速的条件。

⑥ 动态再结晶后的晶粒越小，变形抗力越高。变形温度越高，应变速度越低，动态再结晶后的晶粒就越大。因此，控制变形温度、变形速度及变形量就可以调整热加工材的晶粒大小与强度。

根据材料在变形中产生组织变化的不同，可将它们分为两类：第一类有铝及其合金、α-铁、铁素体钢和铁素体合金以及锌、锡等。一般认为这些材料的堆垛层错能较大，自扩散能较小。在高温下，位错的交滑移和攀移比较容易进行，因此，回复是它们在热变形过

47

程中发生软化的基本机制。这类材料的流变曲线如图3-17(a)所示。随着变形的增加，净加工硬化率逐渐减少，最后趋近于零，流变应力变为一个恒定值σ_s，而对应此应力的最小变形量为ε_s。

第二类主要是铜、镍、γ-铁、Mg及其合金，区域提纯的α-铁等。这些材料具有较低的层错能，其滑移面上的不全位错之间的层错带(扩展位错)较宽，这种相距较远的不完全位错很难汇聚成全位错，因而交滑移和攀移均很困难，故动态回复的速度比较慢，而不能在变形的瞬时内完成，对加工硬化的减小贡献不大。但是，随着变形量的增加，局部将产生足够高的位错密度差，可促使再结晶的发生，其流变曲线如图3-17(b)所示。由图可以看出，在变形的开始阶段，应力随变形而增加，达到某一峰值σ_p(对应于此应力的应变量为ε_p)，由于发生了动态再结晶，流变应力又下跌至某一恒定值σ_s[图3-17(b)曲线1]，这时加工硬化与动态软化达到平衡，这个状态即为热变形的平稳态。在高温或低速下，由动态再结晶引起软化后，紧跟着又重新出现硬化，结果稳定态被应力随变形而周期性波动变化的曲线所代替，如图3-17(b)曲线2所示。

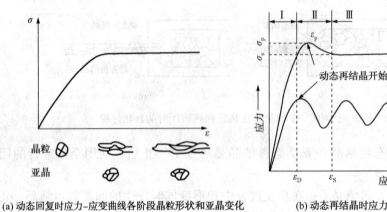

(a) 动态回复时应力-应变曲线各阶段晶粒形状和亚晶变化　　(b) 动态再结晶时应力-应变曲线

图3-17　金属材料的动态流变曲线

下面以钢的奥氏体高温加工为例来说明金属在热加工过程中发生的回复和再结晶。

3.3.2.1　动态回复和再结晶

奥氏体热加工是加工硬化与高温动态软化同时进行的过程，这个过程可以由奥氏体热变形的应力-应变曲线反映出来。图3-17(b)曲线1可以视为奥氏体热变形的真实应力-应变曲线的示意图。其应力-应变曲线由三个阶段组成。

(1) 第一个阶段：动态回复

当塑性变形量小时，随着变形量增加，流变应力逐渐增大，直到达到最大值。这个过程中位错密度不断增加，造成了材料的加工硬化。但变形是在高温下进行，加工硬化加剧的同时，变形中所产生的位错能够在加工过程中通过交滑移和攀移运动，使部分位错消失，当位错重新排列发展到一定程度时，形成了清晰的亚晶界。结构上的这些变化都使得材料软化，由于这是在热加工过程中发生的，故称为动态软化。这种动态软化是回复产生的，所以它是一种动态回复。变形综合作用的结果是形变硬化超过动态回复的软化作用，因此随着变形量增加，流变应力增加，一直达到峰值为止。只是当变形量逐渐增大，位错密度不断增大的同时，位错消失的速度随之增加，加工硬化速度逐渐减弱。反应在应力-应变曲线上，随着形变量增加，曲线的斜率越来越小。在这一阶段等轴的奥氏体晶粒被拉长了。

（2）第二阶段：动态再结晶

第一阶段的动态回复抵消不了形变产生的加工硬化。随着变形量的增加，金属内部畸变达到一定程度后，形变的奥氏体就将发生再结晶。由于是在热加工过程中发生的再结晶，故称为动态再结晶。随着动态再结晶的发生，使更多的位错消失，材料的流变应力很快下降，这是热加工过程的另一种软化方式。发生动态再结晶必需的最低变形量称为动态再结晶的临界变形量以 ε_D 表示，ε_D 几乎与应力应变曲线上的峰值 ε_p 相等，确切定量地讲 $\varepsilon_D \approx (0.8 \sim 0.9)\varepsilon_p$。动态再结晶临界变形程度 ε_D 数值的物理意义是：当形变量小于 ε_D 时，在奥氏体晶粒内位错密度升高、发生加工硬化的同时，只发生动态回复的软化过程；当变形量大于 ε_D 时，才能发生动态再结晶。

因为动态再结晶是在热加工过程中发生发展的，即在动态再结晶形核长大的同时，形变是在继续进行着，因此动态再结晶所形成的新晶粒，其结构与静态再结晶晶粒内的结构是不同的，动态再结晶所形成的新晶粒富集了新的位错，仍有较高的位错密度或者亚晶。在金属内部不同的部分都可能分别存在着由零到 ε_D 一系列不同程度的形变量，就是说仍然存在着一定的加工硬化的。同时在已经发生动态再结晶的晶粒内部，可能开始新的动态回复，形成新的亚晶，甚至又产生新的动态再结晶核心。就整个奥氏体来说，动态再结晶的发生并不能都消除全部的加工硬化。因此，动态再结晶不是完全软化机理。反映在应力-应变曲线上，即使发生了动态再结晶，流变应力仍比原始状态的数值高，这也与静态再结晶不同。

（3）第三阶段：连续动态再结晶

这一阶段的应力-应变曲线可能出现两种情况，即变形量继续增加时，应力基本不变，呈稳态变形，如图 3-17 曲线 1 所示。另外也可能随着变形量继续增加时，呈非稳态变形，如图 3-17 之曲线 2 所示。

① 连续动态再结晶的稳态变形

热加工形变及再结晶都不断进行，动态再结晶所形成的晶粒重新发生形变、加工硬化，随即又开始新的动态再结晶，如此循环不止。如果材料的动态再结晶从产生核心到奥氏体全部动态再结晶完成所需要的形变量为 ε_r，ε_r 可能大于发生动态再结晶的临界变形量 ε_D；也可能小于 ε_D。

当临界变形量 $\varepsilon_D < \varepsilon_r$ 时，发生连续动态再结晶的稳态变形。即已发生动态再结晶的晶粒，又承受变形，并在某些区域已达到 ε_D 的变形量，就可能产生第二轮的再结晶核心，开始第二轮的动态再结晶。如此类推，在变形过程中的奥氏体内可能同时发生几轮动态再结晶，每一轮动态再结晶又可能同时处于再结晶发展的不同阶段，有的刚开始，有的接近结束。奥氏体内各处的形变量不同，有的是零，有的具有一定的数值，于是，平均起来看，在这个阶段的变形过程中，平均变形量大体恒等于某一个数值，结果就反映出一个平均不变的应力值。这种情况就是出现连续动态再结晶时的稳态变形。

② 间断动态再结晶的非稳态变形

当 $\varepsilon_D > \varepsilon_r$ 时，发生间断动态再结晶。第一轮动态再结晶完成时，晶粒的形变量尚未达到 ε_D，还不能立即发生第二轮动态再结晶。第二轮再结晶未开始前，这时动态再结晶这种软化机理已失效，流变应力要增加直到第二轮动态再结晶开始为止，因此应力-应变曲线上出现了波浪形，呈非稳态变形。这种情况下，动态再结晶是间断进行的。

ε_D 和 ε_r 受到形变条件的影响，变形温度和速度是主要影响因素。

变形温度高或应变速率 $\dot{\varepsilon}$ 降低都使得动态再结晶的临界变形量 ε_D 降低。但是升高温度，降低应变速率，由动态再结晶开始形核到全部完成动态再结晶所需要的变形量 ε_r 降低得更显著。所以升高变形温度，降低应变速率，就可能出现 $\varepsilon_D > \varepsilon_r$ 的情况。

因为在高变形温度，或低应变速率情况下，在动态再结晶晶粒内的位错密度增加得较慢，与未动态再结晶的含有较高位错密度的基体间具有一定的位错密度差，也就是能保持一定的动态再结晶晶界的迁移速度，这样动态再结晶的速度较快，就可以在较小的变形量 ε_r 完成动态再结晶，为 $\varepsilon_D > \varepsilon_r$。

相反地，在变形温度低，或低应变速率高情况下，已动态再结晶的晶粒中的位错密度增加得较快，与未动态再结晶的畸变能差减低，降低了晶界移动速度，降低了动态再结晶的速度，因而需要变形量更大时才能全部完成动态再结晶，使得 ε_r 变大，出现 $\varepsilon_D < \varepsilon_r$ 现象。

第三阶段的变形情况除受变形条件影响外，材料的化学成分、奥氏体原始晶粒大小对其也有影响。一般情况是：奥氏体中固溶有合金元素或存在有细小的第二质点，ε_D 提高；原始奥氏体晶粒尺寸较大，也使 ε_D 提高。某些时候，希望得到亚晶组织，不希望发生动态再结晶时，就可以通过控制各种因素来控制 ε_D 和变形量以达到预期的目的。

3.3.2.2 奥氏体在热加工间隔时间内及热加工后组织结构变化

在多道次的完成的奥氏体热加工过程中，材料始终是处于高温状态下，因此非常有必要研究热加工间隔时间内或热加工后奥氏体的组织结构变化。在变形过程中发生的动态回复和动态再结晶，都不能完全消除材料的加工硬化，奥氏体晶粒中仍残留有畸变能，因而这样的组织结构仍然不是稳定的。在热加工的间隔时间内及热加工后缓冷过程中，性能上会继续软化，对应的组织结构的变化就是回复和再结晶。不过这是在热加工后发生的，叫作静态回复和静态再结晶。

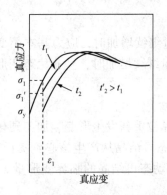

图 3-18 奥氏体在热加工间隔时间
内应力-应变曲线的变化

在此我们引入了软化百分数描述奥氏体热加工后在间隔时间内的软化程度。将钢加热到奥氏体区后进行热加工，当形变量达某一数值 ε_1 时，停止热加工并卸载，随后等温保持不同时间 t 以后，再加力使之变形。发现第二次变形时，流变应力有不同程度的降低，如图 3-18 所示。停留时间越长，流变应力越低。

在两次形变之间奥氏体的软化百分数 x 为

$$x = \frac{\sigma_1 - \sigma_1'}{\sigma_1 - \sigma_y} \qquad (3-4)$$

式中　σ_y——奥氏体热加工前原始的屈服强度；

　　　σ_1——奥氏体热加工达到变形量 ε_1 时的流变应力；

　　　σ_1'——变形为 ε_1 并等温保持 t_1 时间后再变形的流变应力。

软化百分数 x，与热加工温度、加工速度、变形量和间隔时间都有关。不同的热加工量使奥氏体在热加工中形成的组织结构不同，讨论几种不同形变量的奥氏体在间隔时间内软化百分数的变化，实质上也是研究在热加工过程中，已形成的不同奥氏体结构在热加工的间隔时间内将继续发生的变化。

(1) ε_1 远小于 ε_p 时

如图 3-19 曲线上 a 点所示的形变量,这一形变量既小于动态再结晶的临界变形 ε_D,也小于静态再结晶的临界变形量 ε_s。在这一变形量时,热加工中只有动态回复发生,热加工后在该温度下保温时其软化情况如图 3-20 中曲线 a 所示。由该曲线可见,形变停止后,奥氏体软化立即开始。随着保温时间增长,软化程度增大,但软化达到一定程度后就停止不变,即使延长保温时间,也仍有约 70%以上的加工硬化不能消除。这种变化有如冷加工退火时的回复阶段,称为静态回复。在静态回复中,位错继续减少,亚晶界更加清晰。未消除的加工硬化,对下道热加工的硬化有迭加作用。如果这是最后一道轧制,则在急冷下来的相变组织中,仍保留高温形成的高位错密度结构。

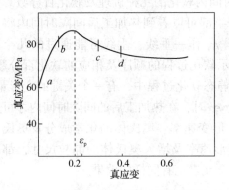

图 3-19 0.68%C 钢在 780℃热变形
的应力-应变曲线

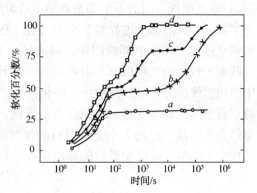

图 3-20 0.68%C 钢在 780℃变形时
不同变形量对静态软化的影响

(2) ε_1 小于动态再结晶的临界变形量 ε_D,但大于静态再结晶的临界变形量时 ε_s

如图 3-19 曲线上 b 点所示的变形量,在热加工中未发生动态再结晶,只有动态回复。热加工后在该温度保温时,经过一定时间的静态回复后会发生静态再结晶。其热加工后的恒温软化过程如图 3-20 中曲线 b 所示。由该曲线可见其软化过程包括两个阶段,第一阶段软化静态回复,第二阶段就是静态再结晶。静态再结晶发展的结果,形成新的低位错密度的再结晶晶粒,热加工产生的加工硬化可全部消除。此时,如果再次热加工,流变应力便回复到热加工前的原始屈服强度。

(3) ε_1 大于 ε_D 时

如图 3-19 曲线上 c 点所示的变形量,在热加工中已发生动态再结晶,热加工后,其软化过程如图 3-20 中曲线 c 所示。该软化过程由三个阶段所组成。第一阶段为静态回复,第二阶段为亚动态再结晶,第三阶段为静态再结晶。

亚动态再结晶是另一种软化机理,它不同于静态再结晶,不需要新的再结晶核心,而是利用奥氏体已经形成的动态再结晶核心,但还没有进行动态再结晶的核心作为自己的核心;它也不同于一般的动态再结晶,体现在它是发生在形变终止以后的再结晶。即在已发生动态再结晶的奥氏体中,已经存在不少刚形成的核心,在形变停止时,这些刚形成的核心未承受过形变,比周围基体更稳定,因此停止形变后,周围基体就以其为核心,发生再结晶,这就是所谓的亚动态再结晶。亚动态再结晶发生后,软化过程继续进行时,就发生静态再结晶。因为在未发生动态再结晶的奥氏体中,只有变形终止后才能形成再结晶核心,因而这些区域只能发生静态再结晶而不能发生亚动态再结晶。

（4）ε_1 远大于 ε_D 时

如图 3-19 曲线上 d 点所示，形变停止后，其软化过程如图 3-20 中曲线 d 所示。软化过程由两阶段组成。第一阶段是静态回复，第二阶段是亚动再结晶。由于变形量很大，热变形时已处于稳定变形阶段，变形中形成的动态再结晶核心，在形变停止后，这些动态再结晶的核心迅速长大，亚动态再结晶过程进行很快，在静态再结晶未发生前，奥氏作已全部发生了亚动态再结晶。

奥氏体热加工后的间隔时间所发生的组织结构的变化，与奥氏体热变形历史状况密切相关，即与奥氏体的变形温度、形变速率、形变量等有密切关系。奥氏体在热加工过程中及热加工停止后的间隔时间内发生的变化，可综合表示于图 3-21 中。图的上半部是热加工的应力-应变曲线，图的下半部是热加工后时间隔时间内软化的几种机理及软化百分数。图的上半部可看到热加工过程的真应力变化，图的下半部可以看到热加工后间隔时间内将发生的软化过程。在下半部的图中，对应任一变形量 ε_1 作一垂线，垂线可能通过的几个区域，既表示软化的几种机理。沿垂线由下向上，表示软化过程的顺序及相应的软化百分数。图中的阴影线部分表示残留的加工硬化百分数。在静态软化过程中，有一个关键的变形量，即静态再结晶的临界变形 ε_s，只有当变形量 ε_1 大于 ε_s 时，在热加工后的间隙时间内才可能发生静态再结晶。ε_s 的大小受变形后的保温温度、形变速率、奥氏体的化学成分及奥氏体的晶粒大小影响。降低变形后的保温温度，提高变形速率及增大奥氏体的晶粒尺寸，都使 ε_s 增加，使静态再结晶不易发生。增加奥氏体中合金元素也有同样的效果。

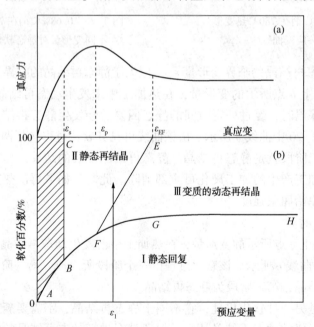

图 3-21 奥氏体在热加工中及其后的间隔时间内的变化示意图

3.3.2.3 回复与再结晶的速率及再结晶后的晶粒大小

热加工后奥氏体回复与再结晶的速率主要决定于奥氏体内部存在的畸变能大小，热加工后停留的温度高低，奥氏体的成分及第二相质点大小等。当奥氏体的成分一定时，增大变形量，提高应变速率，提高形变后的停留温度 t，都将提高回复与再结晶的速率，并促使再结晶晶粒细化。

晶粒大小直接影响到材料的性能，对热加工后的再结晶晶粒大小控制非常重要。热加工后发生的再结晶晶粒大小和变形量、变形温度、应变速率、变形后停留时间以及原始奥氏体晶粒大小有关。大的变形量和低的热加工温度，高的应变速率和细的原始晶粒尺寸都将增大再结晶的形核速率，促使再结晶晶粒细化。经过热加工是可以细化奥氏体晶粒的。但再结晶完成后继续保持在高温，奥氏体晶粒就会粗化。钢中如有细小分散的第二相存在会阻碍晶界移动，奥氏体晶粒长大较慢些，短时间高温停留，或冷却速度慢一些，也不会变得太粗，这一点是很有意义的。

变形后的静态再结晶晶粒尺寸主要取决于该温度下的形变量大小，与形变温度关系小。原始晶粒大小的影响在变形量比较小时更明显，因为再结晶的核心主要集中在奥氏体中晶界附近，但当形变量大时，不仅晶界附近，晶内也易于产生再结晶核心，故此时奥氏体晶粒大小对再结晶后的晶粒尺寸的影响就逐渐减弱。但要注意，如果变形温度降低，静态再结晶的临界变形量 ε_s 增大，静态再结晶就难发生。在一定的变形温度以下，甚至热加工后停留很长的时间也不发生静态再结晶。在这样的温度下进行热加工，奥氏体晶粒不能通过静态再结晶而细化，但是可以得到细小的亚晶组织。随着变形量增加，奥氏体晶粒被拉长，晶内的亚晶尺寸也越来越小。利用亚晶来强化金属材料具有重要的工业意义。

3.4　温变形时组织和性能的变化

温变形是指在回复温度以上，再结晶开始温度以下进行的变形。钢的温轧、温锻、温挤和温拉，铜、铝及其合金材的温轧，以及钨、钼丝的温拉等均属温变形。

与热变形相比温变形有以下优点：

① 温变形加热温度低，氧化、脱碳现象比较轻，甚至可以做到基本不产生氧化皮，零件的表面粗糙度和精度大幅提高。

② 温变形时，金属坯料的加工余量较热变形小得多。

③ 采用温变形的制品，其晶粒度的控制较为容易，一般来说制品晶粒较为细小。

④ 温变形时，轧辊、锻模、按压模和拉模等变形工具的使用寿命要比热变形时长。

与冷变形相比也有以下优点：

① 温变形时金属的变形抗力比冷变形时低，金属的塑性一般要比冷变形时好。所以，温变形所需的变形力大幅度下降，对设备的要求较低，同时所用模具的寿命可大大提高，有时甚至可以提高近百倍。

② 对冷变形难以加工的金属材料，使用温变形时，可以省去期间的退火工艺，大大提高生产效率。

温变形不仅具有冷变形和热变形的某些特点，而且在加工中也有其自身的作用。在生产实践中采用温变形的目的主要有二：一是改善金属材料的加工性能；二是改善产品的使用性能。

采用温变形工艺时，最重要一点就是合理的确定变形温度范围。温度太高，氧化和脱碳比较严重，温度太低，变形抗力大大增加。对于钢铁材料温变形一般在 200~850℃，温挤压为 700℃左右，成形质量较好。奥氏体不锈钢温变形温度常取 200~400℃。对于铝用合金材料一般采用室温至 250℃，铜或铜合金是室温至 350℃。但是对于具体材料温变形温度范围的选择，应根据应变速度、变形程度以及对制品性能的要求进行综合考虑。

钢铁材料温变形温度范围的选择，应注意避免金属的脆性区，因为钢在蓝脆范围内，强度达极大值，塑性为极小值。如果在这一温度范围进行加工，钢的抗力大，塑性低，不利于加工进行。应注意的是，随着应变速度的增加，蓝脆温度向高温侧移动，如一般应变速度下，蓝脆的温度范围通常为250~400℃，高应变速度时可达400~600℃。合金元素对蓝脆性也有影响，充分脱硫和脱氮的纯铁不存在蓝脆温度区。又如高速钢在700℃和900℃时，以及低于500℃时，钢材温挤压时出现明显的脆性，而在750~850℃时，润滑条件合适、应变速度适宜时，不易出现裂纹。

但在生产实践中，硅钢片的轧制，有时特意在蓝脆温度范围内进行变形，因为在该温度范围内成形时，会产生大量的位错钉扎。经温变形时所产生大量亚结构，无论在形态上，还是分布上都是不均匀的，其中大多数亚晶粒为长条状，有个别内部位错密度仍很高。与同种硅钢热轧制品相比，温轧后形成的织构较强。

其次，温变形过程中合理选择润滑剂也是一个重点。一般以固体润滑剂为主，如温挤压时，常采用石墨加低黏度机油润滑剂，润滑效果良好。随着温变形所需加工的材料多样化，如何选择适合各种金属材料温变形的润滑剂和润滑方式，已成为有待进一步研究的重要课题。

金属材料发生温变形后，与冷变形类似，晶粒形状大小均将发生变化，某一晶向趋近最大主变形方向，也会发生位错缠结，晶粒内产生亚结构。变形量大时，还会出现纤维组织与变形织构，金属出现各向异性。在一定的变形温度下，随着变形量增加，金属内部晶粒细化越发明显，当变形量达到某临界点，温变形金属内部则开始发生再结晶。变形后，金属内部晶粒呈等轴状，加工硬化消失。生产中可以通过增加变形程度、降低变形温度的方法来得到细小的温变形再结晶晶粒。

另外，在变形温度与变形应力的双重作用下，金属内部原子扩散运动加剧，从而可使铸造组织内的偏析得到部分消除，金属成分变得较为均匀，性能有所提高。

3.5　金属塑性变形的温度-速度效应

如前所述，金属在塑性变形过程中会发生一系列组织性能的改变，如变形抗力增加、塑性下降、电阻提高，在酸中的溶解度变大、扩散过程加速和磁性发生改变等。对同一种金属而言，引起上述变化的主要原因是变形温度、变形速度、变形程度，以及摩擦与润滑条件，而前三个因素则构成了金属塑性加工时的热力学条件。

3.5.1　变形温度

塑性变形时金属所具有的实际温度，称为变形温度，它与加热温度是有区别的。变形温度既取决于金属变形前的加热温度，又与变形中能量转化而使金属温度提高的温度有关，同时又与变形金属同周围介质进行热交换所损失的温度有关。

在塑性变形过程中，变形温度对金属的塑性和变形抗力有重大影响，就大多数金属而言，其总的趋势是：随着温度升高，塑性增加，变形抗力降低。但在某些特定的条件下，温度的升高也可使塑性降低和变形抗力增加（也可能降低）。由于金属和合金的种类繁多，温度变化所引起的物理——化学状态变化各不相同，因此很难用一种统一的规律来概括各种材料在不同温度下的塑性抗力行为，在生产实际中，必须综合各种因素来确定。

3.5.2　变形速度

变形速度是金属压力加工生产工艺中另一个很重要的工艺因素，它对变形金属的性能有较大的影响。

变形速度为单位时间内变形程度的变化或单位时间内的相对位移体积，即

$$\dot{\varepsilon} = \frac{\mathrm{d}\varepsilon}{\mathrm{d}t} = \frac{1}{V} \cdot \frac{\mathrm{d}V}{\mathrm{d}t} \tag{3-5}$$

式中　$\dot{\varepsilon}$——变形速度，s^{-1}；

　　　ε——变形程度；

　　　V——变形物体的体积；

　　　t——完成变形所需要的时间。

一般用最大主变形方向的变形速度来表示各种变形过程的变形速度。但应注意把金属压力加工时工具的运动速度与变形速度严格区分开来，二者既有联系，又有量与质的不同。

变形速度对塑性和变形抗力的影响，是一个比较复杂的问题。随着变形速度的增加，既有使金属的塑性降低和变形抗力增加的一面，又有作用相反的一面。而且在不同变形温度下，变形速度的影响程度亦不同。因此很难得到在任何温度下，对所有金属均适用的统一结论。在具体分析变形速度的影响时，要考虑到材料性质、工件形状、冷变形或热变形等因素，才能得到比较正确的结果。

下面以锻造变形为例，就变形速度对锻件塑性的影响做一些规律性的简单介绍。

变形速度对塑性的影响随着变形速度或应变速率的增加，锻件金属的塑性降低。这是由于当变形速度增加时，要驱使数目更多的位错同时运动，而使金属的真实流动应力提高。但是变形速度的提高对金属断裂应力的影响却不大，因此随变形速度的提高，金属就会过早地达到断裂阶段，减少了金属断裂前的变形程度，即降低了金属的塑性。在热变形条件下，变形速度增大，可能没有足够回复及再结晶的时间，从而降低金属的塑性。随着变形速度的增加，温度效应增加，会提高金属的塑性，这一点对冷塑性变形较明显。由此可见，随着变形速度的提高，既有塑性降低的可能，也有塑性提高的可能。

应变速率对塑性的影响可用图 3-22 说明。当应变速率不大时，应变速率的增加引起塑性的降低大于温度效应引起塑性的增加，因此塑性降低。在 bc 段，开始时塑性指标降低，随应变速率增大，温度效应增强，锻件塑性不再随应变速率增加而降低，反而出现上升。在 cd 段，当应变速率很大时，由于温度效应显著增强，使塑性的提高超过了因变形硬化造成的塑性下降，因而使塑性上升。但当温度效应很大时，变形温度进入了高温脆性区，则锻件金属的塑性急剧下降，如 de 段。

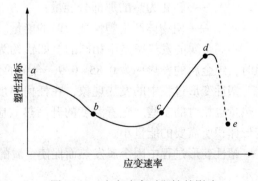

图 3-22　应变速率对塑性的影响

应变速率增加，对于具有脆性转变的金属，由于温度效应的作用而使金属由塑性区进入脆性区，则金属的塑性降低；反之，如果温度效应的作用恰好使金属由脆性区进入塑性区，则对提高金属塑性有利。例如，前述碳钢在 200~400℃ 内为蓝脆区，若在此温度范围

内提高应变速率，则由于温度效应而脱离蓝脆区，时效硬化来不及充分完成，塑性就不会下降；又如，高速锤(锤头打击速度约为 12～18m/s)上模锻时，其锻造温度应比一般热模锻的低 50～150℃左右，否则会由于温度效应大而落入高温脆性区，容易造成锻造金属的过热或过烧。

提高应变速率，从锻造工艺性角度来看，会在以下三个方面起到有利作用：

① 降低摩擦系数，从而降低金属的流动阻力，改善金属的充填性及变形的不均匀性。

② 减少热成形时的热量损失，从而减少毛坯温度的下降和温度分布的不均匀性，这对于工件形状复杂(如具有薄壁、高肋等)且材料的锻造温度范围较窄的锻件锻造是有利的。

③ 出现所谓"惯性流动效应"，从而改善金属的充填性，这对于如薄辐板类齿轮、叶片等复杂工件的模锻成形是有利的。在非常高的应变速率(如，爆炸成形等)下，金属的流变行为可能发生更为复杂的变化，其机理还不太清楚，但在极高的应变速率下(如，爆炸成形压力液的速度约为 1200～7000m/s)，材料塑性变形能力大为提高，同时锻件成形时贴模速度很高，传力介质多为液体或气体，因而零件的精度高、表面质量好。

3.5.3 变形中的热效应及温度效应

一般在较高的速度下使金属塑性变形时，都有明显的发热现象。这是因供给金属产生塑性变形的能量，消耗在弹性变形和塑性变形上，造成物体的应力状态；而消耗在塑性变形的能量，因塑性变形的复杂现象(滑移、晶间错移等)所致，变形后绝大部分转化为热能，当这部分热量来不及向外散发而积蓄于变形物体内部时，促使金属温度升高。可见，变形速度越大，亦即单位时间内变形量越大时，发热量越多，散发的时间越不够，造成变形金属温度的升高也越显著。所以，变形速度的影响，实质上是通过温度条件在起作用。应该注意，变形过程中的温度和速度条件是统一的和互相制约的，应将两者综合考虑。

所谓"热效应"是指变形过程中金属的发热现象，热效应可用发热率来表示：

$$\eta_A = \frac{A_T}{A} \qquad (3-6)$$

式中　η_A——发热率，%；

　　　A_T——转化为热的那部分能量；

　　　A——使物体产生塑性变形时的能量。

不同金属的发热率是不相同的，如铝约为 93%，铜为 92%；一般认为在室温条件下镦粗时，纯金属的发热率为 0.85～0.9，合金的为 0.75～0.85。

塑性变形过程中的发热现象，在任何温度下都发生，不过低温下表现的明显些，发出的热量也相对的多些。随着温度的升高热效应减小，因为温度升高时变形抗力降低，单位变形体积所需要的能量小。

塑性变形过程中因金属发热而促使金属的变形温度升高的效果，称为温度效应，用 α_η 表示：

$$\alpha_\eta = \frac{T_2 - T_1}{T_1}(100\%) \qquad (3-7)$$

式中　T_1——变形前金属所具有的温度；

　　　T_2——变形后因热效应的作用金属实际具有的温度。

按上式计算的 α_η 越大，则表示温度上升的越多。

3.5.3.1 影响温度效应的因素

变形过程中的温度效应，不仅决定于塑性变形功所排出的热量；而且也取决于接触表面摩擦所产生热量。因此，在某些情况下(如变形时不但变形速度高而且接触摩擦力大)，变形过程中的温度效应可达到很高的数值。由此可见，要控制适当的温度，不但与变形速度有关，也应充分估计金属和加工工具接触表面间的接触摩擦在变形过程中所起的作用，概括起来，温度效应与下列因素有关。

（1）变形温度

温度越高，变形抗力及单位体积变形功就越小，转化为热的那一部分能量当然也越小。而且高温下热量往往容易散失，故热变形之温度效应小，而冷变形之温度效应大，例如，在 Conform 连续挤压机上进行铝的冷挤压时，工件的表面温度可高达 400~500℃。

（2）变形速度

变形速度越高，变形时间就越短，热量散失的机会也越少，因而温度效应越大。另外，从变形速度对变形抗力的最终影响来看，提高变形速度会使得变形抗力增加，故温度效应亦增加。常常可以看到这种现象：如锻件在锤上锻造时，锤头连续打击坯料，坯料的温度不仅不降低，有时反而会升高。

（3）变形程度

变形程度越大，所作的单位体积变形功就越多，转化为热的能量必然也越多。

（4）变形体与周围介质的温差及接触面的导热情况

变形体与工具的接触面、周围介质的温差越小，散失的热量越小，温度效应越大。实际情况下，影响温度效应的因素是比较复杂的。如在塑性变形过程中接触表面外摩擦所产生的热，亦会直接使变形体的温度升高。

3.5.3.2 变形热效应的后果

（1）改变变形抗力。一般热效应使变形抗力降低；但在特殊情况下，假如热效应引起温度的升高，达到了弥散相的温度范围内，而弥散相又来不及在变形过程中析出时，可使变形抗力提高。

（2）改变变形过程的型式。由于热效应使变形物体的温度升高，改变原来变形的型式。如在高速下进行冷变形时，因热效应力的作用而使冷变形过程转化为温变形。

（3）引起相态的变化。使物体(合金)的温度达到相变的温度范围内，而且时间又较充分时，则相变可以在变形过程内完成，引起相态的变化。

（4）改变合金的塑性状态。由于钨、钼的塑-脆转变温度高于室温，因而钨、钼丝的拉伸必须在加热的状态下进行。但由于再结晶的钨、钼是很脆的，所以，加工温度不能超过坯料的再结晶温度。又由于钨、钼具有加工硬化快的特点，为了避免丝料加工时迅速硬化而导致劈裂和硬脆，加工温度不应低于其应力回复温度。例如，在旋锻过程中，若因加大压缩率或提高变形速度而显著发热，以致使金属的温度升高而再结晶温度以上时，结果因金属塑性的降低而造成脆断。反之，当加大压缩率或提高变形速度时，若将加热温度降低50~100℃，则发热的影响可刚好补偿至正常温度，从而避免了温度升高到再结晶温度，故可在大压缩率情况下使变形顺利进行。

3.5.3.3 变形热效应的有利作用

① 制定加工工艺规程时，采用适当的变形速度、变形温度与变形程度，可以减少或取消中间退火(充分利用热效应)；

② 可以在低温下进行高速变形;

③ 可以提高金属的塑性与降低变形抗力,使较难变形的金属易于加工;

④ 实际操作中,用以控制工具孔型。

3.5.3.4 热效应的不利影响

① 使工具温度升高,造成金属黏结工具的现象。如黏模、缠辊等,大大降低工具的寿命与产品质量;

② 使变形速度受到限制,影响生产率。如旋锻和拉丝过程中,由于变形温度升高显著,使之不能稳定(缩丝或断丝)进行,而必须采取一些必要的冷却措施;

③ 某些金属因热效应使之进入脆性状态,从而不能采用连续变形。

3.5.4 热力学条件之间的相互关系

塑性变形过程中的变形温度、变形速度、变形程度都使变形体的内能增加。温度升高是变形体中原子动能增加的反应,而其他两个条件也影响到变形体的温度变化。所以,变形温度、变形速度和变形程度(工艺上称"三度")是变形规程的基本参数,故又统称为变形规程。

制定良好的变形规程,直接关系到变形过程能否顺利进行,产品质量能否合乎要求。因为变形温度直接决定于变形形式,即决定硬化与软化的情况。而变形程度对软化温度范围及软化速度、晶粒度等又有影响。变形程度大时,再结晶速度加速,而且再结晶开始与终了温度有所降低,晶粒变细;同时在一定的工具速度下,变形程度的提高也引起变形速度的提高。变形程度与变形速度的变化,又同时影响变形温度的变化,从而影响到硬化与软化的效果,导致变形形式发生变化,这些都使金属组织发生变化,从而影响金属性能。在大多数情况下,变形规程对产品性能决定性的影响,因此有必要综合考虑三度对变形形式的影响。

根据不可逆过程热力学理论,在一定的假设条件下,可得出变形抗力与三度的如下规律:

① 变形温和变形速度恒定时,变形程度 ε 与变形抗力 σ_s 的关系为

$$\sigma_s = \alpha \varepsilon^a \tag{3-8}$$

② 变形程度和变形速度恒定时,变形抗力与单相状态条件下的变形温度的关系为

$$\sigma_s = \beta e^{-bT} \tag{3-9}$$

③ 变形程度和变形温度恒定时,变形抗力与变形速度的关系为

$$\sigma_s = \gamma \, \bar{\dot{\varepsilon}}^c \tag{3-10}$$

综合式(3-8)~式(3-10)可写成

$$\sigma_s = A \, (\bar{\varepsilon})^a \, (\bar{\dot{\varepsilon}})^c e^{-bT} \tag{3-11}$$

式中　A、a、b、c、α、β、γ——取决于变形条件和变形材料的常数,由实验确定;

　　　　$\bar{\varepsilon}$——平均变形程度;

　　　　$\bar{\dot{\varepsilon}}$——平均变形速度;

　　　　T——变形温度,K。

3.6　塑性变形对固态相变的影响

3.6.1　应力与变形的作用

在应力的作用下，可使相变温度降低或使平衡状态下为固溶体的合金，发生新相的析出。例如，В. И. 马劳维茨卡雅等用直径为 3mm，化学成分为 1.0%C、1.6%Cr、0.3%Mn 的钢，进行扭转变形，研究了塑性变形对奥氏体向珠光体转变的影响。发现塑性变形加速奥氏体的分解。在该扭转试验中，奥氏体转变的数量在试样的周边层较多。

金属在塑性变形时，常伴随有各种形式晶体点阵的畸变及应力的不均匀分布，使金属内能增加、原子激活能提高，这样就使金属原子的互扩散和自扩散过程变得容易。应力的数值及其分布的不均匀程度越大，则原子的扩散移动越强烈。在固溶体中，原子的扩散流动能够降低原子点阵的规则排列和引起浓度的偏聚，直至新相的析出为止。在多相系的晶体中由于扩散使应力分布的均匀化，不仅造成各相中原子的重新分布，而且也使相间原子发生交换。因此，在塑性变形过程中，可能改变其各相间的数量比和它们的化学成分。结果，在变形时可能大大改变合金的性质，其中包括变形抗力和塑性指标。同时，根据某些相的产生和某些相的消失，性能的变化可能有所不同。

由于在高的应力作用下原子扩散过程的加剧，可使相变温度有所降低，但是，在高的静水压力下、应力又妨碍产生相变，例如高温淬火的硬铝，在 10000kgf/mm² 的各向压力下与大气压力下的时效相比，硬度增长的要慢，这可能是在各向相等压力下晶格中的原子很难移动的缘故。

另外，压力的增加也可使金属熔点有明显改变，一般是提高熔点的上限温度，例如锌，当压力提高到 200kgf/mm² 时，其熔点温度几乎提高 100℃，这意味着扩大了变形的温度范围，并可改善产品的质量（消除破断的裂纹）。

硬铝合金在冷变形时发生相变的情况，由图 3-23 可以看出，退火状态下进行冷变形，晶格常数没有变化，但同一合金在淬火后再进行冷变形时，发现晶格常数有变化，并且随着变形程度的增加而连续地改变，这说明在淬火后存在的过饱和固溶体承受冷变形时发生了分解、即形成新相所致。

М. И. 札哈洛瓦在对含 0.5 和 1%Be 的三元合金 Cu-Si-Be 和 Cu-Mn-Be 的研究中确定，在淬火和冷轧后的回火过程中固溶体的分解加快。且冷变形程度越大，分解速度越大（图 3-24）。

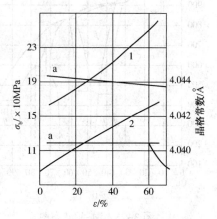

图 3-23　变形程度对硬铝相变的影响
1—淬火后的变形；2—退火后的变形

3.6.2　温度和变形速度的作用

由于在塑性变形过程中变形物体的温度发生了变化，相的转变可在下述条件下发生：

（1）在变形过程中物体被冷却到相变温度，并且相变是在变形的同一时间内完成的。以 H60、H59、H58 黄铜为例，根据铜-锌状态图（图 3-25），这类黄铜的组织随温度的

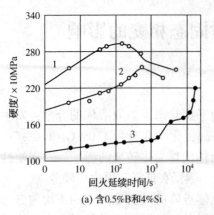
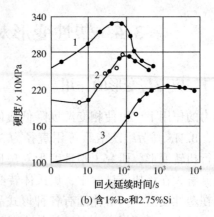

(a) 含0.5%B和4%Si

(b) 含1%Be和2.75%Si

图3-24 合金的硬度随变形程度和350℃时回火时间的变化

1—变形程度60%；2—变形程度30%；3—未变形

不同可能由下列相组成：在100~453℃的温度下，含有 α 和 β' 两种相。当温度从540℃升到750℃时，合金虽仍然保持两相状态，但发生了由 $\beta' \to \beta$ 的同素异形转变，这时合金由 $\alpha+\beta$ 组成。在高于750℃时，又发生一次相转变、变成只有 β 相的单相组织。这类合金一般加热到 β 单相区内进行热变形（热锻和热轧温度是730~820℃），但是，若在加工过程中温度降低至730℃以下，则在变形过程中开始了固溶体的分解。从固溶体沉淀出的 α 相，在变形过程中再结晶并得到球化。变形黄铜的这种粒状组织，使其抗力指标降低。另外粒状结构在重复加热的情况下又能引起晶粒显著的长大。得到粒状组织是有害的。如果固溶体的分解是在变形完毕后发生的，则 α 相变成针状，这种针状组织有利于提高制品的抗力指标，并且在以后的重复加热过程中也不会引起晶粒的长大。所以，热变形时，控制恰当的完工温度以避免不希望的组织变化是很重要的。

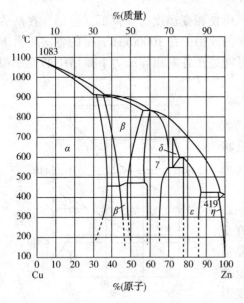

图3-25 铜-锌状态图

（2）在变形过程中变形物体被加热到相变温度，并且相变是在变形过程中实现的。

金属在塑性变形过程中，在变形物体内的某些区域可呈现出强烈的塑性变形和热效应。因此，使此局部区域的温度有明显的升高，出现以再结晶方式而进行的组织变化和相转变。这种塑性变形局部化的位置可称为局部化夹层。在这里进行着某种组织的变化或相变，而这些变化是与金属基体中的变化不同的。这样的夹层，在实际中是可以观察到的。例如碳金刚和高碳钢进行冲击变形时，利用电子显微镜可以确定，在局部化位置上产生有夹层，其组织是隐针马氏体。

关于变形速度对相转变的影响，可依情况的不同而异。在一些情况下，高变形速度可引起相的转变，而在另一些情况则相反，高变形速度阻碍相变的产生。因为在这种情况下，在变形过程中相变来不及进行。例如在静载荷条件下，铝青铜（约含9%Al及4%Fe的铜合金)在350~450℃的温度范围内，由于产生相变而呈现脆性，可是当受冲击载荷时，则表现了无脆性现象，因此在此情况下相变来不及进行。

3.7 形变热处理

形变热处理是对金属材料有效地综合利用形变强化及相变强化，将压力加工与热处理操作相结合，使成形工艺同获得最终性能统一起来的一种工艺方法。

形变热处理不但能够得到一般加工处理所达不到的高强度、高塑性和高韧性的良好配合，而且还能大大简化钢材或零件的生产流程，从而带来相当好的经济效益。

塑性变形增加了晶体中的缺陷（如位错、空位、堆垛层错、小角度和大角度晶界等）密度和分布。由于晶格缺陷对相转变时组织的形成有强烈影响，所以相转变前或相转变时的塑性变形能用来使经受热处理的合金形成最佳组织。因此，形变热处理强化不能简单视为形变强化及相变强化的叠加，也不是任何变形与热处理的组合，而是变形与相变能互相影响、互相促进的一种工艺。例如，在热处理之后再塑性变形，这不是形变热处理；若塑性变形后再热处理，但对最后组织没有决定性的影响时也不是形变热处理，这种操作则是塑性变形和热处理的简单组合。

形变热处理中的塑性变形和热处理过程，可以同时进行，也可以先后进行，其间相隔数日。最重要之点在于相转变必须在塑性变形所形成的晶格缺陷增多的情况下进行。

形变热处理按材料分为两类：①时效合金的形变热处理，包括铝铜合金、铝镁合金、镍基合金等，多用于有色金属，其工艺分为三种：低温形变热处理、高温形变热处理，以及预形变热处理，如图3-26所示。图中齿形线表示塑性变形。②马氏体转变型的形变热处理。适用于各种存在马氏体转变的合金，其中最主要的是钢。

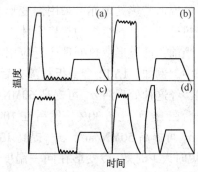

图3-26 时效型合金形变热处理工艺图

(a)低温形变热处理；(b)高温形变热处理；
(c)综合形变热处理；(d)预形变热处理

3.7.1 低温形变热处理

时效合金的低温形变热处理早在20世纪30年代就已出现，且已广泛应用，主要用于提高合金的强度性能。其工艺方法是：合金首先用常规工艺作固溶处理，然后在时效前加以冷变形。它与没有预变形的时效相比，低温形变热处理所得到的强度极限和屈服应力较高，但塑性指标较低。图3-27示出冷变形程度对淬火镍合金硬度的影响（曲线1），以及对经变形和时效后的同样合金的影响（曲线2）。

低温形变热处理对硬度的影响可用两个原因加以解释：①冷变形产生应变硬化，从而使随后的析出硬化从较高的初始合金硬度开始。②最重要的是冷变形使析出硬化作用增强。例如，尼莫尼克90（一种铬镍耐热合金）若无冷应变硬化，则通过450℃时效所产生的硬化效应很小，只有$15kgf/mm^2$。随着冷变形程度的增加，时效硬化效应不断增大（图3-27中曲线1和2分离）。在90%冷拉收缩率下，时效所增加的硬度可达$175kgf/mm^2$。由此可见，在一定条件下，时效前冷变形的作用是十分明显的。

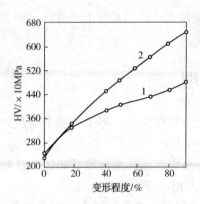

图 3-27　Nimonic90 线材淬火后冷拉
变形率与时效后硬度的关系
（φ=4mm，1000℃淬火）
1—冷拉；2—冷拉+450℃时效 16h

若冷变形前已进行了部分时效，则这种预时效会影响最终时效动力学及合金性质。例如，Al-4% Cu 合金淬火后立即冷变形并于 160℃h 效，则经 20~30h 达硬度最高值。若经自然时效后进行同样变形，160℃时效只需 8~10h 达硬度最高值。后种情况，人工时效的加速可能是由于自然时效后 G·P 区对变形时位错运动阻碍所致，这种阻碍造成大量位错塞积及缠结，有利于 θ′ 的脱溶。此外，在位错附近也存在铜原子富集区，也有利于 θ′ 的形核。因此，为加速这种合金的人工时效，变形前自然时效是有利的，这样，就形成了低温形变热处理工艺的一种变态，即淬火-自然时效-冷变形-人工时效。

预时效也可用人工时效，根据同样原因将使最终时效加速，增加强化效果。这样就形成了低温形变热处理工艺的另一种变态，即淬火-人工时效-冷变形-人工时效。对不同基体的合金，可广泛试用不同的低温形变热处理工艺组合。

低温形变热处理亦可采用温变形。在温变形时，动态回复进行得较激烈，有利于提高形变热处理后材料组织的热稳定性。

当前，低温形变热处理广泛应用于铝、镁、铜合金及铁基奥氏体合金半成品与制品的生产中。例如，LY12 合金板材淬火后变形 20%，然后在 130℃时效 10~20h；与标准热处理相比，经这种处理后 σ_b 可提高 60MN/m^2，$\sigma_{0.2}$ 提高 100MN/m^2，塑性尚好。LY11 合金板材淬火后在 150℃轧制 30%，然后在 100℃时效 3h；与淬火后直接按同一规程时效的材料相比，σ_b 可提高 50MN/m^2，$\sigma_{0.2}$ 提高 130MN/m^2，但 δ 值降低 50%。Al-Zn-Mg 系合金按"淬火-短时人工时效-冷变形在同一温度下再时效"这一工艺进行处理，合金具有较大的应力腐蚀抗力，强度降低不多。时效前冷轧可使 QBe2.0 合金的 σ_s 提高 20%。

低温形变热处理工艺简单且有效，这是能广泛应用的主要原因。但因大多数合金经此种处理后塑性降低，某些铝合金还可能降低蠕变抗力并造成各向异性等弊端，在应用此种工艺时，应综合这些方面的要求进行考虑。

3.7.2　高温形变热处理

高温形变热处理工艺为热变形后直接淬火并时效[图 3-28(b)]。因为塑性区与理想的淬火温度范围既可能相同也可能有别，因而其形变和淬火工艺可能形成如图 3-28 所示。总的要求是应自理想固溶处理温度下淬火冷却，其中图 3-28(f) 表示利用变形热将合金加热到淬火温度。

进行高温形变热处理必须要求所得到的组织满足以下三个条件：①热变形终了的组织未再结晶(无动态再结晶)；②热变形后可以防止再结晶(无静态再结晶)；③固溶体必须是过饱和的。若前两条件不能满足而发生了再结晶，高温形变热处理就不能实现。

进行高温形变热处理时，由于淬火状态下存在亚结构，以及时效时过饱和固溶体分解更为均匀(强化相沿亚晶界及亚晶内位错析出)，因而使强度提高。另外，固溶体分解均匀、晶粒碎化及晶界弯折使合金经高温形变热处理后塑性不会降低。对铝合金来说，塑性及韧

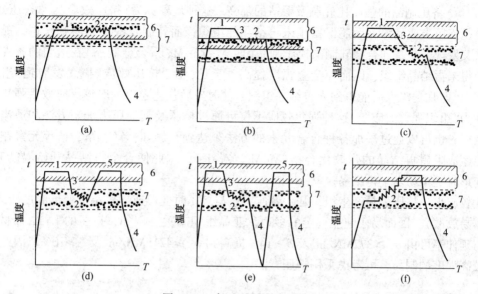

图 3-28 高温形变热处理工艺
1—淬火加热与保温；2—压力加工；3—冷至变形温度；4—快冷；5—重新淬火加热短时保温；
6—淬火加热温度范围；7—塑性区

性甚至有所提高。再有，因晶界呈锯齿状以及亚晶界被析出质点所钉扎，使合金具有较高的组织热稳定性，有利于提高合金的耐热强度。

若合金淬火温度范围较为狭窄（如 LY12 仅为 ±5℃），则实际上很难保证热变形温度在此范围内。这种合金就不易实现高温形变热处理。

淬火后不发生再结晶的合金，过饱和固溶体分解较迅速，若这种合金淬透性不高，高温形变热处理时就难以保证淬透，因而也难实现高温形变热处理。

铝合金高温形变热处理工艺研究较多。铝层错能高，易发生多边形化。铝合金挤压时，因变形速率相对较低，往往易形成非常稳定的多边化组织，因此铝合金进行高温形变热处理原则上是可行的。但由于上述两个原因，目前只有 Al-Mg-Si 系及 Al-Zn-Mg 系合金能广泛应用。该两系合金具有宽广的淬火加热温度范围（Al-Zn-Mg 系为 350~500℃），淬透性也较好，薄壁型材挤压后空冷以及厚壁型材在挤压机出口端直接水冷均可淬透，因而简化了高温形变热处理工艺，使这种工艺能在工业生产条件下应用。

总的来说，高温形变热处理工艺较低温形变热处理工艺应用少得多。

作为高温形变热处理的一种改进，在生产中也可考虑采用高低温形变热处理，即热变形-淬火-冷变形-时效［图 3-28(c)］。这种工艺可使材料强度较单用高温形变热处理时有所提高，但塑性会有所降低。

3.7.3 预形变热处理

预形变热处理的典型工艺如图 3-28(d)所示，即在正式淬火、时效前预先进行一次热变形。实现这种工艺的必要条件为，合金经热变形后是未再结晶组织，在随后淬火加热时也不发生再结晶。预形变热处理与高温形变热处理的区别在于，后者的热变形与淬火加热在同一道工序，而前者则把这两道工序分开。

预形变热处理实际上早已广泛应用于铝合金半成品生产。从实践中发现，某些铝合金

(如硬铝等)挤压制品的强度比轧制及锻造的都高。这种现象称为"挤压效应"。"挤压效应"的实质是挤压半成品淬火后还保留了未再结晶的组织，而轧制及锻造制品则已再结晶。不过后来又发现，一系列合金轧制与模压制品(如 Al-Zn-Mg 系合金制品)在适当的条件下同样可获得未再结晶组织，因而使合金强度提高。于是，由"挤压效应"概念发展到"组织强化效应"。即凡是淬火后能得到未再结晶组织，使时效后强化超出一般淬火时效后强化的效应，称为"组织强化效应"。这种强化效应不仅可通过挤压及其他压力加工方法和适当的工艺来获得，也可以通过添加各种合金元素的方法来达到。例如，锰、铬、锆等元素在铝合金中能生成阻碍再结晶的弥散化合物($MnAl_6$、$ZrAl_3$)，因此使合金再结晶开始温度升高，在热变形时更不易发生再结晶。

比较起来，挤压最易产生组织强化效应，这与挤压时变形速率较小，变形温度较高(变形热不易放散)，因而易于建立稳定的多边化亚晶组织有关。例如，挤压的 LY12 棒材，其强度与延伸率可由 $\sigma_b \geq 372MN/m^2$ 及 $\delta \geq 14\%$ 提高到 $\sigma_b \geq 421SMN/m^2$ 及 $\delta \geq 10\%$。因此，为得到较高强度的制品，可考虑采用挤压方法。

复习思考题

3-1 冷加工与热加工的纤维组织有何异同？能否消除？如何避免？

3-2 冷加工变形中金属的组织和性能有何变化？

3-3 热加工变形的特点？

3-4 热加工变形中金属的组织有何变化？

3-5 动态再结晶、静态再结晶及亚动态再结晶的异同。

3-6 以钢的奥氏体高温加工为例来说明金属在热加工过程中发生的回复和再结晶。

3-7 金属经过温加工后组织有何变化？

3-8 变形温度和变形速度对金属塑性变形有何影响？

3-9 金属塑性变形中影响温度效应的因素有哪些？

3-10 变形热效应会产生怎样的后果？

3-11 变形热效应有哪些有利作用和不利影响？

3-12 何谓形变热处理，形变热处理分哪几类？

4 金属的塑性和变形抗力

本章导读：学习本章主要掌握塑性的概念及塑性指标；掌握影响塑性的主要因素以及影响规律；熟知提高塑性的主要途径；了解超塑性的概念、分类、特征、应用、机理和超塑性成形方法；掌握变形抗力的概念及测定方法；掌握影响变形抗力的主要因素以及影响规律；了解变形抗力的计算。

4.1　金属的塑性

金属塑性加工是以塑性为前提，在外力作用下进行的。从金属塑性加工的角度出发，人们总是希望金属具有高的塑性。但随着科学技术的发展，出现了许多低塑性、高强度的新材料需要进行塑性变形。因此，研究怎样提高金属的塑性具有重要意义。

4.1.1　金属塑性的概念

4.1.1.1　塑性

所谓塑性，是指金属在外力作用下，能稳定地产生永久变形而不破坏其完整性的能力。金属塑性的大小，可用金属在断裂前产生的最大变形程度来表示。一般通常称压力加工时金属塑性变形的限度，或"塑性极限"为塑性指标。

4.1.1.2　塑性和柔软性

应当指出，不能把塑性和柔软性混淆起来。不能认为金属比较软，在塑性加工过程中就不易破裂。柔软性反映金属的软硬程度，它用变形抗力的大小来衡量，表示变形的难易。不要认为变形抗力小的金属塑性就好，或是变形抗力大的金属塑性就差。例如，室温下奥氏体不锈钢的塑性很好，可经受很大的变形而不破坏，但其变形抗力却很大；过热和过烧的金属与合金的塑性很小，甚至完全失去塑性变形能力，而其变形抗力也很小；也有些金属塑性很高，变形抗力又小，如室温下的铅等。

4.1.1.3　研究塑性的意义

金属和合金在压力加工过程中可能出现断裂。而一旦出现断裂，加工过程就很难进行下去。为了顺利地加工，就要求金属或合金具有在外力作用下，能发生永久变形而不破坏其完整性的能力。它同断裂强度、冲击韧性一样，也是金属抵抗断裂性能的一种量度。

因为塑性反映出了金属断裂前的最大变形量，所以它表示出了压力加工时金属允许加工量的限度，是金属重要的加工性能。同时，在使用条件下，如果金属具有良好的塑性，在发生断裂前能产生适当的塑性变形，就能避免突然的脆性断裂，所以它同样是重要的使用性能。

塑性和其他的断裂性能指标一样，也和金属材料的化学成分、组织结构、变形温度、应变速率、应力状态等因素有非常密切的关系。塑性随着这些因素的变化而变化。

研究塑性是要通过探索塑性变化规律来寻求改善塑性途径，从而选择合适的变形方法，并确定最佳工艺制度（即最合适的变形温度、应变速率、应力状态及许用的最大变形量），最终以提高产品质量，降低成本为目的。

4.1.2 塑性指标及测定方法

4.1.2.1 塑性指标

塑性的大小可以由金属在不同变形条件下允许的极限变形量来表示。此极限变形量称为塑性指标。

由于影响因素复杂，很难找出一种通用的指标来描述塑性。目前只能采用力学及工艺性能的方法来确定各种具体条件下的塑性指标。常用的塑性指标有：

① 拉伸试验时的延伸率 δ 与断面收缩率 φ。

$$\delta = \frac{l-L}{L} \times 100\% \qquad \varphi = \frac{F_0 - F}{F_0} \times 100\%$$

② 冲击试验时的冲击韧性 α_k。

③ 扭转试验的扭转数 n。

④ 锻造及轧制时刚出现裂纹瞬间的相对压下量 ε。

⑤ 深冲试验时的压进深度，损坏前的弯折次数。

4.1.2.2 金属塑性的测定方法

由于变形力学条件对金属的塑性有很大影响，所以目前还没有某种实验方法能测出可表示所有塑性加工方式下金属的塑性指标。每种实验方法测定的塑性指标，仅能表明金属在该变形过程中所具有的塑性。虽然如此，但也不应否定一般测定方法的应用价值，因为通过这些试验可以得到相对的和比较的塑性指标。这些数据可以定性地说明在一定变形条件下，哪种金属塑性高，哪种金属塑性低；或者对同一金属，在哪种变形条件下塑性高，在哪种变形条件下塑性低等。这对正确选择变形的温度、速度范围和变形量，都有直接参考价值。

（1）拉伸试验

拉伸试验在材料拉伸机上进行。在拉伸试验中可以确定两个塑性指标——延伸率 δ 与断面收缩率 ψ。这两个指标越高，说明材料的塑性越好（图 4-1~图 4-3）。

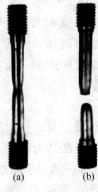
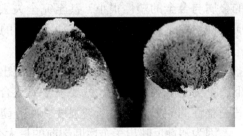

图 4-1　拉伸机　　　　　图 4-2　拉伸试样　　　　　图 4-3　拉伸试样断口

延伸率表示金属在拉伸轴方向上断裂前的最大变形。由试验得知，一般塑性较高的金属，当拉伸变形到一定阶段便开始出现颈缩，使变形仅集中在试样的局部，直到拉断。同时，在颈缩出现以前试样受单向拉应力，而在颈缩出现后，在颈缩处受三向拉应力。由此可见，试样断裂前的延伸率，包括了均匀变形和集中的局部变形两部分，反映了在单向拉应力和三向拉应力作用下两个阶段的塑性总和。

延伸率大小与试样的原始计算长度有关，试样越长，集中变形数值的作用越小，延伸率就越小。因此，δ 作为塑性指标时，必须把计算长度固定下来才能相互比较。对圆柱形试样，规定有 $L = 10d$ 和 $L = 5d$ 两种标准试样(d 是试样的原始直径)。

$$\delta = \frac{\Delta l}{L} \times 100\%$$

式中　L——试样上原始计算长度；

　　　Δl——断裂前后计算长度的绝对伸长量，即变形后计算长度与变形前计算长度之差。

和延伸率一样，断面收缩率也仅反映在单向拉应力和三向拉应力作用下的塑性指标，但后者与试样的原始计算长度无关，因此在塑性材料中用 φ 作塑性指标，可以得出比较稳定的数值，有其优越性。

$$\varphi = \frac{F_0 - F_1}{F_0} \times 100\%$$

式中　F_0——试样的原始断面积；

　　　F_1——试样断口处的断面积。

(2) 冲击弯曲试验

冲击弯曲试验在冲击试验机上进行。金属材料抵抗冲击力而不破坏的性能称为冲击韧性。由于各种金属材料内部结构不同，它们韧性也不同，要将它们冲断所需的功也不同。韧性好的材料需要较大的功才能打断，韧性差的材料用较小的功就可以打断。所以，采用冲击实验所得的冲击韧性指标 a_K 值来表示在冲击力作用下使试件破坏所消耗的功，即冲断试样消耗的功与缺口处横断面积之比值，其单位为 $kg \cdot m/cm^2$。

有的文献上也把冲击韧性值作为表示塑性的指标，但它并不完全是一种塑性指标，它是弯曲变形抗力和试样弯曲挠度的综合指标。因此，同样的 a_k 值，其塑性可能很不相同。有时由于弯曲变形抗力很大，虽然破断前的弯曲变形程度较小，a_k 值也可能很大；反之，虽然破断前弯曲变形程度较大，但变形抗力很小，a_k 值也可能较小。

由于试样有切口(切口处受拉应力作用)，并受冲击作用，因此所得的 a_k 值可比较敏感地反映材料的脆性倾向，如果试样中有组织结构的变化、夹杂物的不利分布、晶粒过分粗大和晶间物质熔化等，可比较突出地反映出来。例如，在合金结构钢中，二次碳化物由均匀分布状态变为沿晶界成网状形式分布，对于此种变化在拉伸试验中塑性指标 δ 和 φ 并不改变，而在冲击弯曲试验中，却使 a_k 值降低了 $0.5 \sim 1$ 倍；再如，在某些合金钢中，由于脱氧不良而使其塑性降低，但这在拉伸试验中实际上反映不出来，而其 a_k 值在此种情况下要降低 $1 \sim 2$ 倍。

为了判明 a_k 值的急剧变化是由于塑性急剧变化而引起的，最好配合参考在该试验条件下的强度极限(σ_b)变化情况。例如，当 σ_b 变化不大或有所降低，而 a_k 值显著增大，说明这是由塑性急剧增高而引起的；而在 a_k 值较高的温度范围内 σ_b 值很高，则不能证明在此温度范围内塑性最好。因此，按 a_k 值来决定最好的热加工温度范围，要加以具体分析否则会得出不正确的结论。

（3）扭转试验

扭转试验是在专用的扭转试验机上进行。扭转试验机可分为冷、热扭转试验机，可在不同的温度和速度条件下进行实验。试验时将圆柱形试样一端固定，另一端扭转，用破断前的最大扭转转数(n)表示塑性的大小。

扭转数(n)最能反映载荷是以剪切应力为主的塑性变形能力。对于一定尺寸的试件来说，扭转数(n)越大，其塑性越好。

在这种测定方法中，试样受纯剪力，切应力在试样断面中心为零，而在表面有最大值。纯剪时一个主应力为拉应力，另一个主应力为压应力。因此，这种变形过程所确定的塑性指标，可反映材料受数值相等的拉应力和压应力同时作用时的塑性高低。所以扭转试验在许多国家被广泛用于金属与合金的塑性研究上。例如，斜轧穿孔时，轧件在变形区内受扭转作用，所以也有些人用扭转试验来确定合适的穿孔温度。

（4）压缩试验

是将圆柱形试样在压力机或落锤上镦粗，也称镦粗试验，当试样侧面出现第一条用肉眼看到的裂纹时的变形量作为塑性指标，即

$$\varepsilon = \frac{H-h}{H} \times 100\%$$

式中　H——试样原始高度；

　　　h——经压缩后试样出现第一条裂纹时的高度。

镦粗时，由于受接触摩擦的影响而出现鼓形，试样中部受三向压应力状态，当鼓形较大时，侧面受环向拉应力作用。此种试验方法可反映应力状态与此相近的锻压变形过程（自由锻、冷镦等）的塑性大小。在压力机上镦粗，一般变形速度为 $10^{-2} \sim 10 s^{-1}$，相当于液压机和初轧机上的变形速度；而落锤试验，相当于锻锤上的变形速度。因此，在确定压力机和锻锤上锻压变形过程的加工温度范围时，最好分别在压力机和落锤上进行压缩试验。

实验时，对于同一金属在一定的温度和速度条件下进行镦粗时，可能得出不同的塑性指标，这将取决于接触表面上外摩擦的条件和试样的原始尺寸。因此，为使所得结果能进行比较，对压缩试验必须定出相应的规程，说明进行试验的具体条件。

镦粗试验的缺点，是在高温下对塑性较高的金属，在很大的变形程度下试样侧表面也不出现裂纹，因而得不到塑性极限。实际上，在压缩过程中形成裂纹，有时是由于表面存在缺陷所造成的，在试验时应注意此点。

（5）楔形轧制试验

楔形轧制试验有两种不同的做法，一种是在平辊上将楔形试样轧成扁平带状，轧后观察、测量首先发生裂纹处的变形量（$\Delta h/H$），此变形量就表示塑性的大小（图 4-4）。

此种方法不需要制备特殊的轧辊，但确定极限变形量比较困难，因为试样轧后高度是均匀的，而伸长后，原来一定高度的位置发生了变化，除非在原试样的侧面上刻坚痕，否则轧后不易确定原始高度的位置，因而也就不好确定极限变形量。

另一种方法是在偏心辊上将矩形轧件轧成楔形件。这种方法是齐日柯夫于 1948 年提出的，当时采用的上轧辊有刻槽，下轧辊是平的，由于切制的轧槽使两辊间距离在轧制过程中是个变量，所以轧后得出厚度变化的楔形试样（图 4-5），用最初出现目视裂纹的变形量 $\Delta h/H$ 来确定其塑性的大小。对于 W18Cr4V 钢，用此法测得的极限变形量与试验温度的关系。

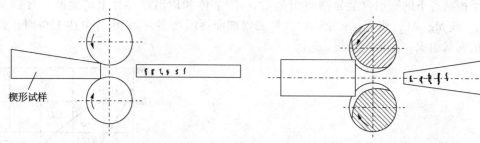

图 4-4　平轧辊轧制楔形试样　　　　　图 4-5　偏心轧辊轧制矩形轧件

（6）杯突试验

杯突试验，是在杯突试验机上进行的一种冲压工艺性能试验，用来衡量材料的深冲性能的试验方法。试样在做过杯突试验后就像只冲压成的杯子（不过是只破裂的杯子）。钢板深冲性能不好的话，冲压件在制作过程中就很容易开裂。

按照国家标准，"试验采用端部为球形的冲头，将夹紧的试样压入压模内，直至出现穿透裂缝为止，所测量的杯突深度即为试验结果。"

试验时，用球头凸模把周边被凹模与压边圈压住的金属薄板顶入凹模，形成半球鼓包直至鼓包顶部出现裂纹为止，如图 4-6 所示。取鼓包顶部产生颈缩或有裂纹出现时的凸模压入深度作为试验指标，称为杯突值，以 mm 为单位。

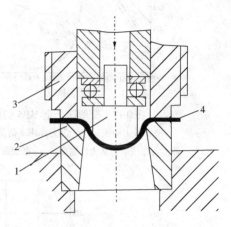

图 4-6　杯突试验示意图
1—凹模；2—金属板；3—压边圈；4—凸模

4.1.3　塑性状态图及应用

在实际中为了确定合理的热加工温度范围和应采取的变形程度，通常把所测得的塑性指标用温度函数形式表示，也就是绘制出塑性指标与变形温度的关系曲线图，并称之为塑性图。

塑性图给出了温度-速度及应力状态类型对金属及合金塑性状态影响的明晰概念。在塑性图中所包含的塑性指标越多，应变速度变化的范围越宽广，应力状态的类型越多，则对于确定正确的热变形温度范围越有益。

塑性图可用来选择金属及合金的合理塑性加工方法及制订适当的冷热变形规程，是金属塑性加工生产中不可缺少的重要的依据之一，具有很大的实用价值。由于各种测定方法只能反映其特定的变形力学条件下的塑性情况，为确定实际加工过程的变形温度，塑性图上需给出多种塑性指标，最常用的有 δ、φ、a_k、ε、n 等。此外，还给出 σ_b 曲线以做参考。

下面以镁合金 MB5 塑性图为例，阐述选定该合金加工工艺规程的原则和方法。MB5 塑性图如图 4-7 所示。

MB5 属变形镁合金，其主要成分为 Al：5.5% ~ 7.0%，Mn：0.15% ~ 0.5%，Zn：0.5%~1.5%。根据镁铝二元相图（图 4-8）可以看出，铝在镁中的溶解度很大，在共晶温度 437℃时达到最大，为 12.1%。随着温度的降低，溶解度急剧下降。镁铝合金中铝含量对合金性能的影响，如图 4-9 所示。随着铝含量的增加，强度虽缓慢上升，但塑性却显著下降，因为在平衡状态下的镁铝合金显微组织是由 α-固溶体和析出在晶界上的金属化合物 γ 相（Mg_4Al_3，或 $Mg_{17}Al_{12}$）组成。γ 相随铝含量的增加而逐渐增多，当 Al 含量达 15% 时，则形成封闭的网状组织，使合金变脆。

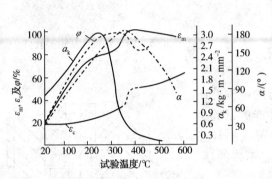

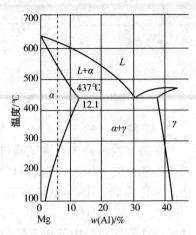

图 4-7　变形镁合金 MB5 的塑性图

a_k—冲击韧性；ε_m—慢力作用下的最大压缩率；
ε_c—冲击力作用下的最大压缩率；φ—断面收缩率；α—弯曲角度

图 4-8　Al-Mg 二元相

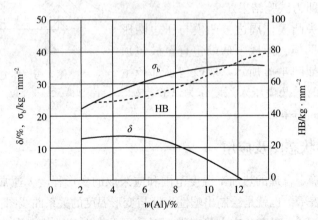

图 4-9　镁合金中铝含量对合金机械性能的影响

从二元相图 4-8 中可见，该合金成分如图中虚线所示。在 530℃ 附近开始熔化，270℃ 以下为 $\alpha+\gamma$ 二相系，因此，它的热变形温度应选在 270℃ 以上的单相区。

如在慢速下加工，当温度为 350~400℃ 时，φ 值和 ε_m 都有最大值，因此无论是轧制或挤压，都可以在这个温度范围内以较慢的速度进行。

假若在锻锤下加工，因 ε_c 在 350℃ 左右有突变，所以变形温度应选择在 400~450℃。

若工件形状比较复杂，在变形时易发生应力集中，则应根据 a_k 曲线来判定。从图 4-7 中可知，a_k 在相变点 270℃ 附近突然降低，因此，锻造或冲压时的工作温度应在 250℃ 以下进行为佳。

以上是一个应用塑性图，并配合合金状态图选择加工温度及加工方法的实例。必须指出，各种试验方法都是相对于其特定受力状况和变形条件测定塑性指标，因此仅具有相对和比较意义。况且由于塑性图的研究并未完善，比较适用和全面的塑性图也不多，所以对加工工作者来说，仍有继续深入研究和积累经验的必要。

4.1.4 影响金属塑性的主要因素

影响金属塑性的因素很多，大致可分为三个方面：金属的自然性质，变形的温度-速度条件和变形的力学条件。前者是影响金属塑性的内部因素，后二者则属影响金属塑性的外部因素。

4.1.4.1 化学成分影响

（1）碳

碳在碳钢中含碳量越高，塑性越差，热加工温度范围越窄。实践表明，含碳量小于1.4%的铸态碳钢，可以很好地经受锻造和轧制。随着含碳量进一步提高，由于析出自由渗碳体甚至出现莱氏体，使塑性降低。

（2）磷

磷一般说来是钢中有害杂质，磷能溶于铁素体中，使钢的强度、硬度增加，但塑性、韧性则显著降低。这种脆化现象在低温时更为严重，故称为冷脆。

具体来说，钢中磷含量不大于1%~1.5%时，在热加工范围内对塑性影响不大。但在冷状态下，磷可使钢的强度增加塑性降低，即产生冷脆现象；当含磷量超过0.1%时，这种现象就特别明显，当含磷量大于0.3%时，钢已全部变脆。

（3）硫

硫是钢中有害杂质，硫很少固溶于铁中，在钢中它常和其他元素组成硫化物。这些硫化物一般熔点都比较高，但当相互组成共晶时，熔点就降得很低（表4-1），如与铁形成FeS，FeS与Fe的共晶体其熔点很低，并呈网状分布于晶界上。当钢在800~1200℃范围内进行塑性加工时，由于晶界处的硫化铁共晶体塑性低或发生熔化而导致加工件开裂，这种现象称为热脆（或红脆）。另外，硫化物夹杂促使钢中带状组织形成，恶化冷轧板的深冲性能，降低钢的塑性。

表 4-1 硫在钢中形成的共晶体和化合物及其熔点

硫化物	硫化物熔点/℃	硫化物共晶体	硫化物共晶体熔点/℃
FeS	1199	Fe-FeS	985
		FeS-FeO	910
		FeS-MnO	1179
MnS	1600	MnS-MnO	1285
		Mn-MnS	1575
NiS	797	Ni-Ni$_3$S$_2$	645

（4）锰

在形成的硫化物中，锰的硫化物熔点较高，并且它在钢中不是以膜状包围晶粒，而以球状夹杂形式存在，另外，锰和硫有较强的亲和力。因此，在钢中加入锰，就可形成硫化锰以取代易引起红脆性的硫化铁等其他硫化物，而使钢的塑性提高。

红脆性的出现及红脆区的范围，和含硫量及Mn/S比值有关。对工业纯铁来说，当含硫量很低时（0.001%~0.003%）几乎没有红脆区；当含硫量大于0.006%时，红脆区的上为1070~1080℃，下限为860~870℃。当含硫量较高而Mn/S之比又较小，使红脆区扩大。一般，对工业纯铁来说当（Mn/S）>6，便可抵制硫的有害影响，对于含硫量较高的易切削钢，当（Mn/S）>2.5~3时，便可避免红脆。

顺便指出锰钢的其他特点：锰钢对过热的敏感性强，在加热过程中晶粒容易粗大，使塑性降低。奥氏体锰钢，由于导热性低，膨胀系数大，对加热速度有较大的敏感性。因此，大断面的高锰钢加热过快，可能出现内裂。

（5）氮

氮在钢中除少量固溶外，也以氮化物形式存在。根据 J. Duma 的资料，钢中所含氮化物的数量超过 0.03% 时将出现红脆性。

氮在 α-铁中的溶解度高温和低温时相差较大，590℃时，氮在铁素体中的溶解度最大，约为 0.42%；但在室温时则降至 0.01% 以下。若将含氮量较高的钢自高温较快地冷却时，会使铁素体中的氮过饱和，并在室温或稍高温度下，氮将逐渐以 Fe_4N 形式析出，造成钢的强度、硬度提高，塑性、韧性大大降低，使钢变脆，这种现象称为时效脆性。

（6）氧

氧在钢中固溶很少，主要是以 FeO、Al_2O_3 和 SiO_2 等夹杂物的形式存在，这些夹杂以杂乱、零散的点状分布于晶界上。氧在钢中不论以固溶体或是夹杂物形式存在都使塑性降低。以夹杂物的形式存在时尤为严重。氧对钢的红脆性影响也和硫与锰的含量有关，T. G. Norris 在其实验研究基础上提出如下的红脆性判别式：$K=(Mn+0.048)/(S+0.13O_2)$，当 $K>6.6$ 时不呈现红脆性；$K \leqslant 3.3$ 时，一般将出现红脆现象。

（7）氢

氢对热加工时钢的塑性没有明显的影响，因为当加热到 1000℃ 左右，氢就部分地从钢中析出。

对于某些含氢量较多的钢种（即每 100g 钢中含氢达 2mL 时就能降低钢的塑性），热加工后又较快冷却，会使从固溶体析出的氢原子来不及向钢表面扩散，而集中在晶界、缺陷和显微空隙等处而形成氢分子（在室温下原子氢变为分子氢，这些分子氢不能扩散）并产生相当大的应力。在组织应力、温度应力和氢析出所造成的内应力的共同作用下会出现微细裂纹，即所谓白点，该现象在中合金钢中尤为严重。

（8）稀土元素

稀土元素在铁、镍、铬及其他合金中的溶解度是不大的，然而就是这些少量的元素对钢与合金的各种性能却有很大影响。实验表明，把稀土元素铈和镧加入 Ni-Cr-Mo、Ni-Cr-W 和 Ni-Cr-Mo-Cu 钢中均会改善热塑性加工时的塑性。加入过多或过少都不会有好的效果，仅当加入的稀土元素量刚好抵消杂质的有害作用时，才能使钢与合金的塑性大为改善。

（9）铜

实践表明，钢中含铜量达到 0.15%~0.30% 时，钢表面会在热加工中龟裂。一般认为，含铜钢表面的铁在加热中先进行氧化，使该处铜的浓度逐渐增加，当加热温度超过富铜相的熔点（1083℃）时，表面的富铜相便发生熔化，渗入金属内部晶粒边界，削弱了晶粒间的联系，在外力作用下便发生龟裂。钢中的碳和杂质元素如锡和硫等都会助长钢的龟裂。这样，为提高含铜钢的塑性，关键在于防止表面氧化。

（10）硅

硅在钢中大部分溶于铁素体，使铁素体强化。在奥氏体钢中，含硅量在 0.5% 以上时由于加强了形成铁素体的趋势，对塑性产生不良影响。在硅钢中，当含硅量大于 2.0% 时，使钢的塑性降低；当硅达 4.5%时，在冷状态下已变为很脆，若加热到 100℃左右，塑性就有显著改善。一般冷轧硅钢片的含硅量都限定在 3.5%左右。

(11) 铝

铝对碳钢及低合金钢的塑性起有害作用，这可能是由于在晶界处形成氮化铝所致。含铝较高的铬铝合金，在冷状态下塑性较低。铝作为合金元素加入钢中是为了得到特殊性能。

(12) 镍

镍能提高纯铁的强度和塑性，能减慢钢在加热时晶粒的长大。镍钢虽然对过热不很敏感，但由于其导热能力很低，加热速度仍不应很高。在碳钢与低合金钢中，含镍在 5%以下时，可改善钢在热变形时的塑性。但含镍量为 9%的钢，其热变形的塑性程度下降。和锰的作用相反，镍可促使硫化物沿晶粒边界以薄膜形式存在，因此在含镍的钢中，提高硫的含量可引起红脆现象。

(13) 铬

铬是铁素体形成元素。在奥氏体的钢与合金中，在一定的含铬量下会出现铁素体过剩相，使材料的塑性降低。铬能降低钢的导热性，铬钢加热应慎重。此外，铁素体类高铬钢，再结晶温度以上有较大的晶粒长大倾向。

(14) 硼

在钢锭中含量为 0.01%以下时有较好的塑性，当含硼量提高到 0.02%以上时，则塑性降低。含硼量达到 0.1%时，塑性大为降低，锻造时在初生晶粒边界上发生断裂，这是因为多余的硼会形成大量的熔点较低的共晶体(Fe-FeB，熔点为 1170℃)，分布在晶界上而使塑性降低。

(15) 钨、钼、钒

它们都是碳化物形成元素，其碳化物很稳定使塑性降低。为使碳化物溶入基体，需更高的加热温度和足够的时间。但是这些碳化物能阻止奥氏体在加热时的晶粒长大，使其过热敏感性变小。

(16) 铅、锡、砷、锑、铋

这五种低熔点元素在钢中的溶解度是很小的。在钢中没有溶解而剩余的这些元素(有的形成化合物和共晶体)，分布于晶界上影响极坏，因为它们在加热时熔化，可使金属失去塑性。

4.1.4.2 组织的影响

(1) 单相组织(纯金属或固溶体)比多相组织塑性好

一般纯金属有最好的塑性。生产中常见的金属与合金，在基本元素之外都含有其他合金元素，这些元素对材料的塑性均有一定的影响，而且其影响往往是很不相同的，这主要取决于它们在材料中所处的状态。若所含的合金元素在加工温度范围内与基本元素形成单相固溶体，则有较好的塑性；与基本元素或其他元素形成化合物，则使塑性降低。

一般，钢与合金都不是单相固溶体。常见的双相钢与合金基本上有两种类型：一是两相固溶体的混合物；二是单相固溶体的基体上分布有硬质点过剩相。两相系和多相系合金，由于各相的特性、晶粒大小、形状和组织的显微分布状况等皆不相同，结果导致各相间变形不协调，给塑性带来不良影响。

(2) 晶粒细化有利于提高金属的塑性

晶粒大小对塑性也有影响。冷变形时，晶粒细小塑性较高；随晶粒增大，塑性降低。因为晶粒细小，晶界强度高，变形集中于晶内，表现出较高的塑性，晶粒粗大者易发生晶间变形,使塑性变坏。晶粒大小相差悬殊的多晶体,由于各晶粒变形的难易程度不同,造成变形和应力分布很不均匀,结果使塑性降低。

(3) 化合物杂质呈球状分布对塑性较好;呈片状、网状分布在晶界上时,使金属的塑性下降。

单相钢或具有少量第二相的钢塑性较大,而含第二相数量较多时,使塑性大为降低。脆性第二相和易熔组成物以球锥晶或单独夹杂物形式集中在晶粒边界上,要比以一定厚度的夹层或连续的链状形式沿晶粒边界均匀分布的情况,其塑性降低的程度小;这些在晶粒内部均匀分布,其塑性降低的程度比沿晶粒边界分布时更小。

由于未溶解于基体的低熔点元素、共晶体以及非金属夹杂物熔化,或者在塑性变形集中的地方由于热效应而引起熔化等原因,在变形金属中可能出现液相。液相的存在对塑性影响极为不利,在其数量足够时可能使金属成为脆性的。液相在金属中可能以点滴状夹杂物形式分布于各晶粒内或晶粒之间,也可能以液态薄膜形式分布于晶粒边界上。前一种分布形式使塑性降低较小;后一种分布形式对塑性危害最大。

(4) 经过热加工后的金属比铸态金属的塑性高。

铸态金属的塑性低、性能不均是源于成分和组织不均。主要原因如下:

① 铸态材料的密度较低,铸锭的头部和轴心部分分布有宏观和微观孔隙,沸腾钢锭有皮下气泡。

② 用一般熔炼方法得到的铸锭,其有害杂质(如硫、磷等)偏析很大。

③ 对于大钢锭,会有较大的枝晶偏析。

④ 双相和多相的钢与合金中,第二相粗大的夹杂物常分布在晶界上。

铸锭成分和组织的不均匀,加工时会产生不均匀变形,出现有害的附加拉应力。从而导致在宏观或微观孔隙、脆性相以及液态相处开裂。这就不难理解为什么铸锭的塑性低,其中心层塑性更差这一事实。柱状晶区越大,塑性越低,尤其是垂直柱状晶受拉应力时。

4.1.4.3 变形温度对不同的钢种塑性的影响

变形温度对塑性的影响规律,一般是随着温度的升高塑性增加。原因主要有:

① 随着温度的升高,原子热运动的能量加大,可能出现新的滑移系统,并给各种扩散型的塑性变形机制同时作用创造了条件,从而使塑性变形容易进行。

② 随着温度的升高利于回复与再结晶过程的发展,可在变形过程中实现软化过程,从而使在塑性变形过程中造成的破坏和缺陷的修复可能性增加。

关于塑性随温度升高而提高的上述见解,只在一定条件下才是正确的,因为变形温度的影响是和材料本身的组织结构有密切关系的。若是相态和晶粒边界状态随着温度变化而发生了变化,在塑性曲线上可能出现凹陷(即出现脆性区)。现以温度对合金钢和碳钢塑性的影响规律做以下分析。

(1) 温度对合金钢塑性的影响

将温度对典型合金钢塑性的影响归纳成五种基本规律,如图 4-10 所示。

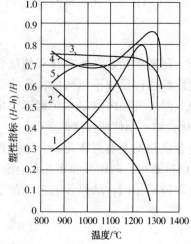

图 4-10 温度对合金钢塑性的影响

曲线1：表示金属塑性随温度升高而增加，温度超过1200℃以后，其塑性直线下降。大多数工业用钢诸如各种碳素钢与合金结构钢都属于这一类型。

曲线2：表示金属的塑性随温度升高而降低，温度超过900℃以后，下降趋势更加显著。这一曲线只适用于少数高合金钢，如1Cr25Ni20Si2不锈钢属于这一类。显然对这种合金钢加工非常困难。

曲线3：表示随温度升高塑性很少变化，滚动轴承钢GCr15就属于这种类型。

曲线4：表示在某一中间温度金属的塑性下降，而温度更高些或较低时都有较好的塑性，工业纯铁属于这一类。

曲线5：表示温度升高至某一中间温度时塑性较高，继续升高温度时塑性降低，如1Cr18Ni9Ti不锈钢就属于这种类型。

（2）温度对碳素钢塑性的影响规律

总的趋势是随温度的升高，塑性是增加的。但是，在温度升高的全过程中，在某一温度范围内，塑性则是下降的，如图4-11所示。为了便于分析说明，用Ⅰ、Ⅱ、Ⅲ、Ⅳ表示塑性降低区，1、2、3表示塑性增高区。

在塑性降低区中：

Ⅰ区——钢的塑性很低，在零下200℃时塑性几乎完全丧失，这大概是由于原子热运动能力极低所致。某些研究者认为，低温脆性的出现，是与晶粒边界的某些组织组成物随温度降低而脆化有关。例如含磷高于0.08%和含砷高于0.3%的钢轨，在零下40~60℃已经变成脆性。

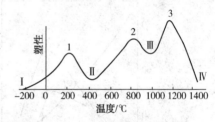

图4-11 温度对碳素钢塑性的影响

Ⅱ区——位于200~400℃，此区域亦称为蓝脆区，即在钢材的断裂部分呈现蓝色的氧化色，因此称为"蓝脆"。

Ⅲ区——位于800~950℃，称为热脆区。此区与相变发生有关。由于在相变区有铁素体和奥氏体共存，产生了变形的不均匀性，出现附加拉应力，使塑性降低。也有人认为，此区域的出现是由于硫的影响，故称此区为红脆（热脆）区。

Ⅳ区——接近于金属的熔化温度，此时晶粒迅速长大，晶间强度逐渐削弱，继续加热有可能使金属产生过热或过烧现象。

在塑性增加区：

1区——位于100~200℃，塑性增加是由于在冷加工时原子动能增加的缘故（热振动）。

2区——位于700~800℃，由于有再结晶和扩散过程发生，这两个过程对塑性都有好的作用。

3区——位于950~1250℃，在此区域中没有相变，钢的组织是均匀一致的奥氏体。

由图4-11以定性的关系说明了由低温至高温碳素钢塑性变化的过程，这对我们来说是很有参考价值的。例如热轧时我们应尽可能地使变形在3区温度范围内进行，而冷加工的温度则应为1区。

对于具体的金属与合金，其塑性随温度而变化的曲线图称为塑性图。图4-12是几种铝和铜合金的塑性图。塑性图表明了该金属最有利的加工温度范围，是拟定热变形规程的必备资料之一。如从铝合金LC4的塑性图看出，在370~420℃的温度范围内进行热轧时不但塑性较好，而且变形抗力也较小。又如黄铜H68的塑性图，表示在300~500℃范围内塑性差，有明显的中温脆性区。而在 690~830℃ 的温度区间内塑性则较好，显然，应该选定这个温度范围作为热轧的区间，对于 QSn6.5-0.4 锡磷青铜，因有明显的高温脆性区，所以它是难以进行热轧的。

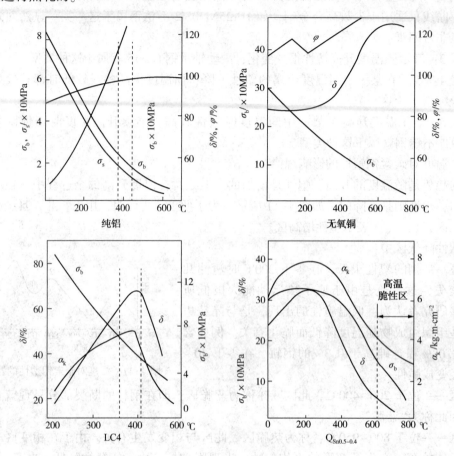

图 4-12　几种铝合金及铜合金的塑性图

4.1.4.4　变形速度的影响

变形速度(表示变形的快慢程度)对塑性的影响可用如图 4-13(a)所示的曲线概括。

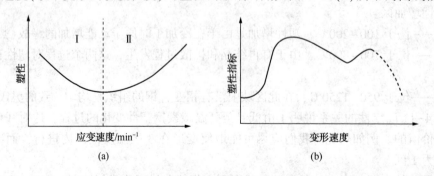

图 4-13　应变速度对塑性的影响

一般认为在目前所能达到的变形速度，即变形速度不大时，随变形速度的提高塑性降低，如图中 I 区所示。可能是由于加工硬化及位错受阻而形成内裂所致。在此阶段虽然由于热效应可能促进软化过程，但是，在变形过程中，加工硬化发生的速度仍然超过软化进行的速度。

如果在很高速度下，随着变形速度的提高塑性增加，如图中的Ⅱ区所示。可能是由于热效应引起变形金属的温度升高，使硬化得到消除和变形的扩散机制参与作用，以及位错能借攀移而重新起动等所致。在此阶段内，金属的软化过程比加工硬化过程进行得要快。

上述曲线只是定性地说明塑性与变形速度之间的关系，并且只适合于那些没有脆性转变的钢与合金。

对于有脆性转变的钢与合金，还应补充说明两点：如果变形速度增高，由于变形的热效应作用，使变形物体温度的升高正处于热脆区时，这种变形速度的增高，会使金属由高塑性温度区转变到低塑性温度区，从而发生塑性降低的有害影响。

如果变形速度增加时，由于热效应引起金属温度升高，而使金属由脆性区温度转变到塑性区温度，这种变形速度的增高使塑性增加。

有些金属变形速度对塑性的影响比较复杂，如图4-13(b)所示。图中可见在某温度下，金属以非常小的变形速度进行变形时，塑性也是非常低的。原因是在低的变形速度下在其晶粒边界上可能有黏性流动出现，并通常会引起脆性的晶间破坏。随着变形速度的升高，晶粒边界上的黏性流动消失，这时变形抗力升高，另一种变形机理(滑移)开始作用，结果使塑性升高。当再继续提高变形速度时，塑性又开始下降。这是因为，随着变形速度的增加，变形抗力升高，结果使变形抗力达到了相对于更小的变形程度下的断裂抗力的值。在某些情况下，还要增加变形速度时，塑性又开始提高。这是因为在很大的变形速度下，热效应开始作用，使变形物体的温度升高，变形抗力下降。当变形速度非常高时，热效应可能达到很大的作用，以致把金属加热到出现液相或大大降低其晶间物质的强度。因此，在非常高的变形速度下，随着变形速度的增加，金属的塑性急剧下降。

由以上分析可见，变形速度对塑性的影响，实质上是变形热效应起了主要作用。所谓热效应，即金属在塑性变形时的发热现象。因为供给金属产生塑性变形的能量，将消耗于弹性变形和塑性变形。消耗于弹性变形的能量造成物体的应力状态，而消耗于塑性变形的那部分能量的绝大部分转化为热。当部分热量来不及向外放散而积蓄于变形物体内部时，促使金属的温度升高。

冷变形过程中因软化不明显，金属的变形抗力随变形程度的增加而增大。若只稍许提高一些变形速度，对变形金属本身的影响是不大的。但当变形速度提高到足够大的程度时(如高速锤击)，由于变形温度显著升高，可能使变形金属发生一些回复现象，而可较为明显地降低金属的变形抗力，并提高其塑性变形能力。因此，在冷变形条件下，提高工具的运动速度(亦即增大变形速度)，对于塑性变形过程本身是有益的。

变形过程中的温度效应，不仅决定于因塑性变形功而排出的热量，而且也取决于接触表面摩擦功作用所排出的热量。在某些情况下(在变形时不仅变形速度高而且接触摩擦系数也很大)，变形过程的温度效应可能达到很高的数值。由此可见，控制适当的温度，不但要考虑导致热效应的变形速度这一因素，还应充分估计到金属压力加工工具与金属的接触表面间的摩擦在变形过程中所引起的温度升高。

由表4-2可见，热效应显著地改变了金属的实际变形温度，其作用是不可忽视的。一般说来，合金的实际变形抗力越大，挤压系数越高，挤压速度越快，则发热越严重。所以在挤压生产中，一定要把变形温度和变形速度联系起来考虑，否则容易超过可加工温度范围出现裂纹。

对于热加工，利用高速度变形来提高塑性并没有什么意义，因为热变形时变形抗力小于冷加工时的变形抗力，产生的热效应小。但采用高速变形方式可以提高生产率，并可保证在恒温条件下变形。

一般压力加工的变形速度为 $0.8 \sim 300 s^{-1}$，而爆炸成型的变形速度却比目前的压力加工速度高约 1000 倍之多。在这样的变形速度下，难加工的金属钛和耐热合金可以很好地成型。这说明爆炸成型可使金属与合金的塑性大大提高，从而也节省了能量。

表 4-2　铝合金冷挤压时因热效应所增加的温度

合金号	挤压系数	挤压速度/(mm/s)	金属温度/℃
L4	11	150	158 ~ 195
LD2	11 ~ 16	150	294 ~ 315
LY11	11 ~ 16	150	340 ~ 350
LY11	31	65	308

关于高速变形能够使能量节省，并且不致使金属在变形中破裂的原因，罗伯特做过这样的假设，即假定形变硬化与时间因素也有关系，对于一种金属或合金在一定温度下存在一特殊的限定时间-形变硬化的"停留时间"。总可以找到一个尽量短的时间，使塑性变形在此时间内完成，这样就可以使变形的能量消耗降为最低限度，并且可以保证变形过程在裂纹来不及传播的情况下进行。似乎可以用此假说来解释爆炸成型及高速锤锻的工作效果好的原因。

4.1.4.5　变形温度-变形速度的联合作用

（1）低温塑性变形（冷变形）

金属于室温，甚至直至开始再结晶温度[对纯金属为 $(0.3 \sim 0.4)T_m$，对合金为 $>0.5T_m$，T_m 为熔点的绝对温度]条件下变形，当变形速度为 $10^{-3} \sim 10^{-4} s^{-1}$ 时，其塑性变形机制为滑移。对许多体心立方金属来讲，在此温度区域内存在有脆性转变温度。降低变形温度和提高变形速度时，滑移系统的数目减少，使滑移的作用减小，孪生变形的作用增大，结果导致金属的塑性大为下降。六方晶格金属也有类似的现象，但对面心立方金属来讲，甚至在更低的温度下变形金属也不会变脆。

在脆性转变温度区间，应以低变形速度为佳。若变形金属的冷脆点在室温附近时，低速变形可使冷脆点向更低的方向移动。若冷脆点高于室温时，则增加变形速度为宜。此时增加道次压下率能促使金属的塑性升高，这是因为热效应使变形金属温度升高的缘故。例如，在高速轧机上轧制变压器钢时，增大压下量可使轧件温度升高到 100 ~ 300℃，使钢超越了冷脆点（在高速变形下低于 100℃）。

（2）中温塑性变形（温变形）

温变形温度区间的上限是开始再结晶温度。此时基本的塑性变形机制为晶内滑移。对钢来讲，高温塑性变形机制如扩散、晶间滑动等特征现象，一般出现在高于开始再结晶温度的 100 ~ 200℃。增加变形速度时会使高温变形机构的温度边界向更高的温度方向移动。

在温加工温度区间通常呈现形变时效现象，使金属的变形抗力升高和塑性下降。在钢中形变时效出现的温度为 400℃ 左右（蓝脆现象），在难熔金属中，特别是含过多的氧、氮和碳时，也出现形变时效现象。金属的硬化和塑性的降低是与析出这些元素化合物的高弥散质点有关。若因提高变形速度使弥散硬化来不及形成时，将不出现金属塑性的下降。

78

（3）高温塑性变形（热变形）

在此温度区间提高变形温度会使金属的塑性升高。但在$(0.5\sim0.8)T_m$的温度范围内，某一较窄的温度区间可观察到由于晶间断裂而使塑性明显下降的现象。这种高于再结晶温度时所出现的塑性下降现象称为红脆。

红脆是各种化合物在晶界上的偏析所造成，如易熔化合物（氧化物、硫化物），易熔金属（铅、锡、锑），脆性化合物（碳化物、氮化物）等的偏析。红脆断裂的性质是相同的，但机理不同。夹杂的偏析属于扩散过程，有助于扩散的因素皆会促使红脆的产生。易熔化合物的偏析会引起晶界熔化和使晶界的强度下降，因此在断裂时形成光泽的熔化表面。脆性化合物是引起难熔金属和合金红脆的原因，硬的脆性化合物阻碍晶界滑移，使沿晶界的连续变形遭到破坏，导致晶间断裂。

当变形速度升高时，会抑制"红脆"的出现。这是因为抑制了控制晶间破坏的热活化扩散过程和减少了晶间变形对总变形的贡献。

在低变形速度和在红脆温度区间的具有最低塑性的温度条件下，杂质原子在应力作用下的迁移加速。杂质沿晶界产生偏析，促使晶间断裂。

虽然金属的塑性和变形温度、变形速度的关系非常复杂，但在金属塑性加工的实际中，当变形速度在$0.001\sim100s^{-1}$的区间时，仍可找出一定的基本规律。如图4-14所示。

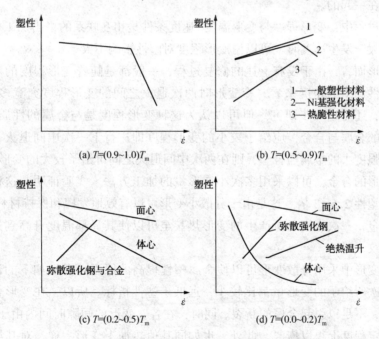

图4-14　不同温度下变形速度与塑性关系示意图

T—变形温度；T_m—金属的熔点温度

在$>0.9T_m$的温度区间，提高温度会使金属的塑性急剧下降（过热和过烧）。对具有高变形抗力的钢和合金来讲，提高变形速度会产生不好的效果。这是因为由于热效应稍使变形金属的温度升高，就会促使晶间的低熔点物质熔化，出现晶间断裂[图4-14(a)]。从相应的显微照片中可以看到沿晶界有低熔共晶体和内部氧化（过烧）的痕迹。

对于某些合金，其中包括镍基的弥散强化合金，其高塑性区$(0.7\sim0.9)T_m$的温度界限是很窄的。在此温度区间大多数钢在各种变形速度下都有高塑性[图4-14(b)]。

在红脆区(0.5~0.8)T_m，纯的细晶钢和合金具有较高的塑性，并随变形速度的增加变化甚小[图4-14(b)中线1]。工业纯的粗晶粒钢和合金呈现出红脆性，当变形速度升高时，其塑性有所改善[图4-14(b)中线3]，并可阻止晶间裂纹的扩展。

在温加工温度区间(0.2~0.5)T_m，晶内滑移占优势。当变形温度接近上限时，金属的塑性有明显的升高。

在绝热过程中，在变形速度非常高的情况下，变形速度的增加使金属的塑性降低[图4-14(c)]；或者在带有弥散强化的金属中，在低速情况下，随着变形速度的升高，金属的塑性增加，其对变形温升敏感。

在冷变形温度区间(0~0.2)T_m，也出现类似温加工时的现象。其区别是在高速变形中金属的热效应更大些[图4-14(d)]。在体心立方金属中，随着变形速度的升高，由于滑移机构被孪生机构所代替，金属的塑性下降。这一点与温加工变形类似只不过更强烈些。对面心立方金属来讲，随着变形速度的升高，金属塑性下降得稍缓些。

4.1.4.6 变形程度的影响

变形程度对塑性的影响，是同加工硬化及加工过程中伴随着塑性变形的发展而产生的裂纹倾向联系在一起的。

在热变形过程中，变形程度与变形温度-速度条件是相互联系的，当加工硬化与裂纹胚芽的修复速度大于发生速度时，可以说变形程度对塑性影响不大。

对于冷变形而言，由于没有上述的修复过程，一般都是随着变形程度的增加而塑性降低。至于从塑性加工的角度来看，冷变形时两次退火之间的变形程度究竟多大最为合适，尚无明确结论，还需进一步研究。但可以认为这种变形程度是与金属的性质密切相关的。对硬化强度大的金属与合金，应给予较小的变形程度即进行下一次中间退火，以恢复其塑性；对于硬化强度小的金属与合金，则在两次中间退火之间可给予较大的变形程度。

对于难变形的合金，可以采用多次小变形量的加工方法。实验证明，这种分散变形的方法可以提高塑性2.5~3倍。这是由于分散小变形可以有效地发挥和保持材料塑性的缘故。对于难变形合金，一次大变形所产生的变形热甚至可以使其局部温度升高到过烧温度，从而引起局部裂纹。

在热加工变形中采用分散变形可以使金属塑性提高的原因可以做如下的说明：由于在分散变形中每次所给予的变形量都比较小，远低于塑性指标。所以，在变形金属内所产生的应力也较小，不足以引起金属的断裂。同时，在各次变形的间隙时间内由于软化的发生，也使塑性在一定程度上得以恢复。此外，也如同其他热加工变形一样，对其组织也有一定的改善。所有这些都为进一步加工创造了有利的条件，结果使断裂前可能发生的总变形程度大大提高。

对于容易产生过热和过烧的钢与合金来讲，在高温时采用分散小变形对提高塑性更有利。这是因为采用一次大变形不仅所产生的应力较大，而且主要的是在变形中由于热效应使变形金属的局部温度升高到过热或过烧的温度。相反，多次小变形产生的应力小，在变形中呈现的热效应也小。所以，在同样的试验温度下，多次小变形时，金属的实际温度就不易达到过热或过烧的温度。

4.1.4.7 应力状态的影响

在进行压力加工的应力状态中，压应力个数越多，数值越大，金属塑性越高。反之拉应力个数越多、数值越大，金属塑性越低。所以，应力状态种类对金属塑性影响起实际作用的是静水压力值，此值越高塑性越好。

应力状态种类对塑性的影响，从卡尔曼经典的大理石和红砂石试验中可清楚地看出。卡尔曼用白色卡拉大理石和红砂石做成圆柱形试样，将其置于专用的仪器内镦粗，在仪器中可以产生轴向压力和附加的侧向压力(把甘油压入试验腔室内)。

当只有一个轴向压力时，大理石与砂石表现为脆性。如果除轴向压力外再附加上侧向压力，那么情况就发生了变化，大理石和红石可产生塑性变形，并且随着侧向压力的增加，变形能力也加大，如图4-15所示。卡尔曼利用侧面压力使大理石得到8%~9%的压缩变形。其后，M·B·拉斯切加耶夫也对大理石进行了变形试验，在侧压力下拉伸时，得到25%的延伸率，在进行镦粗试验时，产生78%的压缩率时仍未破坏。

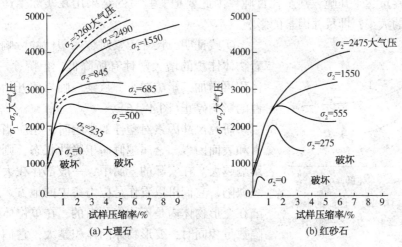

图4-15 脆性材料的各向压缩曲线

σ_1—轴向压力；σ_2—侧向压力

从上述情况中可以看出，金属在塑性变形中所承受的应力状态对其塑性的发挥有显著的影响。静水压力值越大，金属的塑性发挥得越好。

按应力状态图的不同，可将其对金属塑性的影响顺序做这样的排列：三向压应力状态图最好，两向压一向拉次之，两向拉一向压更次，三向拉应力状态图为最差。在塑性加工的实际中，即使其应力状态图相同，但对金属塑性的发挥也可能不同。例如，金属的挤压，圆柱体在两平板间压缩和板材的轧制等，其基本的应力状态图皆为三向压应力状态图，但对塑性的影响程度却不完全样。这就要根据其静水压力的大小来判断。静水压力越大，变形材料所呈现的塑性越大。

静水压力对物质塑性起良好影响的原因可归纳如下：

① 三向压应力状态能遏止晶间相对移动，使晶间变形困难。因为晶间变形在没有修复机构(再结晶机构和溶解沉积机制)时，会引起晶间显微破坏的积累，从而引起多晶体的迅速断裂。

② 三向压应力状态能促使由于塑性变形和其他原因而破坏了的晶内和晶间联系得到恢

复。这样，随着明显的三向压应力的增加，金属变得致密，各种显微裂纹被压合，假若温度足够，甚至宏观破坏(组织缺陷)也可被修复。

③ 三向压应力状态能完全或局部地消除变形体内数量很少的某些夹杂物甚至液相对塑性的不良影响。

④ 三向压应力状态可以完全抵消或大大降低由于不均匀变形而引起的附加拉应力，因而减轻了附加拉应力所造成的破坏作用。

4.1.4.8 分散变形的影响

实验结果表明，在分散变形(或多次变形)的情况下，可以提高金属的塑性。这是由于分散的、不连续的变形，每次的变形量小，产生的应力小，不容易超过金属的塑性极限；同时，在各次变形的间隙时间内，可以发生软化过程，使得金属的塑性在一定程度上得到恢复。

4.1.4.9 尺寸(体积)因素的影响

在研究金属塑性时，一般都是采用小的试样，但实际生产中所用的铸锭或坯料却大得多，有的铸锭重达十几吨，甚至几百吨。因此要把实验室的结果用在实际生产上，必须了解变形物体的大小，即尺寸因素的影响。

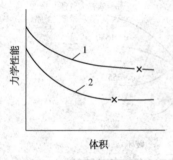

图 4-16 体积力学性能的影响
1—塑性；2—变形抗力；×—临界体积点

实践证明，尺寸因素对金属塑性的影响，一般是随着物体体积的增大塑性有所降低，但降至一定程度后，体积再增加其影响减小，从某一临界值开始，体积对塑性的影响停止(图 4-16)。

研究尺寸因素对塑性的影响时，还应当考虑组织因素和表面因素。金属越倾向于脆性状态，则组织因素的影响越大。在实际的金属中，一般都存在大量的各种组织缺陷，它们可以看作是应力集中的地方。这些组织缺陷在变形物体内是不均匀分布的，在单位体积内平均缺陷数量相同时，变形物体的体积越大，它们分布的越不均匀，使其应力分布也不均匀，因而引起塑性降低。由此可见，大铸锭的塑性总是比小铸锭的塑性小。

表面因素可用物体的表面面积与体积之比来表示。此比值越大，受加热介质气氛的影响越大。由于工件与工具的接触面起的作用较大，因此可用接触表面积(F)与体积(V)之比(F/V)表示。可见，当接触面存在摩擦时，F/V 值越大，受摩擦影响越大，三向压应力越强，塑性越高。

还可做如下的简单推演：$F/V = F/(F \times h) = 1/h$，($h$ 为试样的厚度)。由此可知，试样的厚度越小 F/V 值越大，受摩擦的影响越显著。可见，轧件厚薄不同塑性也有差别。

和尺寸因素有关的还应指出两点：一般大铸锭的表面质量较差，这会使塑性降低，另外，在变形过程中物体的温度会发生变化，小的和薄的物体温降较快，这对塑性会有很大影响。因此，在分析尺寸因素时，应综合考虑。

4.1.4.10 变形不均匀的影响

由于接触面上摩擦作用，被加工金属性能的不均匀、工具形状和坯料形状的不一致等原因造成的变形不均匀，使得在金属内部产生附加应力，其中的附加拉应力会促使裂纹产生，降低金属的塑性。

4.1.5　提高塑性的主要途径

① 控制金属的化学成分，即将对塑性有害的元素含量降到最下限，加入适量有利于塑性提高的元素。

② 控制金属的组织结构。尽可能在单相区内进行压力加工，采取适当工艺措施，使组织结构均匀，形成细小晶粒，对铸态组织的成分偏析、组织不均匀应采用合适的工艺来加以改善。

③ 采用合适的变形温度-速度制度。其原则是使塑性变形在高塑性区内进行，对热加工来说应保证在加工过程中再结晶得以充分进行。当然，对某些特殊的加工过程，如控制轧制，有的要在未再结晶区进行轧制。

④ 选择合适的变形力学状态。在生产过程中，对某些塑性较低的金属，应选用具有强烈三向压应力状态的加工方式，并限制附加拉应力的出现。

⑤ 降低接触面上的摩擦，减小变形的不均匀性，减小金属内部产生的附加拉应力，提高金属的塑性。

4.1.6　超塑性

4.1.6.1　超塑性的历史及发展

超塑性现象最早的报道是在 1920 年，德国人罗申汉（N. Rosenhaim）等发现 Zn-4Cu-7Al 合金在低速弯曲时，可以弯曲近 180°。1934 年，英国的 C. P. Pearson 发现 Pb-Sn 共晶合金在室温低速拉伸时可以得到 2000% 的延伸率。1945 年苏联的 A. A. Bochvar 等发现 Zn-Al 共析合金具有异常高的延伸率并提出"超塑性"这一名词。1964 年，美国的 W. A. Backofen 对 Zn-Al 合金进行了系统的研究，并提出了应变速率敏感性指数（m 值）这个新概念，为超塑性研究奠定了基础。20 世纪 60 年代后期及 70 年代，世界上形成了超塑性研究的高潮。

特别引人注意的是，近几十年来金属超塑性已在工业生产领域中获得了较为广泛的应用。一些超塑性的 Zn 合金、Al 合金、Ti 合金、Cu 合金以及黑色金属等正以它们优异的变形性能和材质均匀等特点，在航空航天以及汽车的零部件生产、工艺品制造、仪器仪表壳罩件和一些复杂形状构件的生产中起到了不可替代的作用。

近年来超塑性在我国和世界上主要的发展方向主要有如下三个方面：

① 先进材料超塑性的研究。这主要是指金属基复合材料、金属间化合物、陶瓷等材料超塑性的开发，因为这些材料具有若干优异的性能，在高技术领域具有广泛的应用前景。然而这些材料一般加工性能较差，开发这些材料的超塑性对于其应用具有重要意义。

② 高速超塑性的研究。提高超塑变形的速率，目的在于提高超塑成形的生产率。

③ 研究非理想超塑材料（例如供货态工业合金）的超塑性变形规律。探讨降低对超塑变形材料的苛刻要求，而提高成形件的质量，目的在于扩大超塑性技术的应用范围，使其发挥更大的效益。

目前已知的超塑性金属及合金已有数百种，按基体区分，有 Zn、Al、Ti、Mg、Ni、Pb、Sn、Zr、Fe 基等合金。其中包括共析合金、共晶、多元合金、高级合金等类型的合金。部分典型的超塑性合金见表 4-3。

表 4-3　典型的超塑性合金

合金成分/%(质量分数)	m(应变速率敏感性指数)	延伸率 δ/%	变形温度/℃
共析合金			
Zn-22Al	0.5	>1500	200~300
共晶合金			
Zn-5Al	0.48~0.5	300	200~360
Al-33Cu	0.9	500	440~520
Al-Si	—	120	450
Cu-Ag	0.53	500	675
Mg-33Al	0.85	2100	350~400
Sn-38Pb	0.59	1080	20
Bi-44Sn	—	1950	20~30
Pb-Cd	0.35	800	100
Al 基合金			
Al-6Cu-0.5Zr	0.5	1800~2000	390~500
Al-25.2Cu-5.2Si	0.43	1310	500
Al-4.2Zn-1.55Mg	0.9	100	530
Al-10.72Zn-0.93Mg-0.42Zr	0.9	1550	550
Al-8Zn-1Mg-0.5Zr	—	>1000	—
Al-33Cu-7Mg	0.72	>600	420~480
Al-Zn-Ca	—	267	500
Cu 基合金			
Cu-9.5Al-4Fe	0.64	770	800
Cu-40Zn	0.64	515	600
Fe-C 合金(钢铁)			
Fe-0.8C	—	210~250	680
Fe-(1.3, 1.6, 1.9)C	—	470	530~640
GCr15	0.42	540	700
Fe-1.5C-1.5Cr	—	1200	650
Fe-1.37C-1.04Mn-0.12V	—	817	650
AISI01(0.8C)	0.5	1200	650
52160	0.6	1220	650
高级合金			
901	—	400	900~950
Ti-6Al-4V	0.85	>1000	800~1000
IN744Fe-6.5Ni-26Cr	0.5	1000	950
Ni-26.2Fe-34.9Cr-0.58Ti	0.5	>1000	795~855
IN100	0.5	1000	1093
纯金属			
Zn(商业用)	0.2	400	20~70
Ni	—	225	820
U700	0.42	1000	1035
Zr 合金	0.5	200	900
Al(商业用)	—	6000(扭转)	377~577

4.1.6.2 超塑性的基本概念

超塑性是指材料在一定的内部(组织)条件(如晶粒形状及尺寸、相变等)和外部(环境)条件下(如温度、应变速率等),呈现出异常低的流变抗力、异常高的流变性能(例如大的延伸率)的现象。

金属材料在受到拉伸应力时,显示出很大的延伸率而不产生缩颈与断裂现象,通常把延伸率能超过100%的材料统称为"超塑性材料",相应地把延伸率超过100%的现象叫作"超塑性"。现代已知的超塑性材料之延伸率最大可超过1000%,有的甚至可达2000%以上,如图4-17所示。

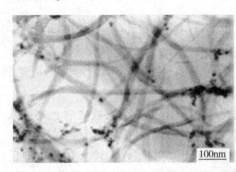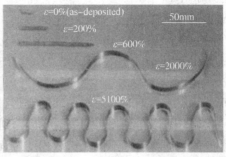

图4-17　纳米铜的室温超塑性

4.1.6.3 超塑性的特点

金属塑性成形时宏观变形有几个特点:大延伸、无缩颈、小应力、易成形。

大延伸:超塑性材料在单向时延伸率极高,有的可以到8000%表明超塑性材料在变形稳定性方面要比普通材料好很多。这样使材料的成形性能大大改善,可以使许多形状复杂、一般难以成形的材料变形成为可能。

无紧缩:超塑性材料的变形类似于黏性物质的流动,没有(或很小)应变硬化效应,但对应变速率敏感,当变形速度增大,材料会强化。因此,超塑性材料变形时初期有紧缩形成,但由于紧缩部位变形速度增大而发生局部强化,而其余未强化部分继续变形,这样使紧缩传播出去,结果获得巨大的宏观均匀变形。超塑性的无紧缩是指宏观上的变形结果,并非真的没有紧缩。

小应力:超塑性材料在变形过程中,变形抗力可以很小,因为它具有黏性或半黏性流动的特点。通常用流动应力来表示变形抗力的大小。在最佳变形条件下,流动应力要比常规的变形的小到几分之一乃至几十分之一。

易成形:超塑性材料在变形过程中没有或只有很小的应变硬化现象,所以超塑性材料易于加工、流动性和填充性好,可以进行多种方式成形,而且产品质量可以大大提高。

4.1.6.4 超塑性的分类

按照超塑性实现的条件(组织、温度、应力状态等)可将超塑性分为以下几类。

(1)细晶超塑性(组织超塑性或恒温超塑性或第一类超塑性)

材料具有稳定的超细等轴晶粒组织,在一定的温度区间($T_s \geqslant 0.4T_m$; T_s和T_m分别为超塑变形温度和材料熔点温度的绝对温度)和一定的变形速度($10^{-4} \sim 10^{-1} \mathrm{s}^{-1}$)条件下出现超塑性。晶粒直径多在5μm以下,一般来说,晶粒越细越有利于塑性的发展,但对有些材料来说(例如Ti合金)晶粒尺寸达几十微米时仍有很好的超塑性能。

由于这种超塑性是在特定的恒温下发生的，所以也称为恒温超塑性或第一类超塑性。

由于超塑性变形是在一定的温度区间进行的，因此即使初始组织具有微细晶粒尺寸，如果热稳定性差，在变形过程中晶粒迅速长大的话，仍不能获得良好的超塑性。

(2) 相变超塑性(动态超塑性或第二类超塑性)

这种超塑性并不一定要求材料具有超细晶粒组织，而是在一定的温度和应力条件下，经过多次循环相变或同素异构转变而获得大延伸率。产生相变超塑性的必要条件，是材料应具有固态相变的特性，并在外加载荷作用下，在相变温度上下循环加热与冷却，诱发产生反复的组织结构变化，使金属原子发生剧烈运动而呈现出超塑性，所以又称为动态超塑性或第二类超塑性。

如碳素钢和低合金钢，加以一定的负荷，同时于 A_1、A_3 温度上下施以反复的一定范围的加热和冷却，每一次循环发生 ($\alpha \leftrightarrow \gamma$) 的两次转变，可以得到两次均匀延伸。D. Oelschlägel 等用 AISI 1018、1045、1095、52100 等钢种试验表明，延伸率可达到 500% 以上。

变形的特点：初期时每一次循环的变形量比较小，而在一定次数之后，例如几十次之后，每一次循环可以得到逐步加大的变形，到断裂时，可以累积为大延伸。

有相变的金属材料，不但在扩散相变过程中具有很大的塑性，淬火过程中奥氏体向马氏体转变、回火过程中残余奥氏体向马氏体单向转变过程，也可以获得异常高的塑性。

如果在马氏体开始转变点(M_s)以上的一定温度区间加工变形，可以促使奥氏体向马氏体逐渐转变，在转变过程中也可以获得异常高的延伸，塑性大小与转变量的多少，变形温度及变形速度有关。这种过程称为"相变诱导塑性"，即所谓"TRIP"现象。Fe-Ni 合金，Fe-Mn-C 等合金都具有这种特性。

相变超塑性不要求微细等轴晶粒，这是有利的，但要求变形温度反复变化，给实际生产带来困难，故使用上受到限制。

(3) 其他超塑性或第三类超塑性。

近年来发现，普通非超塑性材料在一定条件下快速变形时，也能显示出超塑性。

有些材料在消除应力退火过程中，在应力作用下也可以得到超塑性，如 Al-5%Si 及 Al-4%Cu 合金在溶解度曲线上下施以循环加热可以得到超塑性。

此外，国外正在研究的还有升温超塑性，异向超塑性等。

有人把上述的第二类及第三类超塑性统称为动态超塑性，或环境超塑性。

4.1.6.5 细晶超塑性的特征

在试验中已发现细晶超塑性有许多重要特征，归纳起来有以下几个方面的内容。

(1) 变形力学特征

具有超塑性的金属与普通金属的塑性变形在变形力特征方面有着本质的区别。普通金属在拉伸变形时易于形成缩颈而断裂，而超塑性金属由于没有(或很小)加工硬化，在塑性变形开始后，有一段很长的均匀变形过程，最后达到百分之几或甚至几千的高延伸率，当应力超过最大值后，随着应变的增加，应力缓慢地连续下降，其工程应力—应变曲线如图4-18(a)所示。实际上，此时的试样截面也在缓慢地连续缩小，如果换算成真应力与真应变的情况，则可以得到几乎恒定的应力-应变曲线，如图4-18(b)所示。变形量增加时，应力变化很小。若材料与温度不变，应变速度不同时，在获得同等应变情况下，其应力就不同，应变速度高的所需的应力明显增加。

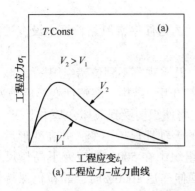
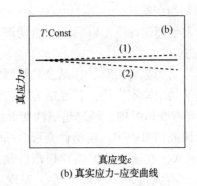

(a) 工程应力-应力曲线　　　(b) 真实应力-应变曲线

图 4-18　超塑性金属的应力-应变曲线

在超塑性材料中，流动应力对应变速率特别敏感。超塑性变形时，应力与应变速率的关系为

$$\sigma = K \dot{\varepsilon}^m$$

式中　σ——真应力；

　　　K——决定于实验条件的系数；

　　　$\dot{\varepsilon}$——真应变速度；

　　　m——应变速率敏感系数。

由此，应变速度敏感性系数可定义为

$$m = \mathrm{d}\ln\sigma / \mathrm{d}\ln\dot{\varepsilon}$$

如图 4-19 所示，用对数坐标表示的流变应力与应变速率的关系曲线呈"S"形。应变速率与流变应力曲线可划分为三个区域，即低应变速率区Ⅰ、高应变速率区Ⅱ和超塑性区Ⅲ，在Ⅰ区和Ⅲ区中 $m<0.3$，在Ⅱ区中 $m>0.3$。

应变速率敏感性指数 m 是材料超塑性的一个重要参数，它表征金属抵抗颈缩的能力，高的 m 值使抵抗颈缩的能力增加。其理论意义是：产生颈缩的部位应变速率增加，由于高的流变应力应变速率敏感性，需要更高的应力。在试样其余部分没有继续塑性变形的情况下，外加应力不足以使颈缩发展。

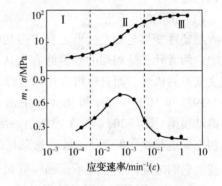

图 4-19　Mg-Al 共晶合金的应变速率 $\dot{\varepsilon}$
与流变应力、敏感系数 m 的关系
（晶粒尺寸 10.6μm，变形温度 350℃）

（2）金属组织特征

① 要求原始组织晶粒细小、等轴、双相及稳定

到目前为止所发现的细晶超塑性材料，大部分是共析和共晶合金，其显微组织要求有极细的晶粒度、等轴、双相及稳定的组织。要求双相，是因为第二相能阻止母相晶粒长大，而母相也能阻止第二相的长大；要求稳定，是指在变形过程中晶粒长大的速度要慢，以便有充分的热变形持续时间；超塑性变形过程中，晶界起着很重要的作用，要求晶粒的边界比例大，并且晶界要平坦，易于滑动，所以要求晶粒细小、等轴。在这些因素中，晶粒尺寸是主要的影响因素。一般认为直径大于 10μm 的晶粒组织是难于实现超塑性的。

② 变形后组织特征

a. 材料发生超塑性变形以后，虽然获得巨大的延伸率，但晶粒根本没有被拉长仍然保持着等轴状态。

b. 发生显著的晶界滑移、移动及晶粒回转，几乎观察不到位错组织。

c. 结晶学的织构不发达，若原始为取向无序的组织结构，超塑性变形后仍为无序状态；若原始组织具有变形织构，经过超塑性变形后，将使织构受到破坏，基本上变为无序化。

d. 试验研究结果表明，超塑性变形时晶粒的等轴性保持不变，并在变形后通常可以看到晶粒有些长大。在正常微细晶粒超塑性显微组织中在 500% 的应变下晶粒尺寸可能增加 50% 或 100%。有人在 Sn-5%Bi 合金上发现，延伸率达 1000% 时，晶粒仍保持等轴并发现晶粒长大了好几倍。

e. 对某些材料，如 α/β 黄铜、Al 黄铜，Al-Zn-Mg-Cr 合金等的超塑性拉伸中也发现有空洞出现。试验证明，空洞的数量和尺寸随应变速率的增大而增多。随着真实应变的增加，空洞数目也增多。

一般认为空洞是由晶界滑移引起的，所以在 Ⅱ 区内因晶界滑移对塑性变形的作用最大，其空洞速率也就最大。试验结果还表明，当材料在超塑性变形过程中形成大面积空洞时，其相互连接将导致材料的最终断裂。

4.1.6.6 细晶超塑性变形的机理

用一般的塑性变形机理已不能解释金属超塑性的大延伸特性。不少科学研究工作者进行了大量的试验研究工作以求解释超塑性变形机理，但到目前为止，仍处于研究探讨阶段。虽然如此，已提出的某些超塑性机理也可以用来解释有关的超塑现象。现仅就其中的几个予以讨论。

（1）扩散蠕变理论

超塑性变形与蠕变变形也有许多相似之处，特别是在应变速度对应力和晶粒长大的关系上，两者几乎是相同的。因此有人认为，在低应力下所引起的空位扩散，不仅可以解释蠕变变形的机理，而且也可以用来解释超塑性变形的机理。

1973 年 M. F. Ashby 和 R. A. Verrall 提出了一个由晶内-晶界扩散蠕变过程共同调节的晶界滑动模型（图 4-20）。这个模型由一组二维的四个六方晶粒组成。在拉伸应力 σ 作用下，由初态 a 过渡到中间态 b，最后达到终态 c。在此过程中，晶粒 2、4 被晶粒 1、3 所挟开，改变了它们之间的相邻关系，晶粒取向也都发生了变化，并获得了 $\varepsilon = \ln \sqrt{3} = 0.55$ 的真应变（按晶粒中心计算），但晶粒仍保持其等轴性。在从初态 a 到终态 c 的过程中，包含着一系列由晶内和晶界扩散流动所控制的晶界滑动和晶界迁移过程。图 4-20(d) 和图 4-20(e) 表示晶粒 1 和 2 在由初态 a 过渡到中间态 b 时晶内和晶界的扩散过程。

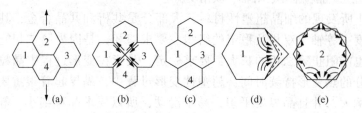

图 4-20　晶内-晶界扩散蠕变过程共同调节的晶界滑动模型

扩散蠕变理论应用于超塑性变形时，有两种现象不能解释：

① 在蠕变变形中，应力与应变成正比，$m=1$，而在超塑性变形中，m 值总是处于 0.5～0.8 之间。

② 在蠕变变形中，晶粒沿着外力方向被拉长，但在超塑性变形中，晶粒仍保持等轴状。因此，经典的扩散蠕变理论不能完全说明超塑性变形时的基本物理过程，也解释不了它的主要力学特征。所以该理论能否作为超塑性变形的一个主要机理，还不十分清楚。

（2）晶界滑动理论

超细晶粒材料的晶界有异乎寻常大的总面积，因此晶界运动在超塑性变形中起着极其重要的作用。晶界运动分为滑动和移动两种，前者为晶粒沿晶界的滑移，后者为相邻晶粒间沿晶界产生的迁移。

在研究超塑性变形机理的过程中，曾提出了许多晶界滑动的理论模型。下面仅就 A. Ball 和 M. M. Hutchison(1969) 提出的一个较为著名的位错运动调节晶界滑动的理论模型作一介绍。此模型并由 A. K. Mukherjee(1971) 加以改进。

在 Ball 和 Hutchison 所得出的模型中，将图 4-21 所示的几个晶粒作为一个组态来考虑。在图 4-19 中，假定两晶粒群的晶界滑移在遇到了障碍晶粒时，被迫停止，此时引起的应力集中通过障碍晶粒内位错的产生和运动而缓和。位错通过晶粒而塞积到对面的晶界上，当应力达到一定程度时，使塞积

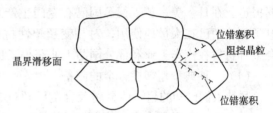

图 4-21 Ball-Hutchison 位错蠕变机制示意图

前端的位错沿晶界攀移而消失，则内应力得到松弛，于是晶界滑移又再次发生。

此模型表示了晶界区位错的攀移控制变形过程。晶界滑移过程中晶粒的转动不断地改变晶内滑移最有利的滑移面以阻止晶粒伸长。若应力高到足以形成位错胞或位错缠结的话，则此机制便停止作用，因为此时位错已无法穿越晶粒了。

这种机制也有些地方与实际不符，例如此机制中认为在一些晶粒中有位错塞积，而实验中没有观察到；Mukherjee 计算的 $\dot{\varepsilon}$ 比实际的小得多等。

（3）动态再结晶理论

有人建议，动态再结晶对解释超塑性变形中的等轴晶粒的形成是一项重要内容。特别是，超塑性变形一般是在再结晶温度以上进行，类似通常所说的热变形过程，所以再结晶过程理论可以容易地被接受。

晶界移动（迁移）与再结晶现象密切相关，这种再结晶可使内部有畸变的晶粒变为无畸变的晶粒，从而消除其预先存在的应变硬化。在高温变形时，这种再结晶过程是一个动态的、连续的恢复过程，即一方面产生应变硬化，另一方面产生再结晶恢复（软化）。如果这种过程在变形中能继续下去，好像变形的同时又有退火，就会促使物质的超塑性。

对此机理仍存在一些争议，在超塑性变形后仍保持非常细小的等轴晶，而恢复再结晶后，晶粒总要变得粗大一些。有人认为，在超塑性变形中一般不能发生再结晶。但大多数研究者认为，这一过程的超塑性变形时确实存在。在一定条件下，可以把超塑性看作是同时发生变形与再结晶的结果。

以上简述了超塑性变形的三个主要理论，但没有一个理论能完满地解释在各种金属中发生的超塑性现象。因为超塑性变形是一个复杂的物理化学-力学过程。各种结构超塑性材

料虽有其共性，但又都有区别于其他材料的特性。这些特性一方面由其内部组织结构状态所决定，另一方面又受外部变形条件的制约。对于同一种金属或合金，在某些具体的变形条件下，也可能同时存在着几个过程互相补充，于是又有人提出了复合机制的变形理论，在此就不一一详述。

相变超塑性产生的原因，早期解释为：①由于原子移向新的点阵位置，原来原子间的黏合作用消失；②当铁素体-奥氏体转变时，由于体积变化，产生了许多缺陷（加热时的空位，冷却时的隙缝），加速了蠕变，从而提高了塑性。

以上这些解释还都是定性的。有关相变超塑性的产生机制，还有很大争议要获得超塑性的统一理论，必须从更广泛的方面进行深入、细致的综合研究。

4.1.6.7 超塑性的应用

由于金属在超塑状态具有异常高的塑性，极小的流动应力，极大的活性及扩散能力，可以在很多领域中应用，包括压力加工、热处理、焊接、铸造、甚至切削加工等方面。

自20世纪70年代初期，具有超塑性的金属材料在工业上逐渐得到引人注目的应用。据报道，在日、美、英、德等国已有专门生产超塑性材料的企业。对细晶超塑性材料，在电子工业中已在大量地使用。对相变超塑性材料，也有良好的发展前景，例如不锈钢、钛合金等材料在汽车工业和部分国防工业获得了良好的应用。

（1）几种典型超塑性合金的制备

目前人们已知的超塑性金属及合金已超过200种，按基体区分有 Zn、Al、Ti、Mg、Ni、Pb、Sn、Zr、Fe 基等合金，其中包括共晶合金、共析合金、多元合金等类型的合金。一般说来，共析、共晶合金由于比较容易细化晶粒及获得均匀的组织状态，所以容易实现超塑性。

① Zn-22%Al 合金的制备及超塑性获得的方法。Zn-22%Al 合金属共析合金自问世以来，以优异的塑性变形特征引起了人们的极大关注。这种合金的室温综合机械性能很不理想，如抗蠕变性和抗腐蚀性较差，但由于有巨大的无缩颈的延伸，极小的变形抗力和高的应变速率敏感性指数，充分表现了超塑性的特点，成了典型的超塑性合金。

Zn-22%Al 合金可在石墨坩埚或其他熔炼炉熔炼。精炼温度 550~590℃，可用硬模浇铸铸锭，须经 355~375℃ 保温 8h 以上的固溶处理。以后可用两种工艺制作。第一种工艺在固熔处理后随即炉冷，然后加热到 290~360℃，保温 2h，挤压成棒材或轧成板材，然后再经超塑处理。超塑处理工艺为加热温度 310~360℃，保温超过 1h。淬入冰水（冰盐水或流动水低于 18℃），保持 1h 后，再加热到 250~260℃ 保温 0.5h，即可具备超塑性。第二种工艺，铸锭固溶处理后直接淬入水中（水温低于 18℃），保温 1h，再加热到 250℃，保温 1.5h，并在此温度轧制成板材或棒材。轧后不再经超塑处理，即具备超塑性。

按上述工艺所获得的组织为等轴细晶粒两相（$\alpha+\beta$）组织。

② Al-Zn-Mg 系合金。Al-Zn-Mg 系合金是一种高强度的时效硬化合金。一般强度，σ_b = 36~40kgf/mm² (1kgf/mm² = 9.806MPa)，强度最高的可达 60kgf/mm²，延伸率>10%。工业上用的普通 Al-Zn-Mg 合金中 Zn 和 Mg 的含量都不高，Zn 为 3.5%~5.0%，Mg 为 1.0%~3.6%。为了获得超塑性的 Al-Zn-Mg 合金，通常需要提高合金化元素含量，主要是提高 Zn 的含量（~10%），以获得更多的第二相组织和提高 Zr 的含量（0.2%~0.5%），Zr 能细化晶粒。

Al-9.3%Zn-1.03%Mg-0.22%Zr 合金具有超塑性。试样制备方法为：在 800~900℃ 下浇铸。为了细化组织和 Zr 的均匀弥散分布，需要快速冷却，以水冷模或连续或半连续铸造。铸锭经 500~520℃ 固溶处理 12~14h，然后在 450~500℃ 热轧，最后再冷轧，总压下量>90%。试件在变形前再经过520℃退火处理，可得到<10 μm的细晶粒组织，从而获得超塑性。

（2）超塑性成形方法

组织超塑性材料已在实际生产中得到应用，成形方法也形成了一些成熟的工艺，主要有：

① 真空成形法

真空成形法有凸模法与凹模法（图4-22），凸模法是将加热后的毛料，吸附在具有零件内形的凸模上的成形方法，用来成形要求内侧尺寸精度高的零件。四模法则是把加热过的毛料，吸附在具有零件外形的凹模上的成形方法，用于要求外形尺寸精度高的零件成形。一般前者用于较深容器的成形，后者用于较浅容器的成形。其实真空成形也是一种气压成形，只是成形压力只能是一个大气压，所以它不适于成形厚度较大、强度较高的板料。

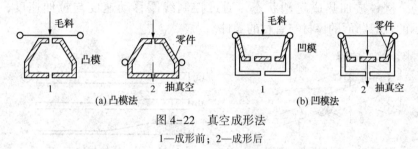

图4-22　真空成形法

1—成形前；2—成形后

② 气压成形

气压成形是最能体现超塑性成形全部特点一种新工艺，也是超塑性加工中最有前途的工艺。

与挤压成形相似，气压成形不需要传统胀形的高能量、高压力。气压成形是自体变形，气体压力几乎全部作用于金属变形。由于超塑材料的变形应力很小（Zn–22% Al 的 $\sigma_b \sim$ 0.2kg/mm^2），成形压力比传统的压力降低了2~3个数量级。即由传统成形的几千个、几百个大气压，降低到几十个、几个大气压。而且可以一次进行很大的变形，制成轮廓清晰、形状复杂的零件。而且成形表面精致，几乎与接触模具具有同等的表面质量（图4-23）。用于气压成形的材料主要有：锌铝合金、钛合金、不锈钢和铜基合金等。

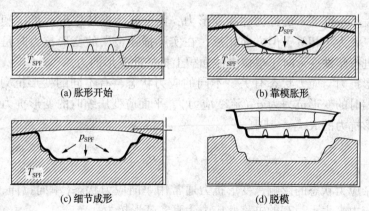

(a) 胀形开始 　　(b) 靠模胀形

(c) 细节成形 　　(d) 脱模

图4-23　气压成形过程示意图

③ 超塑性模锻和挤压

超塑性模锻和挤压过程均为等温压缩变形过程，故又称超塑性等温模锻和等温挤压。这种工艺是使被压缩金属处于最佳超塑性温度与速度范围内变形。同时在成形过程中模具与工件是等温的，或接近等温的。这样可改善金属流动性和降低成形力，一次压缩中可得到变形量大、形状复杂的零件，减少了中间热处理等辅助工序，零件组织均匀，无残余应力。

等温模锻和等温挤压过程是在封闭模具中进行。零件的几何形状和摩擦因素起着重要作用，有可能引起金属不能充满型腔。但成形保压时间一延长，则可克服上述缺点，能从模具上复制出精细的制品，包括很薄的筋条和清晰的棱角形状。

④ 无模拉拔

无模拉拔是利用超塑性材料对温度及应变速率的敏感性，用感应线圈进行局部加热，使变形部分材料处于超塑性状态下被拉拔，同时控制拉拔速度，就可进行无模拉拔加工。可拉拔成光滑的等截面，如棒状制品，也可以拉成不等截面的制品，其工作原理如图 4-24 所示。将被加工的超塑性材料一端固定，另一端加上载荷，中间有一个可移动的感应线圈。当线圈通电，材料被加热成超塑状态，通过控制线圈移动速度与拉伸速度，可制出如图 4-25 所示的任意断面的棒材与管材的零件。

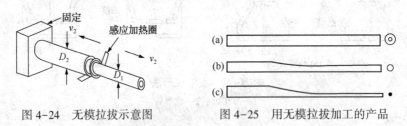

图 4-24 无模拉拔示意图   图 4-25 用无模拉拔加工的产品

以上只是超塑性成形应用的几个方面，此外，还有薄板模压成形（偶合模成形），模具型腔的超塑成形、超塑性拉深、超塑成形与扩散联结（SPF/DB）等工艺。随着超塑性技术的发展，超塑性将对塑性加工领域产生重要的影响。

4.2 金属的变形抗力

4.2.1 变形抗力的概念

引发金属发生塑性变形的外力称为变形力，而金属为保持原形而抵抗塑性变形的力称为变形抗力，二者大小相等，但方向相反。在实际描述金属的变形抗力时是指金属在一定的变形条件下进行塑性变形时于单位横截面积上抵抗此变形的力。

可见，变形抗力与应力状态有关。不同的应力状态，有不同的变形抗力。例如，单向拉伸、单向压缩时的变形抗力为 σ_T（流变应力），平面应变压缩时的变形抗力为 K_f，纯剪状态时的剪切变形抗力的 K_T 等，其中

$$K_f = 2\ K_T = \frac{2}{\sqrt{3}}\sigma_T$$

为排除复杂应力状态的影响，变形抗力通常用单向应力状态（单向拉伸、单向压缩）下所测定的流动应力来表示。有的书称此应力为真实变形抗力。

实际塑性加工时，如轧制、锻压、挤压、拉拔等，多数是在三向或两相应力状态下进行的。因此，对同一种加工金属材料，在主作用力方向上的单位变形力在数值上一般要比单向应力状态下所测定的变形抗力为大。其关系可用下式表示：

$$\bar{p} = n_\sigma \sigma_s$$

式中 $\bar{p}$——主作用力方向上的平均单位变形力；

σ_s——在单向应力状态下所测定的变形抗力；

n_σ——应力状态影响系数。一般 $n_\sigma > 1$。

因塑性加工时所需的变形力 $P = \bar{p} \cdot F$（其中 F 为接触面积在与 P 垂直方向上的投影），所以，在计算变形力时必须首先要求出金属的变形抗力 σ_s。

4.2.2 变形抗力的测定方法

这里所介绍的变形抗力测定方法是指在简单应力状态下，应力状态在变形物体内均匀分布时的变形抗力测定。测定方法有：拉伸试验法、压缩试验法和扭转试验法。

（1）拉伸试验法

拉伸试验中所用的试样通常为圆柱体，并认为在拉伸过程中在试样出现细颈以前，在标距内工作部分的应力状态为单向拉伸，并均匀分布。这时，所测出的拉应力便为变形物体在此变形条件下的变形抗力。

拉应力：
$$\sigma_{pl} = \frac{p}{F}$$

假设，在试样标距的工作部分内金属的变形也是均匀的，此时变形物体的真实应变应为

应变：
$$\varepsilon = \ln \frac{l}{l_0}$$

在选择拉伸试样材质时，很难保证其内部组织均匀，其内部各晶粒，甚至一个晶粒内部的各质点的变形和应力也不可能完全均一。所以，在此试验中所测定的应力和变形为其平均值。

但从拉伸变形的总体来看，是能够保证得到比较均匀的拉伸变形的，其不均匀变形程度要比压缩变形小得多。所以此拉伸法所测出的变形抗力比较精确，且方法简单。

用拉伸法不足之处在于实验时变形程度一般不应超过 $20\% \sim 30\%$，否则实验时拉伸试样会出现细颈，造成在细颈处呈现三向拉应力状态和应力状态分布不均。倘若必须计算此刻的变形抗力时，则必须对所测出的应力加以修正。

（2）压缩试验法

压缩变形时，变形金属所承受的单向压应力，即变形抗力为
$$\sigma_{pc} = \frac{p}{F}$$

应变：
$$\varepsilon = \ln \frac{h}{h_0}$$

在压缩试验中完全消除接触摩擦的影响是很困难的，所以，所测出的应力值稍偏高。

在试验中为消除或减小接触摩擦的影响可采取在试样的端部涂润滑剂，加柔软垫片等措施。增大 H/d 值也可使接触摩擦对变形过程的影响减小。但通常不能使 H/d 大于 $2 \sim 2.5$，否则在压缩时试样容易弯曲而使压缩不稳定。对于 $H/d > 2$ 的试样，当变形程度较小时，接触摩擦对变形过程的影响不大。

压缩法的优点在于它能使试样产生更大的变形。

（3）扭转试验法

扭转试验时，在圆柱体试样的两端加以大小相等、方向相反的转矩 M，在此二转矩 M 的作用下试样产生扭转角 ϕ。在试验中测定 ϕ 值。

在试样中的应力状态为纯剪切。但此应力状态的分布是不均匀的，其分布规律是：

$$\tau = \frac{32M}{\pi d_0^4} \cdot r$$

在试样的轴心处 $r=0$，则 $t=0$。t 的最大值出现在试样的表面处，即

$$\tau = \frac{16M}{\pi d_0^3}$$

所产生的剪切变形为

$$\gamma = \frac{d_0}{2l_0} \phi$$

为了使应力状态趋向均匀，可取扭转试样为空心的管状试样。此时，试样的壁厚越薄，应力状态越均匀。此时剪切应力为

$$\tau = \frac{2M}{F_0 d_{平}}$$

4.2.3 变形抗力的影响因素

变形抗力的大小与材料、变形程度、应变温度、应变速度、应力状态有关，而且实际变形抗力还与接触界面条件有关。

4.2.3.1 化学成分的影响

化学成分对变形抗力的影响非常复杂。一般情况下，对于各种纯金属，因原子间相互作用不同，变形抗力也不同。同一种金属纯度愈高，变形抗力愈小。组织状态不同，抗力值也有差异，如退火态与加工态，抗力明显不同。

合金元素对变形抗力的影响，主要取决于合金元素的原子与基体原子间相互作用特性原子体积的大小以及合金原子在基体中的分布情况。合金元素引起基体点阵畸变程度愈大，变形抗力也越大。

例如，二元合金的化学成分与抗力指标之间的关系同一元相图的形式有某些规律。图4-26(a)是形成无限固溶的二元合金之硬度(抗力的一种表示)随成分而变化的图示，它表明固溶体的硬度比纯金属的高。变形抗力的最大值对应于固溶体的最大饱和度，从而对应于点阵的最大畸变。图4-26(b)指出了形成共晶体二元合金的硬度随成分变化的情况。

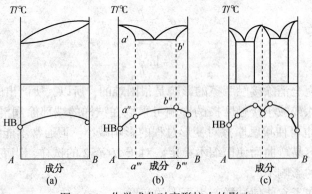

图 4-26 化学成分对变形抗力的影响

共晶体混合物可由纯金属构成，也可由其他化合物或固溶体构成。该图为由固溶体构成共晶混合物的情况。现分析由直线 $a''a'$ 与 $b''b'$ 限定的中间部分。图中 a'' 点是极限溶解度时 α 固溶体的硬度值，而 b'' 点是极限溶解时 β 固溶体的硬度值，那么硬度随共晶混合物成分

的变化大致可接连接 $a''b''$ 二点的线性规律来描述。

应当指出，这一线性规律是指平衡状态而言，也有例外。图 4-26(c) 是形成化合物的二元合金的硬度随成分变化的图示。化合物具有与其组元完全不同的独特性质，并具有独特的结晶点阵，在合金内可以视为一个独立的组元，这种具有化合物的复杂相图，可以把它当作化合物与每一金属所形成的两个单独相图来研究。

杂质含量也对变形抗力有影响，含量增大，抗力显著增大。但也有些杂质也会使抗力下降，如青铜中的含砷量为 0.05% 时，$\sigma_b = 190MPa$，而当砷含量提高到 0.145% 时，$\sigma_b = 140MPa$。

杂质的性质与分布对变形抗力构成影响。杂质原子与基体组元组成固溶体时，会引起基本组元点阵畸变，从而提高变形抗力。杂质元素在周期表中离基体愈远，则杂质的硬化作用愈强烈，因而变形抗力提高愈显著。若杂质以单独夹杂物的形式弥散分布在晶粒内或晶粒之间，则对变形抗力的影响较小。若杂质元素形成脆性的网状夹杂物，则使变形抗力下降。

常见的化学成分对变形抗力的影响如下：

(1) 碳

在较低的温度下随着钢中含碳量的增加，钢的塑性变形抗力升高。温度升高时其影响减弱。

(2) 锰

由于钢中含锰量的增多，可使钢成为中锰钢和高锰钢。其中中锰结构钢(15Mn~50Mn)的变形抗力稍高于具有相同含碳量的碳钢，而高锰钢(Mn12)有更高的变形抗力。

(3) 硅

钢中含硅对塑性变形抗力有明显的影响。用硅使钢合金化时，可使钢的变形抗力有较大的提高。例如，含硅量为 1.5%~2.0% 的结构钢(55Si2、60Si2)在一般的热加工条件下，其变形抗力比中碳钢约高出 20%~25%。含硅量高达 5%~6% 以上时，热加工较为困难。

(4) 铬

对含铬量为 0.7%~1.0% 的铬钢来讲，影响其变形抗力的主要不是铬，而是钢中的含碳量。这些钢的变形抗力仅比具有相应含碳量的碳钢高 5%~10%。

对高碳铬钢 GCr6~GCr15(含铬量 0.45%~1.65%)，其变形抗力虽稍高于碳钢，但影响变形抗力的也主要是碳。

对高铬钢 1Cr13~4Cr13、Cr17、Cr23 等，在高速下变形时，其变形抗力大为提高。特别对含碳量较高的钢(如 Cr12 等)更是如此。

(5) 镍

镍在钢中可使变形抗力稍有提高。但对 25NiA、30NiA 和 13Ni2A 等钢来讲，其变形抗力与碳钢相差不大。当含镍量较高时，例如 Ni25~Ni28 钢，其变形抗力与碳钢相比有很大的差别。

在许多情况下，在钢中应同时加入几种合金元素，例如同时加入铬和镍，这时钢中的碳、铬和镍对变形抗力都要产生影响。12CrNi3A 钢的变形抗力比 45 号钢高出 20%，Cr18Ni9Ti 钢的变形抗力比碳钢高半倍。

4.2.3.2　组织结构的影响

金属的变形抗力与其显微组织和结构有密切关系。

(1) 结构变化

金属与合金的性质取决于结构，即取决于原子间的结合方式和原子在空间排布情况。当原子的排列方式发生变化时，即发生了相变，则抗力也会发生一定的变化。

（2）单相组织和多相组织

当合金为单相组织时，单相固溶体中合金元素的含量愈高，变形抗力则愈高，这是晶格畸变的后果。当合金为多相组织时，第二相的性质、大小、形状、数量与分布状况，对变形抗力都有影响，一般而言，硬而脆的第二相在基体相晶粒内呈颗粒状弥散分布，合金的抗力就高。第二相越细，分布越均匀，数量越多，则变形抗力越高。

（3）晶粒大小和形状

金属和合金的晶粒愈细，同一体积内的晶界愈多。在室温下由于晶界强度高于晶内，所以金属和合金的变形抗力就高。

晶粒体积相同时，晶粒细长者较等轴晶粒结构的变形抗力为大；晶粒尺寸不均匀时，又较均匀晶粒结构时为大。

（4）夹杂物

金属中的夹杂物对变形抗力也有影响。杂质原子与基体组元组成固溶体时，会引起基体组元点阵畸变，从而提高变形抗力。杂质元素在周期表中离基体愈远，则杂质的硬化作用愈强烈，因而变形抗力提高愈显著。若杂质以单独夹杂物的形式弥散分布在晶粒内或晶粒之间，则对变形抗力的影响较小。若杂质元素形成脆性的网状夹杂物，则使变形抗力下降。

4.2.3.3　变形温度的影响

由于温度升高，降低了金属原子间的结合力，金属滑移的临界切应力降低，几乎所有金属与合金的变形抗力都随温度升高而降低。对于那些随着温度变化产生物理-化学变化和相变的金属与合金，则存在例外。

从绝对零度到熔点 T_m 的整个温度区间可分为三个温度区间：①$(0\sim0.3)T_m$ 为完全硬化温度区间；②$(0.3\sim0.7)T_m$ 为部分软化温度区间；③$(0.7\sim1.0)T_m$ 为完全软化温度区间。在不同温度区间内变形抗力不同。此外，在讨论温度对变形抗力的影响时，必须要考虑到由温度的升高所引起的软化效应和变形机制的变化。

关于温度对金属的软化作用，在已学过的金属学课程中已有论述，并认为，对纯金属来讲当温度高于 $(0.25\sim0.3)T_m$ 时在变形金属内发生回复，高于 $0.4T_m$ 时发生再结晶。在一般情况下，温度越高和在此温度下持续的时间越长，变形金属的软化程度越大。但有些情况下，由于某种物理化学转变的发生，即使温度远超过 $0.3T_m$，金属反而会发生硬化，并且此硬化可稳定地保留下来。

在讨论温度对变形抗力的影响时，还必须要注意到不同塑性变形机制的参与作用。如前所述，在 $0.3T_m$ 温度以下，基本的塑性变形机制为滑移、孪生和晶间脆化机制。当温度高于 $0.3T_m$ 时，非晶机制的作用开始变得明显。之后，溶解-沉积机制和晶界上的黏性流动机制等也都参与作用。此时，晶间脆化、孪生等机制的作用会消失或几乎消失。随温度的升高，剪切机制，甚至晶块间机制也会明显地改变其特性，其力学现象变得不明显，开始显示出滑移的扩散特性。

这样，随着温度的开高，硬化减小的总效应决定于以下方面：

① 回复和再结晶的软化作用；

② 随温度的升高，新的塑性变形机制的参与作用；

③ 剪切机制（基本塑性变形机制）特性的改变。

拉伸试验结果表明，变形抗力随温度的变化有两种情况。一类金属（如铜）是，随温度的升高，变形抗力指标下降；另一类金属是，例如钢，其变形抗力随温度的变化比较复杂。从图4-27中看出，加热至100℃时，屈服延伸减小，与其相应的应力也减小。在400℃附近屈服延伸消失。

4.2.3.4 变形速度的影响

应变速度的提高，单位时间内的发热率增加，有利于软化的产生，使变形抗力降低。另一方面，提高应变速度缩短了变形时间，塑性变形时位错运动的发生与发展不足，使变形抗力增加。

一般情况下，随着应变速度的增大，金属与合金的抗力提高，但提高的程度与变形温度密切相关。冷变形时，应变速度的提高，使抗力有所增加但增加不大，或者说抗力对速度不是非常敏感。而在热变形时，应变速度的提高，会引起抗力明显增大。

图4-28是低碳钢在不同温度下的变形速度与变形抗力(强度极限)关系曲线。由这些曲线可知，只有在高速热态(高于再结晶温度以上)情况下，变形抗力才随着速度增加而增加。其原因可能是变形速度太快，以致再结晶过程来不及进行或进行不完全之故。低于再结晶温度以下的塑性变形过程，变形速度对变形抗力影响较小。

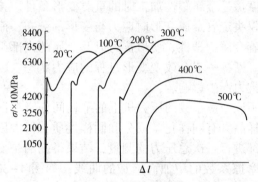

图4-27　低碳钢在不同温度下的拉伸曲线

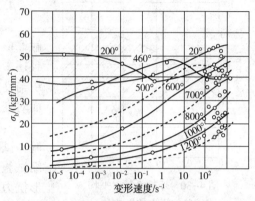

图4-28　在不同温度下变形速度对低碳钢极限的影响

4.2.3.5 变形程度对变形抗力的影响

无论在室温或高温条件下，只要回复和再结晶过程来不及进行，则随着变形程度的增加必然产生加工硬化，使变形抗力增大。

变形程度在20%~30%以下，随变形程度的增加，变形抗力增加比较显著，当变形程度较高时，随变形程度增加，变形抗力增加缓慢。这是因为变形程度的进步增加，晶格畸变能增加，促进了回复与再结晶过程的发生与发展，也使变形热效应增加。

图4-29为冷轧低碳钢压下率(ε%)对拉伸曲线特征的影响，从图中可知随着ε%增加，$\sigma_{0.2}$显著增加。在热加工时，若变形速度较高，再结晶进行不充分，也会出现加工硬化现象，使变形抗力提高。

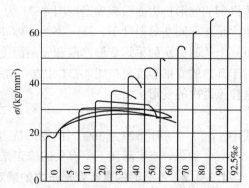

图4-29　冷轧低碳钢压下率对拉伸曲线特征的影响

4.2.3.6 应力状态对变形抗力的影响

在塑性加工过程中，变形物体所承受的应力状态对其变形抗力有很大的影响。例如，挤压时的变形抗力要比轧制时大；在孔型中轧制时要比在平轧辊上轧制时大；模锻时要比在平锤头间锻造时大等。这些都表明，应力状态对变形抗力有较明显的影响。压应力状态越强，变形抗力越大。挤压时为三向压应力状态图示，而拉拔时为单向拉伸和两向压缩的应力状态图示，所以挤压时金属的变形抗力就大于拉伸时的变形抗力。

金属的变形抗力在很大程度上取决于静水压力。对许多金属和合金来说，当静水压力从 0 增加到 5000MPa 时，其变形抗力可增加一倍。静水压力的影响通常可在下述情况表现比较明显：金属合金中的已有组织或在塑性变形过程中发生的组织转变有脆性倾向。这时，静水压力可以使金属变得致密，消除可能产生的完整性的破坏，从而既提高了金属的塑性，又提高了金属的变形抗力。通常，金属越倾向于脆性状态，静水压力的影响越显著。关于静水压力对变形抗力产生影响原因尚需进一步研究。

有人认为，变形速度对变形抗力的影响越大时，静水压力对变形抗力的影响也越大。由于静水压力的作用，可使金属内的空位减少，使塑性形变困难。特别是当变形速度较大，实现塑性变形的时间不够时更是如此。空位的数量越大，静水压力对变形抗力的影响也越大。

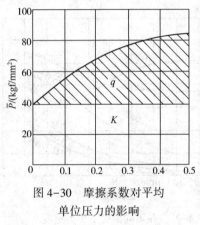

图 4-30 摩擦系数对平均
单位压力的影响

4.2.3.7 接触摩擦的影响

接触摩擦是金属塑性加工时的重要变形条件。接触摩擦不仅决定着金属变形时应力与变形的分布，而且还影响着金属的塑性、变形抗力以及金属的内部组织与性能。摩擦一般会改变变形过程的应力状态，因而对变形抗力产生影响。

若在不同摩擦系数的压力机上的平板间作镦粗试验，试验样品具有同样化学成分和同样性质，每次压缩试验后都进行一次总压力的测量，结果得到的是变形抗力随摩擦系数的增加而增加的曲线，如图 4-30 所示。

4.2.4 轧制时真实变形抗力的确定

4.2.4.1 热轧时真实变形抗力的确定

热轧时的真实变形抗力根据变形时的温度、平均变形速度和变形程度的值，由实验方法得到的变形抗力曲线来确定。图 4-31 为不锈钢 1Cr18Ni9Ti 的变形抗力曲线。图中的各条曲线是在不同变形温度下，压下率为 30% 时的变形抗力随平均变形速度变化的曲线。在知道某个轧制道次的平均变形速度和轧制温度后，可由曲线找出 $\varepsilon = 30\%$ 时的变形抗力 $\sigma_{\varphi,30}$，对于其他的变形程度可按图 4-31 中左上角的修正曲线，由实际变形程度找出修正系数 C。这样该道次的变形抗力为

$$\sigma_{\varphi} = C \cdot \sigma_{\varphi,30}$$

式中　$\sigma_{\varphi,30}$——压下率为 30% 时的变形抗力；

　　　C——与实际压下率有关的修正系数。

4.2.4.2 冷轧时的真实变形抗力的确定

冷轧时的真实变形抗力由各个钢种的加工硬化曲线，根据该道次的平均总压下率来确定。

冷轧时以退火带坯为原料，要在一个轧程内轧制几道后才退火。一个轧程内各道次的加工硬化被积累起来。而且每道次从变形区入口到出口的变形程度都是逐渐变化的，因而变形抗力也随之变化。一般用以下方法来计算某一道次的平均变形抗力。先用下式计算该道次的平均总压下率：

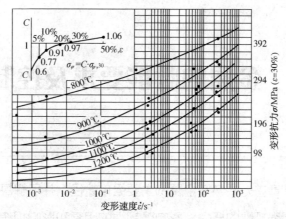

图 4-31 不锈钢 1Cr18Ni9Ti 的变形温度、变形速度对变形抗力的影响($\varepsilon = 30\%$)

$$\overline{\varepsilon} = \varepsilon_H + 0.6(\varepsilon_h - \varepsilon_H) \text{ 或 } \overline{\varepsilon} = 0.4\varepsilon_H + 0.6\varepsilon_h$$

式中 $\overline{\varepsilon}$——平均总压下率；

ε_H——该道次轧前的总压下率，即

$$\varepsilon_H = \frac{H_0 - H}{H_0}$$

ε_h——该道次轧后的总压下率，即

$$\varepsilon_h = \frac{H_0 - h}{H_0}$$

式中 H_0——退火后原始带坯厚度；

H、h——该道次轧前、轧后的轧件厚度。

4.2.5 降低变形抗力常用的工艺措施

降低变形抗力常用的工艺措施主要有：

① 合理的选择变形温度和变形速度；

② 选择最有利的变形方式；

③ 采用良好的润滑；

④ 减小工、模具与变形金属的接触面积(直接承受变形力的面积)。

复习思考题

4-1 何谓金属的塑性？塑性高低如何度量？有哪些常用测定方法？

4-2 多晶体金属塑性变形的主要特点和主要机制有哪些？

4-3 影响金属塑性的主要因素有哪些？有何影响？

4-4 改善金属材料的工艺塑性有哪些途径？怎样才能获得金属材料的超塑性？

4-5 何谓超塑性？超塑性变形的基本特点有哪些？

4-6 细晶超塑性产生的基本条件是什么？它有何重要变形力学和组织结构特点？

4-7 细晶超塑性的主要机制是什么？

4-8 何为变形抗力？变形抗力的影响因素有哪些？

5 金属的性能要求及控制

> **本章导读**：本章首先要熟知金属的主要强化途径，并了解每种强化途径的机理和规律；掌握强韧性的概念、影响强韧性的因素和影响规律；熟悉控制轧制的概念；了解如何通过轧制工艺的控制来提高金属的强韧性能、冲压性能、电磁性能和热强性能；掌握冲压性能的概念及其测定；掌握热强性能的概念；熟知影响冲压性能、热强性能和电磁性能的主要因素及影响规律；了解对电磁性能的要求。

5.1 金属的强韧性及性能控制

强化一般是指金属材料的室温流变强度，即光滑试样在大气中、按给定的变形速率、室温下拉伸时所能承受应力的提高。应强调指出：提高强度并不是改善金属材料性能唯一的目标，即使对金属结构材料来说，除了不断提高强度以外，也还必须注意材料的综合性能，即根据使用条件，要有足够的塑性和韧性以及对环境与介质的适应性。

5.1.1 强化机制

5.1.1.1 强化的理论基础

从根本上讲，金属强度来源于原子间结合力。直到 1934 年，奥罗万、波拉尼和泰勒分别提出晶体位错的概念，位错理论的发展揭示了晶体实际切变强度低于理论切变强度的本质。在有位错存在的情况下，切变滑移是通过位错的运动来实现的，所涉及的是位错线附近的几列原子。而对于无位错的近完整晶体，切变时滑移面上的所有原子将同时滑移，这时需克服的滑移面上下原子之间的键合力无疑要大得多。金属的理论强度与实际强度之间的巨大差别，为金属的强化提供了可能性和必要性。可以认为实测的纯金属单晶体在退火状态下的临界分切应力表示了金属的基础强度，是材料强度的下限值；而估算的金属的理论强度是经过强化之后所能期望达到的强度的上限。

5.1.1.2 强化途径

金属材料的强化途径不外两个，一是提高合金的原子间结合力，提高其理论强度，并制得无缺陷的完整晶体，如晶须。已知铁的晶须的强度接近理论值，可以认为这是因为晶须中没有位错，或者只包含少量在形变过程中不能增殖的位错。可惜当晶须的直径较大时，强度会急剧下降。二是强化途径是向晶体内引入大量晶体缺陷。事实证明，这是提高金属强度最有效的途径。对工程材料来说，一般是通过综合的强化效应以达到较好的综合性能。具体方法有固溶强化、形变强化、沉淀强化和弥散强化、细化晶粒强化、择优取向强化、复相强化、纤维强化和相变强化等，这些方法往往是共存的。

（1）细化晶粒强化（晶界强化）

多晶体晶界有如下特征：

① 在多晶体金属内存在有大量的晶界。

在晶界上原子排列的正常结构遭到破坏，存在有大量的晶格缺陷，在晶界及其附近的区域通常偏聚着比平均浓度高得多的异类原子，在某些情况下晶界上还含有第二相或夹杂物。

② 晶界造成变形有很大的不均匀性。

在多晶体中由于有晶界存在，其变形是不均匀的，晶界处不易产生塑性变形，而晶粒内部则容易变形。不同的晶粒由于其取向不同，也不是同时发生塑性变形的。滑移首先是在取向有利的晶粒内出现。

③ 晶界的存在，使得滑移难以从一个晶粒直接传播到有取向差异的另一个晶粒上。

为了使邻近的晶粒也发生滑移，就必须要加大外力，如图5-1所示，晶粒1由于外加切应力的作用，其位错源开动，发出大量位错。当这些位错滑移到晶界附近时塞积，引起应力集中，使得在晶粒2或晶粒3中距离约为r的位错源也开动。多晶体晶粒的变形还必须要满足连续性的条件。当一个晶粒的形状发生变化时必须要有邻近晶粒的协同动作。

④ 多晶体晶粒越细小，相对来说晶界所占的体积要越大，金属强度也相应提高。

即金属的强度是与晶粒大小有关的（图5-2）。所以"细化晶粒"一直为材料界研究者所追求，比如日本、韩国的"超级钢"计划，我国的新一代钢铁材料研究等。

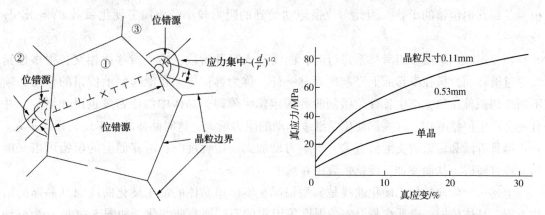

图5-1　相邻晶粒变形示意图　　　　图5-2　晶粒尺寸不同的铝的拉伸曲线

正是由于多晶体晶界有以上特征，所以由于晶粒细化而晶界面积增加才能起到强化的效果。晶界强化的本质在于晶界对位错运动的阻碍作用，是属于源硬化一类的。晶界对滑移的阻碍作用在以下两种情况下显得比较突出：一是当金属的摩擦阻力比较小，如在充分退火的很纯的金属中，由于在金属组织中的位错密度较小，杂质原子的钉扎作用也不大，就比较容易看到晶粒细化对强度的改善；二是当晶粒尺寸足够小，使 Hall-Petch 关系式中

101

晶粒细化对强度的升高的作用迅速增大的时候。

随着晶粒的细化，断裂强度比屈服强度有更大幅度的提高，同时冲击韧性也得到改善，如同属体心立方金属的低碳钢和钼，晶粒每细化一级，韧性-脆性转变温度可分别降低10~20℃及24℃。

在所有金属强化方法中，细化晶粒是目前唯一可以做到既提高强度，又改善塑性和韧性的方法。所以近年来细化晶粒工艺受到高度重视和广泛应用。当前正在发展中的快冷微晶合金便是其中一例。有上述优异性能的原因可以从两方面考虑：①晶界所占比例较大，晶界结构近似非晶态，在常温下具有比晶粒更高的强度；②细小晶粒使位错塞积所产生的正应力随之降低，不容易产生裂纹，从而表现为提高强度而不降低塑性。但细晶粒金属的高温强度下降，这是因为在高温下晶界强度降低了，特别在变形速度很低的情况下(蠕变)，这种效应更为突出。

(2) 形变强化(加工硬化)

随着塑性变形量增加，金属的流变强度也增加，而塑性则很快下降，这种现象称为形变强化或加工硬化。形变强化是金属强化的重要方法之一，特别是对那些不能通过热处理强化的材料如纯金属，以及某些合金，如奥氏体不锈钢等，主要是借冷加工实现强化的。它能为金属材料的应用提供安全保证，也是某些金属塑性加工工艺所必须具备的条件。

为了说明形变强化的物理实质，必须了解在形变过程中位错的产生、分布和运动与流变强度的关系。

① 单晶体的加工硬化

金属的加工硬化特性可以从其应力-应变曲线反映出来。图5-3是面心立方体金属单晶体的典型应力-应变曲线(加工硬化曲线)，其硬化过程大体可分为三个阶段。

在硬化曲线的第Ⅰ阶段，由于晶体中只有一组滑移系产生滑移，在平面上移动的位错很少受到其他位错的干扰，因此，位错运动受到的阻力较小，故加工硬化系数 $\theta_1 = \mathrm{d}\tau/\mathrm{d}\gamma$ 较小。

当变形以两组或多组滑移系进行时，曲线进入第Ⅱ阶段，由于滑移面相交，很多位错线穿过滑移面，像在滑移面上竖起的森林一样，称为林位错。在滑移面上位错的移动必须不断地切割林位错，产生各种位错割阶和固定位错障碍，晶体中位错密度也迅速增加，并且还会产生位错塞积，这些都使位错继续运动的阻力增大，这时晶体的加工硬化系数很大。

第Ⅲ阶段和位错的交滑移有关，当应力增加到一定程度时，滑移面上的位错可借交滑移而绕过障碍，从而使加工硬化系数相对减小。

上述三个阶段的加工硬化曲线是典型情况，实际单晶体的加工硬化曲线因其晶体的结构类型、晶体位向、杂质含量及实验温度等因素的不同而有所变化。如图5-4所示为三种常见单晶体的加工硬化曲线，其中密排六方金属变形时仅是其主滑移系起作用，作用的位错限制在一组单一的平行平面上，而最终它们将在自由表面移出晶体。这样，位错密度及其相互干扰的范围就比较小，因而曲线平缓，加工硬化效应不大；立方晶体不论在单晶体中还是在多晶体中，都允许许多滑移系开动。相互作用的位错成为其他位错运动的障碍，使其他位错依次塞积，从而增加了继续变形所需的切应力，因而曲线较陡，呈现较强的加工硬化效应。

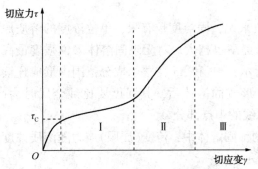
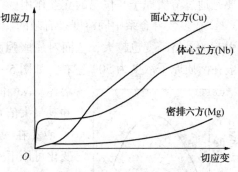

图 5-3　单晶体的切应力-应变曲线　　　　图 5-4　三种常见单晶体的加工硬化曲线

② 多晶体的加工硬化

多晶体的加工硬化要比单晶体的加工硬化复杂得多。多晶体变形时，由于晶界的阻碍作用和晶粒之间的协调配合要求、各晶粒不可能以单一滑移系动作，必然有多组滑移系同时开动。所以，在多晶体在塑性变形里实际上不存在象单晶那样的阶段 I 单系滑移和强化，而是一开始就进入第 II 阶段硬化，随后进入第 III 阶段硬化，而且多晶体的硬化曲线比单晶体的更陡，加工硬化系数更大，如图 5-5 所示。此外，加工硬化还与晶粒大小有关、晶粒越细、加工硬化越显著，这在变形开始阶段尤为明显。

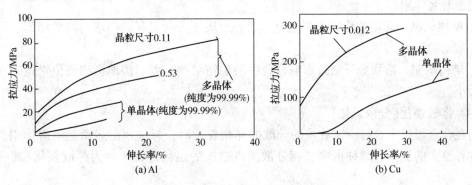

图 5-5　单晶体与多晶体的硬化曲线

总之，形变强化决定于位错运动受阻，因而强化效应与位错类型、数目、分布、固溶体的晶型、合金化情况、晶粒度和取向及沉淀颗粒大小、数量和分布等有关。温度和受力状态有时也是决定性的因素。

从改善金属材料性能的角度来看，加工硬化是主要的手段之一。特别是对那些用一般热处理手段无法使其强化的无相变的金属材料，形变硬化是更加重要的强化手段。

加工硬化也有其不利的一面，如在冷轧、冷拔等冷加工过程中由于变形抗力的升高和塑性的下降，往往使继续加工发生困难，需在工艺过程中增加退火工序。

（3）固溶强化

一般，固溶体的强度总是要高于其基本金属的强度。所以结构用的金属材料很少是纯金属，一般都要合金化。合金化的主要目的之一是产生固溶强化，另外，也可能产生沉淀强化、细化晶粒强化、相变强化和复相强化等，这要看合金元素的作用和热处理条件而定。合金元素对基体的固溶强化作用决定于溶质原子和溶剂原子在尺寸、弹性性质、电学性质和其他物理化学性质上的差异，此外，也和溶质原子的浓度和分布有关；固溶强化的实现主要是通过溶质原子与位错的交互作用。

① 在多数合金系中固溶度是有限的。一般来说，固溶度越有限，单位浓度的溶质原子所引起的晶格畸变也越大，从而对屈服强度的提高也越大。对无限固溶体来说强度最高点一般在溶质原子浓度为50%左右，如图5-6所示，Au 和 Ag 在整个成分范围内形成连续固溶体。Au 和 Ag 形成固溶体后，其强度要比纯金属时为高，并其最大值在曲线的中点部分。

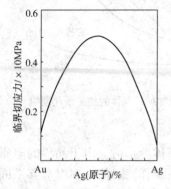
图 5-6　Au、Ag 固溶体的强度

② 在一般的稀固溶体中，流变(屈服)应力随溶质浓度的变化可用下式表示：

$$\sigma = \sigma_0 + kc^m$$

式中　σ——合金的流变应力；

σ_0——纯金属的流变应力；

c——溶质的原子浓度；

k、m——常数。

合金元素的硬化能力较弱时 $m=1$，硬化能力强时 $m=1/2$。

③ 固溶强化的机理

a. 位错钉扎机制。位错被可运动的溶质原子钉扎而造成强化。这种钉扎主要是在合金开始屈服时起作用。

b. 摩擦机制。运动的位错受到相对不动的溶质原子所引起的内应力场的阻碍，而增加了位错运动的阻力。

c. 结构机制。溶质原子通过影响合金中的位错结构，而间接地影响使位错运动所需应力的大小。

(4) 弥散强化(分散强化)

当在合金组织中含有一定数量的分散的异相粒子时，对位错的运动起阻碍作用，可使其强度有很大的提高。这种由第二相分散质点造成的强化过程统称为弥散强化(或分散强化)。

(5) 纤维强化

根据断裂力学观点，高强度材料可容许存在的临界裂纹尺寸很小，一旦出现裂纹就很快扩展，容易发生断裂。而将细纤维排在一起，黏结起来，可免除上述缺点，是解决脆性高强材料用于实际结构的一个重要途径。因为经过复合之后，不但解决了纤维的脆性问题，也提高了材料的比强度、比模量和疲劳性能。

(6) 辐照强化

由于金属在强射线条件下产生空位或填隙原子，这些缺陷阻碍位错运动，从而产生强化效应。

5.1.2　强韧性能的概念

强韧性是指金属材料的强度和韧性而言。衡量金属材料强度的指标有屈服极限、抗拉强度等。但常用者为屈服强度。衡量韧性的指标可有冲击韧性和脆性转变温度等。

5.1.2.1　冲击韧性或冲击功

冲击功的大小，一般是用冲击弯曲试验方法将试样冲断时所消耗的功来确定。这样，

104

试样断裂时所消耗的功 A_k 可由三部分组成：

①　消耗于试样弹性变形的弹性功 A_e；

②　消耗于试样塑性变形的塑性功 A_p；

③　裂纹出现后，消耗于裂纹的发展以致完全断裂的撕裂功 A_d。

$$A_k = A_e + A_p + A_d$$

对于不同材料，冲击时所消耗的总功可能相同，但其中弹性功、塑性功和撕裂功三者所占的比例却可能相差很大。

弹性功——是表示材料在开始塑性变形前所吸收的变形能的大小；

塑性功——是表示材料开始塑性变形以后以及进一步发展直到裂纹形成以前，所吸收的变形能的大小；

撕裂功——表示裂纹发展直到完全断裂所吸收的变形能。

5.1.2.2　材料所表现的"韧""脆"

A_k 值的大小，并不能完全清楚地表明材料的韧和脆。实际上，塑性功、撕裂功，特别是撕裂功的大小，才能真正地显示材料的韧脆情况。

如果 A_k 值相同，但塑性功很小，撕裂功几乎没有，则材料在断裂时，将无明显塑性变形，并且断裂出现后，突然断裂，断裂面为晶粒状，因此表现为脆性断裂。

如果 A_k 值相同，材料有较大的塑性功，则表现为断裂前有显著的塑性变形。如果材料有很大的撕裂功，则表现为裂纹发展很慢，在断口附近有明显的塑性变形，而且断口为纤维状。

虽然 A_k 值不足以非常准确的体现材料的韧性，但这种试验方法在检验材料内部缺陷和脆性转变情况等方面都是敏感的。在生产和科学研究中仍得到广泛的应用。

5.1.2.3　脆性转变温度

图 5-7 为典型的冲击值与温度的关系曲线。此曲线可由三个部分组成，即由冲击值随温度变化不大的低冲击值部分和高冲击值部分及随温度的降低冲击值急下降的中间部分所组成。

冲击值高的部分的试样断口一般为韧性断口；冲击值低的部分的试样断口则为脆性断口；冲击值变化很大的中间部分的试样断口，则部分为脆性的，部分为韧性的。因此，这一部分的温度叫作脆性转变温度，但更确切地说，应叫作脆性转变温度范围。这个温度范围，因各种因素的影响，可由十几度扩展到一百多度。它的位置，也因钢种、显微组织、试样形状和试验条件等不同而有很大变动，有时高达 100℃ 以上，有时低于液体氮的温度，但很多处于室温以下。

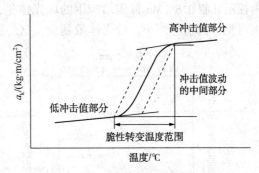

图 5-7　冲击值-温度曲线示意图

因脆性转变度范围的宽窄不同，为便于比较，以试样断口上开始出现脆裂特征或断口上出现 50% 脆断面积时的温度作为脆性转变温度，或冲击值降至完全韧性断裂和完全脆性断裂试样冲击值的平均值时的温度为脆性转变温度。

5.1.3 影响强韧性能的因素

影响强韧性的主要因素有晶粒的大小、珠光体的数量、大小及分布，Nb、V、Ti 等合金元素的作用等。

5.1.3.1 晶粒的大小

随着晶粒尺寸的减小，金属的屈服极限升高，脆性转变温度下降，韧性提高。关于晶粒尺寸的作用，可用位错观点加以说明。在晶体缺陷中，位错在晶体中是三维分布的。位错网在滑移面上的线段可以成为位错源。在应力的作用下，此位错源不断地放出位错，使晶体产生滑移。

位错在运动过程中，首先必须克服附近位错网的阻碍。当位错移动到晶界时，又必须克服晶界的障碍，这样才能使变形由一个晶粒转到另一个晶粒，使物体产生屈服。由此看出，金属的屈服强度应取决于使位错源动作所需要的力，以及位错网给予移动位错的阻力和晶粒间界的阻力等。

由此可见，晶粒越细小，晶界就越多，障碍越多。这就需要加大外力才能使晶体滑移。屈服极限与晶粒大小的关系，可用 Hall-Petch 关系式表示。图 5-8 为铁素体晶粒尺寸对屈服极限和冲击转变温度的影响。由图看出，当晶粒变细时，屈服极限由 150MPa 升高到 400NPa，冲击转变温度由 0℃ 下降到-150℃。

综上所述，晶粒越细，晶界越多，对位错运动的阻碍越大。晶粒越细，晶粒内部的位错源越少。晶粒越细，位错在晶界处塞积而引起的应力集中越小且分散，不容易产生微裂纹，材料的强韧性提高。

5.1.3.2 珠光体的数量、大小及分布

珠光体为渗碳体与铁素体所组成的混合物。在通常的情况下，珠光体中的渗碳体与铁素体成相间排列而构成片层状组织。在一定的条件下，珠光体中的渗碳体可呈颗粒状，称为粒状珠光体。

一般来说，珠光体的体积百分数增大时，使钢材硬化，从而导致钢的韧性变坏。图 5-9 为控制轧制 0.8%Mn 低碳结构钢的珠光体量，铁素体晶粒直径对脆性转变温度的影响，图中可见，晶粒越细小，珠光体量越少，钢的脆性转变温度越低。

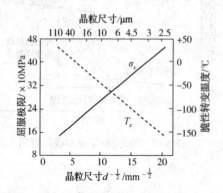

图 5-8　铁素体晶粒尺寸对屈服极限和冲击转变温度的影响（0.1%C、0.5%Mn、0.2%Si、0.006%N）

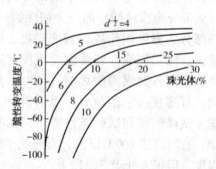

图 5-9　控制轧制 0.8%Mn 低碳结构钢的珠光体量，铁素体晶粒直径对脆性转变温度的影响

5.1.3.3　Nb、V、Ti 等合金元素的作用

铌、钒、钛等合金元素皆与碳、氮有极强的亲和力，能够形成极为稳定的碳氮化物。

在钢中都有细化晶粒、提高晶粒粗化温度的作用，并对强度和韧性也各自有其不同的影响，主要有以下几点。

（1）延迟再结晶和阻碍再结晶后的晶粒长大

铌对再结晶的抑制作用甚为明显。在 γ 区域内进行热加工时，将会产生应变诱起析出，如析出 NbC、V_4C_3 等，这种析出可在受到热加工的 γ 晶界、亚晶界上进行。由于这种析出而使再结晶受到延迟。

（2）细化晶粒，提高晶粒粗化温度

Nb、V 等合金元素皆有细化晶粒和提高晶粒粗化温度的良好作用(与控制轧制结合)。

（3）产生析出硬化

如前所述，在钢中加入 Nb、V、Ti 等合金元素后皆可形成碳氮化物。其所产生的强化作用与析出碳化物质点的大小有关。当析出物微细而阻碍位错运动时，可使金属的强度提高。

综上所述，在钢中加入 Nb、V、Ti 等合金元素，由于形成碳氮化物提高了材料的强度；由于细化晶粒也起到提高强度和韧性的作用。

5.1.4 控制轧制的概念

控制轧制是指从轧前的加热到最后轧制道次结束为止的整个轧制过程实现最佳控制，以使钢材获得预期良好性能的轧制方法。控制轧制的四个阶段：

5.1.4.1 奥氏体 γ 再结晶区轧制（≥950℃）

在高温轧制后急速进行再结晶。在这个阶段将由于加热发生粗化的初期晶粒（200～500μm）通过反复轧制–再结晶进行细化，这是再结晶区轧制的主要目的，～950℃以上的温度范围属于这个区域。

然而，通过再结晶区的轧制不能使再结晶 γ 晶粒直径得到无限地减小，并存在其决定于化学成分和初期晶粒直径的极限值。再结晶区轧制是通过再结晶进行 γ 晶粒细化处理，从这种意义上说，是控制轧制的准备阶段。通常的热轧工序在这个再结晶区轧制终了。

5.1.4.2 奥氏体 γ 未再结晶区轧制（950℃～A_{r3}）

在 γ 温度区间，当轧制温度降低到950℃以下时，γ 的再结晶被抑制。此时，随着压下量的增加，γ 晶粒伸长，同时晶粒内产生大量变形带。γ/α 相变时在 γ 晶粒界和变形带上都同等地产生 α 晶核，α 的形核点增多，α 晶粒进一步细化。因此，在 γ 未再结晶区进行轧制时由于变形带的产生，实质上是分解了 γ 晶粒。

5.1.4.3 （$\gamma+\alpha$）两相区轧制（≤A_{r3}）

在 A_{r3} 点以下的（$\gamma+\alpha$）双相区轧制时，未相变的 γ 晶粒更加伸长，在晶粒内形成变形带，另一方面，相变后的 α 晶粒在受压下时在晶粒内形成亚结构。在轧后的冷却过程中前者发生相变变成了微细的多边化晶粒，而后者因处于回复状态，变成内部包含亚晶粒的 α 晶粒。

双相区轧制材料具有大倾角晶粒和亚晶粒的混合组织。这种包含亚晶粒的混合组织可使强度增大。亚晶粒的形成也有使脆性转变温度下降的效果。

5.1.4.4 铁素体区轧制

铁素体区轧制技术即相变控制轧制，又称低温热机械控制，是近几年发展起来的一种新的轧制工艺。这一新技术，可以生产出高延伸率的带卷，并具有成本低、生产率高、产品质量高等优点，已经成为热轧带钢生产工艺的一个重要发展方向。

铁素体区轧制工艺则要求粗轧在尽量低的温度下使奥氏体发生变形,以增加铁素体的形核率,精轧则在铁素体区进行,随后采用较高的卷取温度,以得到粗晶粒铁素体组织,降低热轧带钢的硬度。

控制轧制具有常规轧制方法所不具备的突出优点。许多试验资料表明,用控制轧制方法生产的钢材其强度与韧性等综合性能不仅比常规的热轧后的钢材为好,而且也比某些经过常规热处理的钢材为好(表5-1)。

表 5-1　36CrSi 钢经控轧控冷工艺和一般轧制工艺后的力学性能比较

力学性能	σ_b/MPa	$\sigma_{0.2}$/MPa	δ/%	φ/%	a_K/J	HRC
控轧控冷工艺	1000~1030	785~835	12~14	38~46	48~60	81
一般轧制工艺	800~850	600~640	8	40~42	32~36	—

5.1.5　轧制工艺的控制

轧制工艺参数主要包含:①温度参数(加热温度、轧制温度、冷却开始和终了温度);②速度参数(变形速度、冷却速度);③变形程度参数(总变形程度、道次变形程度(特别是终轧道次变形程度);④时间参数(道次间的间隙时间、变形终了到开始急冷的时间)。

5.1.5.1　变形温度的控制

钢在轧前进行加热时可进行碳氮化物(或氮化物)的溶解和奥氏体晶粒的长大两个过程。奥氏体晶粒的尺寸决定于剩余相质点的溶解度,在碳氮化物(或氮化物)相完全溶入固溶体的温度下,奥氏体晶粒开始急剧长大。从单独地或同时加入钒和铌的钢(0.08%C,1.4%Mn)的奥氏体晶粒尺寸变化史看出,在所有的加热条件下(图5-10),上述合金元素的钢加入钒后使晶粒变细,加入铌时作用更大;同时加入钒和铌的钢,其晶粒最细。可认为,碳氮化物质点起着阻碍奥氏体晶界的移动或者合并的作用。当这些相溶入固溶体时,其影响便消失。

因此,轧前奥氏体晶粒尺寸主要决定于加热温度和形成碳化物的微量合金元素的含量。从图5-10中还看出,加热温度(奥氏体化温度)对空冷钢铁素体晶粒尺寸也有影响。当轧前加热温度由1200℃降至1050℃时,铁素体晶粒细化了0.5~1级。这样,降低轧前加热温度,可以促进轧制前后组织的细化,改善钢的强韧性。

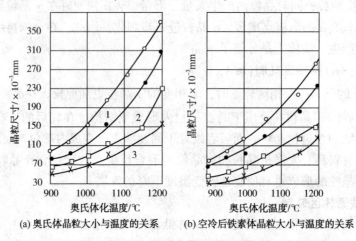

(a) 奥氏体晶粒大小与温度的关系　　(b) 空冷后铁素体晶粒大小与温度的关系

图 5-10　晶粒大小与温度关系

1—0.05%V; 2—0.04Nb; 3—0.04Nb+0.06V

5.1.5.2 终轧温度的控制

随着终轧温度的降低,所有钢的屈服极限都升高[图 5-11(b)]。这是由于获得了比较细小的铁素体晶粒的结果。随着终轧温度由 950℃ 下降至 800℃ 左右时,脆性转变温度也下降。但终轧温度进一步下降到 700℃ 时,脆性转变温度反而升高[图 5-11(c)]。很显然,在轧制过程中所形成的铁素体本身产生了变形,且再结晶不完全,从而使抗冲击能力下降。在 700℃ 终轧后所出现的铁素体中产生了亚结构。

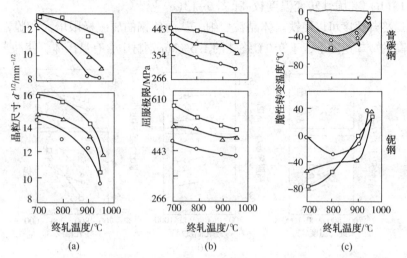

图 5-11 终轧温度对铁素体晶粒度和力学性能的影响
○—0.5%Mn; △—1.0%Mn; □—1.5%Mn

5.1.5.3 变形程度的控制

在控制轧制过程中,一般随变形程度的增加,晶粒变细,从而使钢材的强度升高,脆性转变温度下降。图 5-12 示出 Irvine 等对含 0.17%C 和 0.5%M 的普碳钢和铌细晶粒钢进行研究的结果。所采取的变形程度为 36%~87%,终轧温度为 800℃。

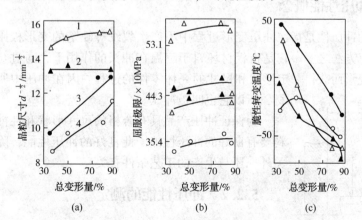

图 5-12 总变形量对钢材晶粒尺寸和力学性能的影响
1—0.17%C-1.5%Mn-Nb; 2—0.17%C-1.5%Mn; 3—0.17%C-0.5%Mn-Nb; 4—0.17%C-0.5%Mn

在含 0.5%Mn 的钢中,随变形程度的增加,铁素体晶粒变细。铌钢的晶粒始终要比普碳钢更细些。在含 1.5%Mn 的钢中,此现象不明显。其他力学性能的变化与晶粒度的变化有密切关系。屈服极限随变形程度的增大和晶粒的变细而增大。对脆性转变温度的影响，则是随变形程度的增大和晶粒的变细，脆性转变温急剧下降。这就是说，细晶粒对抗冲击能力的有利效应是非常大的，超过对屈服极限的提高。

5.1.5.4 冷却速度的控制

轧后的冷却速度对钢材的强韧性能有明显的影响。图 5-13 示出冷却对钢材力学性能及晶粒大小的影响。冷却速度较低时，铁素体晶粒粗大[图 5-13（a）]。于此相对应屈服极限较小[图 5-13（b）]和脆性转变温度较高[图 5-13（c）]。

提高轧后冷却速度可以使铁素体晶粒变细，从而使钢的屈服极限增大和脆性转变温度下降。但在过高的冷却速度下，于950℃终轧的1.5%Mn钢材中含有贝氏体，使冲击韧性恶化。

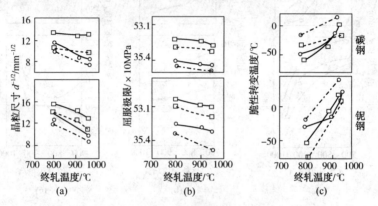

图 5-13　冷却速度对铁素体晶粒尺寸及力学性能的影响

〇—0.5Mn；□—1.5Mn；——直径为19.05mm棒材空冷；------直径为101.6~127mm棒材空冷

5.2　冲压性能及性能控制

5.2.1　冲压性能概念

金属板料的冲压性是指在冲压变形过程中不产生裂纹等缺陷的变形极限。冲压或拉延是金属压力加工方法之一。它是指板材坯料于室温在冲头的作用下，通过与冲头相配合的模孔，靠塑性变形而获得一定形状和尺寸的壳体零件的过程。因在冲压中所用的原料为板材，所以它也叫板冲压。

为保证冲压产品具有合格的尺寸形状和性能，必须要求板料要有良好的冲压性能。此良好的冲压性能，除与材料本身有关外，还与生产的工艺条件有关。

5.2.2　冲压性能的测定

5.2.2.1　杯突法

杯突法也叫艾利克森试验法。它是在艾利克森试验机上进行的。这种方法一般适用于厚度等于或小于2mm的板材和带材，但必要时亦可用以试验厚度为2~4mm的板材和带材。试验时（图5-14），将规定的钢球或球状顶头向压紧在规定压模内

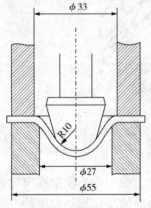

图 5-14　杯突试验

110

的试样加以压力,直到产生裂纹为止。此时所压入的深度值(mm),即为金属的杯突深度,也叫杯突值。杯突值越大,冲压性能越好。

5.2.2.2 杯形件深冲法

杯形件深冲试验是用所规定尺寸的冲头和模孔,把不同直径的圆形板料一次冲成圆杯形件,测出未发生破裂的最大圆板料的外径 D,求出此最大圆板料外径 D 与冲头直径 d 之比 D/d。此 D/d 叫极限冲压比(图5-15)。

极限冲限比越大,说明板料外缘沿环向所受的压缩变形就越大,因而杯壁(或杯底)所能受的拉应力就越大,冲压性能就越好。此试验方法适用于深冲的变形条件。

5.2.2.3 锥形杯法

锥形杯试验(图5-16),是用所规定尺寸的球形冲头把一定尺寸的圆板料压入规定尺寸的锥形模孔内,直到产生裂缝为止,测量产生破裂时的锥形杯口外径 D(mm),称此 D 为锥形值。

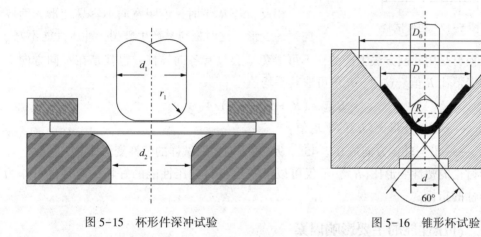

图5-15　杯形件深冲试验　　　　　　图5-16　锥形杯试验

当圆板料、冲头和模孔的尺寸一定时,D 越小或锥形值越小,说明板料外缘所受的压缩变形和冲头压入深度也就越大,因而冲压性能也就越好。此试验方法应用较广。但对容易出现皱褶的较薄的板料(<0.4mm),用此方法比较困难。

5.2.2.4 拉伸试验法

通过拉伸试验可以测出材料屈服极限 σ_s,强度极限 σ_b,屈服点延伸和延伸率等。从而可以确定材料的屈强比 σ_s/σ_b。根据真应力-应变曲线方程 $\sigma = \varepsilon^n$ 或其他方法可以确定加工硬化系数 n。这些指标都可以在不同程度上反映出材料冲压性能的好坏。

屈强比 σ_s/σ_b 可以粗略地反映金属材料加工硬化的大小。当 σ_s/σ_b 小时,也就是 σ_s 小,σ_b 大时,说明材料的加工硬化大。这样,冲压变形时,板料外缘压缩变形所需的力就小,在变形过程中形成的壳体又不易破坏。说明 σ_s/σ_b 小时,冲压性能好。实践上也表明,当加工硬化系数 n 大时,材料就不易出现缩颈,冲压性好。

关于延伸率和屈服点延伸对冲压性能的影响:延伸率大时,说明材料在冲压时,可经受较大的塑性变形,对冲压有利。而屈服点延伸的增大,会使冲压件的表面上出现明显的吕德斯带,使产品的表面质量下降。

5.2.2.5 塑性变形比

为确定材料的冲压性能,在实践中经常用板料的宽度和厚度方向上产生塑性变形的比

111

值 R 的大小米确定。其试验方法是(图5-17),将板材试样在拉伸试验机上使之产生15% ~ 20%的拉伸变形,然后根据其变形前后所测定的尺寸,按下式计算:

$$R = \frac{\varepsilon_b}{\varepsilon_h} = \frac{\ln \dfrac{B_0}{B_1}}{\ln \dfrac{H}{h}} = \frac{\ln \dfrac{B_0}{B_1}}{\ln \dfrac{B_1 L_1}{B_0 L_0}}$$

式中　H、B_0、L_0——试样的原始厚度、宽度和标距长度;

　　　h、B_1、L_1——经15% ~ 20%拉伸变形后的试样厚度、宽度和标距长度。

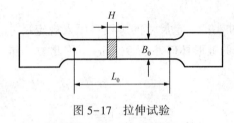

图5-17　拉伸试验

若在试验中所规定的变形比 $R > 1$ 时,则说明,板料在宽向容易变形,而在厚向不容易变形。这样,板料在冲压过程中以板面方向的变形来抵抗破裂,表明冲压性能好。

相反,若 $R < 1$ 时,说明宽向不容易变形,而厚向容易变形,这时板料易产生破裂,冲压性能不好。

因冲压板材是用轧制方法生产的,不可避免地会具有各向异性,也就是在不同方向上具有不同的变形比 R 值。这时,R 值可取其平均值。

$$R_{平均} = (R_0 + 2R_{45} + R_{90})/4$$

式中　　$R_{平均}$——塑性变形比(R)的平均值;

R_0、R_{45}、R_{90}——沿与轧制方向成0°、45°、90°角方向截取试样的塑性变形比。

上面所讨论的塑性变形比(R),不仅可以反映出板材冲压性能的好坏,而且也可作为板材各向异性的指标。

5.2.3　冲压性能的主要影响因素

5.2.3.1　晶粒大小、形状和织构的影响

(1)晶粒大小的影响

金属的晶粒大小和形状对板材的冲压性能有相当重要的影响。当晶粒尺寸增大时,屈服极限降低,屈强比 σ_s/σ_b 也随着减小。可见,晶粒尺寸增大时、可使板材的冲压性能提高。从另一方面来看,晶粒粗大会引起冲压制品的表面出现橘皮状。此外,晶粒过粗,杂质会因晶粒间界的相对减少而集中,也会使金属的变脆的倾向性增大。所以晶粒尺寸一般认为以6 ~ 8级为宜。

(2)晶粒形状的影响

晶粒形状对金属冲压性能有甚为明显的影响。大量实验证明,具有饼形晶粒的板材其冲压性能比具有等轴晶粒的好得多(表5-2)。

关于饼形晶粒的冲压性能一般均比等轴晶粒为佳的原因,过去有人认为,可能是由于沿钢板厚度方向,饼形晶粒的晶界面积比等轴晶粒的大,使之沿厚度方向更难变薄的结果。可是,在生产实践中曾发现,有的铜板虽有饼形晶粒,但其冲压性能也并不好。

研究证明,只有{111}晶面平行板面的再结晶晶粒才具备高的塑性变形比(R)值,即良好的冲压性能。这种再结晶织构,在一般情况下多以饼形晶粒出现。

表 5-2　晶粒形状与冲压性能的关系

冲压件名称	晶粒形状与晶粒级别	试冲张数	废品数	冲废率/%
仪表板	饼形 6~7 级	100	1	1.0
		66	1	1.53
		28	0	0
		99	0	
	等轴 6、7、8 级	20	2	10

（3）织构的影响

板材冲压性能的好坏是与织构有密切关系的。实验证明，与板面平行的｛111｝晶面越多，R 值就越大，深冲性能就越好，而与板面平行的｛100｝晶面越多，R 值就越小，深冲性能就越坏。可见，在<111>方向不易产生塑性变形，而在<100>方向容易产生塑性变形。

又因<111>方向与｛111｝晶面垂直，则当｛111｝晶面与板面平行时，在厚度方向上就不容易变形，也就是 R 值变大。同样，因<100>方向垂直于｛100｝晶面，若｛100｝晶面与板面平行，则在厚度方向上就容易产生变形，R 值就小。

因此，为提高板材的深冲性能，应设法增加平行于板面的｛111｝织构，减少平行于板面的｛100｝织构。

5.2.3.2　夹杂物的影响

夹杂物的类型、状态以及分布对冲压性能产生影响。

（1）铝镇静钢中 AlN 在一定条件下提高冲压性能。

原因为：

① 在铝镇静钢中存在有由 Al 和钢中的 N 相结合而形成的夹杂物 AlN。AlN 在高温下溶于奥氏体内，冷却时在不同的温度下，以不同的速度析出。若加热后快速冷却，使固溶体中的 Al 和 N 来不及以 AlN 的形式析出，便以过饱和的状态存于铁素体内。在冷轧后晶粒被拉长，AlN 在之后的退火的加热过程中析出，平行排列在冷轧纤维结构之间。当再结晶时，由于沿轧向平行排列的 AlN 阻碍了晶粒沿厚度方向长大而使晶粒成为拉长的薄饼形状。

② AlN 能够减少钢中自由 N 的浓度，使之对位错的钉扎作用减小或消除。使屈服极限下降，有利于板材冲压的进行。

（2）硫化物、碳化物降低冲压性能

在钢中往往也存在着如硫化物、碳化物等不利的夹杂物。在轧制中被拉长的硫化物危害极大。碳化物也常为造成冲压开裂的原因。同时由于夹杂物的影响而产生的带状组织也不允许超过规定。

（3）沸腾钢中偏析、夹杂物、带状组织的影响

在沸腾钢中，由于偏析大、夹杂物多、带状组织严重，造成钢板中部和边部间的冲压性能差别较大。而在镇静钢中则不同，其偏析较轻，使钢板的中部和边部的冲压性能差别较小。但钢板的表面质量相反，沸腾钢的表面质量较好，而镇静钢的表面质量较差。

5.2.3.3　形变时效的影响

形变时效对钢板，特别是对不用铝脱氧的沸腾钢板的冲压过程有着重要的影响。在生

产实践中，钢板进行平整后，一般不可能马上进行冲压。在存放和运输过程中，有时要发生形变时效，使其屈服点延伸增大，产生屈服平台。当用这种具有屈服平台的钢板进行冲压时，在冲压件的表面上会形成所谓的"吕德斯带"，使冲压件的表面质量下降。同时，由于形变时效的结果，也会使屈服极限升高，杯突值下降等。

形变时效是碳或氮原子向位错中扩散而形成了"柯氏气团"所引起的现象。显然，如果钢中有某种元素能与其中的碳或氮结合成稳定的化合物，就应该能够免除或减轻形变时效。实践证明，用铝作镇静剂的钢要比沸腾钢的时效倾向小得多。08Al 的形变时效不明显，可能就是由于铝和钢中的氮作用而形成 AlN 的结果。

5.2.4 轧制工艺的控制

目前对质量要求很高的深冲和重深冲板材，通常是用铝镇静钢为原料。铝镇静钢板材大多是用在汽车制造上。为使钢的屈服极限下降和延伸率增加，必须降低含碳量。一般规定，含碳量在 0.08% 以下。铝的含量应能保证形成适量的 AlN，其值可取 0.02% ~ 0.07%。下面以 08Al 铝镇静钢为例讨论冲压性能的控制。

08Al 镇静钢的良好冲压性能的获得正是由于在钢中具有饼形的晶粒。而这种晶粒又是 AlN 在适当时机，以适当的形态析出的结果。这样，在研究对冲压性能的控制时，必须以获得和控制 AlN 为主要出发点来进行。

5.2.4.1 热轧工艺的控制

① 板坯在加热时，必须有相当高的加热温度和相当长的加热时间，以便使 AlN 充分地溶解在固溶体内。

② 在生产中要求轧制温度要尽量高些，轧后要进行浇水急冷，其目的是防止 AlN 从热轧板中析出。某厂规定，对成品厚度为 2.0mm 的带材，其终轧温度应 ≥840℃，并要求带材轧出立即喷水，进行均匀冷却。

③ 热轧带材的卷取温度要低。因成卷后冷却速度减慢，若卷取温度较高就会导致 AlN 的析出，不利于饼形晶粒的最后形成。一般认为热轧带卷取温度应 ≤620℃。

5.2.4.2 冷轧工艺的控制

① 在实践中发现：保证饼形晶粒形成且便于冲压的冷轧总压下量必须大于 30%，小于 65%。

② 再结晶退火是使成品板材具有饼形晶粒的重要环节。再结晶之前就应使 AlN 沿已变形的晶粒边界或沿滑移带析出。为此：

a. 加热时要缓慢升温或在再结晶尚未进行的较低温度给一定的保温时间。

b. 然后再升至一定温度进行再结晶退火。

c. 再结晶退火后缓慢冷却。

如 08Al 镇静钢的再结晶退火制度可为：550℃保温 10h，再以每小时 30 ~ 50℃的速度升温至 690℃，保温 16h，然后缓慢冷却至 550℃，吊去外罩，再冷至 160℃出炉。

退火后经平整的钢板，进行冲压时，在冲压件的表面上能避免出现吕德斯带。平整压下率在 1% 左右比较合适。

5.3 热强性能及性能控制

5.3.1 热强性能的概念

所谓热强性能是指材料在高温和外加载荷(短期或长期)的同时作用下,抵抗塑性变形和破坏的能力。

高温合金、耐热钢等热强金属材料是现代航空发动机、舰艇燃气轮机、火箭发动机以及原子能、石油化工等各方面所必需的金属材料。热强性能是热强金属材料的重要指标。热强金属材料在使用过程中要承受一种或多种形式的应力作用,要求它在使用中首先要有抵抗塑性变形和断裂的能力。热强与使用温度关系密切,与承受载荷的时间长短有关。但是室温下的性能不能完全代表高温下的性能,而且短时间条件的性能也不能完全代表长时间条件下的性能。

衡量热强性的指标有高温蠕变极限(高温、小应力、长时间)、高温持久极限(高温、长时间、断裂)、高温疲劳极限(高温、周期应力)、高温下的屈服极限和高温下的强度极限(高温、短时、拉伸性能)。

5.3.2 热强性能的主要影响因素

5.3.2.1 温度的高低对热强性能的影响

温度越高,材料的热强性能越差。并且随着温度由低到高,材料遭到破坏的机理也不同。在低温时,晶粒越细小,金属的强度越大。但在高温下情况却有所不同。由于蠕变现象的出现,使晶界结构对强度的影响更加突出出来。

在高温和应力的作用下,晶界的行为主要表现在两个方面:

① 原子或空位以较大的速度进行扩散,使晶界变成薄弱环节;

② 晶粒沿晶界产生黏滞性流动,使蠕变加速。

因此,随温度的升高,晶界强化作用显著减小。

晶粒和晶界强度对温度和变形速度有不同的敏感性。如图5-18所示,在某一变形速度 ε_1 下,随着温度的升高。晶粒和晶界强度下降,但由于二者下降速度的不同,晶粒和晶界的强度变化曲线将相交于一点,此点所对应的温度(如 T_1)称为等强温度。在等强温度以下,晶界强度大于晶粒强度,变形主要在晶粒内进行,断裂形式为穿晶断裂,而在等强温度以上,形变主要发生在晶界,断裂为沿晶形式。当变形速度减慢时,晶粒强度变化很小,甚至没有变化,但晶界强度则由于变形速度的减小(易产生黏性流动)而降低。这时,等强温度便由原来的 T_1 降到 T_2。

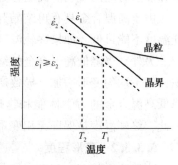

图 5-18　等强度曲线

5.3.2.2 晶粒大小的影响

在等强温度以上的高温条件下,晶粒越粗,单位体积内晶粒数目越少,晶界面积相对减少,容易产生断裂的地方越少,热强性能也就越高。相反,在等强温度以下,晶粒越细,晶界面积相对增多,因而细晶粒材料的强度高。

因此，为提高热强材料的热强性能，采用粗晶材料比细晶材料为佳。

但粗晶粒材料也有不利的一面，粗晶材料的塑性低，抗疲劳能力差，工作中容易疲劳裂纹。此外，粗晶粒高温合金的抗氧化和抗腐蚀性能也比细晶材料差。这和杂质分布有关，当杂质数量一定时，在晶界少的粗晶粒组织中沿晶界上分布的夹杂比较集中。相反，细晶粒组织，由于晶界较多，杂质分布较均匀，其抗氧化和抗腐蚀的能力就要大些。

综上，对具体合金究竟采用何种晶粒度级别，主要看工作条件及其对合金性能的要求而定。

5.3.2.3 晶粒不均匀的影响

不均匀的晶粒组织对合金的性能也有重要的影响。当晶粒大小不同时，其塑性和抗力也就不同，在承受载荷时就会造成变形不均，使材料过早的断裂。使材料的热强性下降。

各钢种由于化学成分和生产条件的不同，所产生的晶粒不均也有差异。如 GH33 等合金的棒材中，晶粒的不均匀现象有以下几种情况：有中间晶粒粗大两侧均匀；一侧边缘晶粒粗大而另一侧均匀；两侧粗大中间细小而均；个别大晶粒等。

此外，晶粒的带状组织也是晶粒不均的表现。曾发现，在比较粗大晶粒(0~4 级)基体上有 5~8 级的细小晶粒成条带分布，也有的成分散分布。晶粒的带状组织也同样会使材料的高温性能(如持久性能)下降。

在晶粒大小不均匀的情况下，裂纹将沿大小晶粒的交界处伸展。可见，在生产中保证材料得到均匀而又合乎要求的晶粒粒度是提高材料使用性能的一个重要方面。

5.3.3 轧制工艺的控制

影响高温合金晶粒度的主要因素是晶界处的析出相、热加工工艺和热处理制度。现仅从加工工艺和热处理的角度加以讨论。

5.3.3.1 变形温度

从图 5-10 中看出，为使材料具有适宜的晶粒度，必须对各因素进行综合控制。变形前的原始晶粒越大，再结晶后所形成的晶粒也越大，而原始晶粒度又直接受到原料的加热温度和加热时间的影响。高温合金，因其晶粒在高温下长大的倾向性较大，更应注意。

由于高温合金具有再结晶开始温度高，再结晶速度低和硬化倾向大的特点，决定了终轧温度不能过低。如果终轧温度过低，再结晶进行的不完全，则所获得的合金组织就不均匀。另外，当降低高温合金的终轧温度时，由于强化相的析出，使合金出现明显的多相组织，使不均匀变形增加，导致产生晶粒大小不等的带状组织和高的残余应力，这也会大大降低高温合金的力学性能和物理性能。但是，终轧温度也不能太高，以免引起晶粒粗大。因此，终轧温度是保证无相变重结晶的高温合金获得所需组织的重要因素。

5.3.3.2 变形程度

为使合金具有一定大小的晶粒度，必须给以相应的变形程度。但在具体确定变形程度的大小时，应避开临界变形程度值。

例如，CrNi77TiAlB 合金对临界变形极为敏感，其临界变形程度为 2%~18%。在生产该合金的 $\phi26$ 棒材中，最后的四道次的变形程度(指断面收缩率)，从成品向前依次取 18%、18.6%、22.4%、20% 时，便满足了足够的变形量，使轧材经固溶处理后得到 0~4 级的均匀晶粒组织。

此外，在生产过程中应采取措施使变形在变形物体内均匀分布，否则将会造成晶粒大小不均。

5.3.3.3 变形速度

变形速度对再结晶过程的影响是与参加剪切变形的滑移面的多少和软化过程的不同有关。当变形速度低时(压力机锻造)，因在切变形中有大量的滑移面产生，再结晶后使再结晶图5-19中曲线的最大值降低。而在高速下(锻锤锻造)，则因滑移面的减少使晶粒变得粗大。

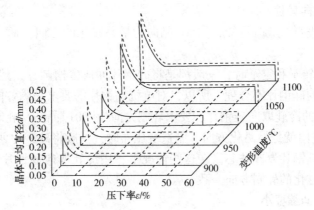

图5-19　热变形后CrNi77TiAl合金再结晶图

虚线—锻锤锻造；实线—压力机锻造

5.3.3.4 固溶处理

固溶处理温度对晶粒度有很大影响。各种高温合金都存在着晶粒开始迅速长大的临界温度。若选择的固溶处理温度高于临界温度时，将导致晶粒粗化，可超出0~4级的晶粒度要求；若选择温度过低，则对溶解 γ 相和碳化物不利，以致影响时效强化的效果。

所以，对每一种合金，都应存在使该合金的性能最佳的固溶处理温度。

5.3.3.5 形变热处理

形变热处理对提高高温合金的热强性能也有明显的效果。这是因为，合金经塑性变形与热处理的联合作用后，组织结构发生了相应的变化。例如 Ni-Cr 型高温合金中形变热处理细化了晶粒，形成了大量的亚晶，促进了强化相的弥散析出。

另外，在有的合金中发现晶粒边界成锯齿形状等。这样就使合金的屈服极限、疲劳极限以及中等温度的持久极限得到改善，缺口敏感性消除。例如 GH33 合金，采用形变热处理(加热1080℃，保温8h，轧制压下率为50%，然后淬火，并在700℃进行16h的时效处理)后与标准热处理相比，瞬时拉伸强度在500℃、600℃、700℃均有提高，持久极限在550℃、650℃均有提高。

5.4 电磁性能及性能控制

5.4.1 对电磁性能的要求

5.4.1.1 磁感应强度高、磁导率要高

硅钢片是用来制造变压器和电机铁芯的材料。铁芯的磁化是靠绕在上面的线圈通电后所产生的磁场来实现。这样，对一定的外磁场强度来说，所产生的磁感应强度的高低即可

表明铁芯磁化的难易。磁感应强度越高，越易磁化。磁感应强度乃为考核硅钢片质量高低的重要指标之一。

5.4.1.2　铁芯损失要小

铁芯损失简称铁损，它是指单位质量硅钢片在交变磁场下的功率损耗。铁损小时，变压器的体积减小，冷却条件简化，可节省原材料和电能。在铁损中包括有磁滞损耗、涡流损耗和剩余损耗。铁损也是衡量硅钢片质量的一项重要指标。铁损常用符号 P 来表示。

5.4.1.3　磁各向异性

用铁硅单晶体进行试验时得知，[100]晶向为最易磁化的方向，而[111]晶向为最难磁化方向。

① 在制造电机转子和定子时，一般都是将硅钢片冲成多槽圆片，然后把这些圆片叠成铁芯，采用有取向的硅钢片不合理。所以，对电机硅钢片的要求是磁各向异性越小越好。

② 作变压器用的冷轧取向硅钢片，要求轧制方向为[001]晶向，轧制面为(001)晶面或(011)晶面。这时轧向就是易磁化方向。制造变压器时，一般将硅钢片剪成片条，再叠成方形铁芯，也有时用硅钢片卷成铁芯。在这些情况下，用冷轧取向硅钢片（或带钢）可保证铁芯的磁化方向与易磁化的轧制方向一致。

5.4.1.4　磁致伸缩要小

当硅钢片类软磁材料磁化时，试样在长度方向、宽度方向上尺寸发生变化，即发生伸缩现象。此伸缩现象称为磁致伸缩。变压器铁芯在工作时发出的嗡嗡的噪声主要与此有关，要求磁致伸缩越小越好。

5.4.1.5　良好的表面质量和均匀的厚度

硅钢片的表面质量良好和厚度均匀可提高铁芯的填充系数（即一垛硅钢片的实际体积与理论体积之比）。填充系数提高 1%，相当于铁损降低 2%，磁感应强度提高 1%。

用表面不平或厚度不均的冲片制成的铁芯，当螺丝拧紧时，凸出的接触部分会产生很大的应力而使磁性下降。厚度不均时，噪声增大，电机振动增大。

除此之外，还要求硅钢片的冲剪性能良好，及在表面涂有良好的绝缘层。

5.4.2　电磁性能的主要影响因素

5.4.2.1　晶粒大小的影响

硅钢片的晶粒大小是指退火后铁素体晶粒的大小而言。一般认为，硅钢片的晶粒越大，磁性越好。

① 晶粒粗大会使总的晶粒边界减少。这样，就减少了由于夹杂的存在，晶粒的混乱、位错、空穴等缺陷的聚集而造成磁阻较大的现象。所以，晶粒增大，晶界减少，磁阻降低。从而使矫顽力和磁滞损耗减少。

如图 5-20 所示为含 4%Si 的硅钢片的晶粒大小与磁滞损耗的关系。由图可见，晶粒越大，磁滞损耗也越小，且成直线关系。

② 晶粒增大，也存在不利的一面，也就是会使涡流损耗增加。这是因为，晶粒增大时，晶界相对减少，使涡流回路电阻减小。

③ 晶粒尺寸增大时，磁畴尺寸也增大，使磁畴在移动和转动时的困难增大，使铁损增加。这样，在讨论晶粒大小对磁性影响时，必须对上述有利因素和不利因素进行综合考虑。有的认为，对于成分、厚度、织构基本一定的 0.35mm 的硅钢片，晶粒直径为 1~1.5mm 时

其铁损值急剧下降，而晶粒尺寸大于上述数值时，铁损反而增加(图5-21)。

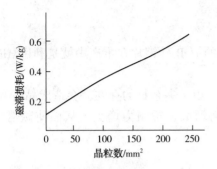

图5-20 硅钢片的晶粒大小与
磁滞损耗的关系

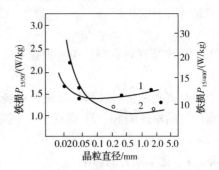

图5-21 硅钢片的晶粒尺寸与铁损的关系
1—400Hz；2—50Hz

5.4.2.2 晶粒取向的影响

硅钢的组织是由体心立方的α-Fe固溶体的晶粒所组成。其磁性能沿各晶向方向不同。有的方向的磁性最优，称为易磁化方向，而又有的方向磁性最差，称为难磁化方向。[100]方向磁性最好，[111]方向磁性最差，而[110]方向居于其间。在高斯织构中，易磁化的[100]方向平行于轧制方向，(110)晶面平行于轧面。在立方织构中，[100]方向平行于轧向，(001)晶面平行于轧面。

5.4.2.3 夹杂物的影响

硅钢中的非金属夹杂物对硅钢片的磁性和成品的织构的形成有很大影响。为区别非金属夹杂物对磁性和成品织构形成的影响，可把非金属夹杂物，人为地区分为有利夹杂和有害夹杂两种。有利夹杂物一般为非稳定夹杂物，有害夹杂物一般为稳定夹杂物。

钢中的夹杂物一般都是非磁性或弱磁性的。由于夹杂物的存在，会造成晶格畸变，位错、空位等晶格缺陷和产生内应力，使磁化阻力增大，矫顽力增大，从而使磁滞损耗增加。夹杂物的影响程度与其数量、形状和弥散程度有关，夹杂物越细小影响程度越大。

作为有利夹杂物需具备以下两个主要条件：

① 能够强烈地阻止初次再结晶晶粒的正常长大，并其质点细小而又弥散均匀分布；

② 在二次再结晶温度范围(820~1000℃)，有利夹杂应聚集，并随温度的升高而溶解，促使二次再结晶晶粒非连续性突然长大，并能在高温下(高温成品退火)除掉。

有利夹杂物主要有：

（1）MnS

利用MnS作有利夹杂的历史很久，而且应用的也最普遍。如一定数量的MnS在钢中能够均布的弥散析出，以限制初次再结晶晶粒的正常长大，而能让作为二次再结晶晶核的(110)[001]晶粒得到优先的长大。当温度升高到某一定温度后，这些夹杂物便突然溶解或聚集而进行二次再结晶，使(110)[001]取向的一些个别大晶粒吞并周围的初次再结晶的小晶粒而长大，获得(110)[001]织构。二次再结晶后，这些夹杂物已完成了它的有利作用，并在更高的温度下，由于退火气氛H_2的作用而将S和N除掉或在高温下使这些夹杂物聚集成更大的颗粒而减少其有害的影响。

但其缺点是：

① 热轧时板坯加热温度要高(一般>1300℃)；

② 最终退火温度要高，时间要长，才能将硫脱掉；

③ 硫化物容易在氧化物夹杂附近聚集。因此氧化物必须少。并在钢中必须脱净，才能使硫化锰起到有利的作用。

（2）AlN

利用 AlN 作为有利夹杂是很有前途的。高磁感的 H_1B 硅钢片在生产中就是利用 AlN 作为有利夹杂。

钢中的有害夹杂物一般都是非磁性或弱磁性的。由于夹杂物的存在，会造成晶格畸变、位错、空位等晶格缺陷和产生内应力，使磁化阻力增大，矫顽力增大，从而使磁滞损耗增加。

5.4.2.4 化学成分的影响

（1）硅的影响

① 硅在铁碳平衡图中可以缩小 γ 区。当钢中的含碳量和含硅量适宜时，可使钢在加热和冷却中不发生相变，皆为铁素体组织，而使高温退火形成的织构不会在冷却时因相变而遭到破坏。这就使钢有条件进行高温退火。

② 硅加入铁中形成替代固溶体，对原子晶格发生畸变的影响较小，对脱碳和形成织构有利。

③ 硅是强烈促进石墨化的元素。它不仅不与碳化合形成稳定的化合物而且能使碳由对磁性有害的渗碳体凝聚成害处较小的石墨。

④ 硅在钢中可使电阻增加，降低涡流损耗。

⑤ 硅促使铁素体晶粒粗化，使矫顽力降低，降低晶体的各向异性，使磁化容易，磁滞损耗下降。

（2）铝的影响

铝在铁中的作用与硅相似。它使 γ 区缩小，使铁素体晶粒粗化。Fe-Al 合金具有高的电阻率，使涡流损耗降低。铝可使铁的磁感应强度降低，使材料变脆。如果在钢中存在颗粒细小的 Al_2O_3 时，对磁性的影响极坏。在生产取向冷轧硅钢片时，在硅钢中，生成一定数量和大小合适的 AlN，作为有利夹杂。

（3）碳的影响

碳在铁硅合金中是一种有害的元素。它在铁中以间隙固溶体状态存在，使晶格产生畸变，内应力增加。因而使磁导率降低，磁滞损耗增加。所以，一般在冶炼硅钢时的含碳量控制在 0.05%～0.08% 以下，经过以后退火时的再脱碳可使之降至 0.02% 以下。

（4）锰的影响

锰为扩大 γ 区元素，使硅钢片在加热和冷却中易发生相变。锰提高碳在铁中的溶解度，对脱碳不利。锰可使磁滞损耗增加，但由于增加了电阻率又使涡流损耗下降。硅钢中含有少量的锰能改善钢的塑性。此外，为了形成 MnS 有利夹杂必须有一定的含锰量。

（5）硫的影响

硫是硅钢中有害元素之一。它是间隙式原子，在体心立方晶格中引起晶格的歪扭，使内应力急剧增加。它对磁性能是极为有害的，使矫顽力和磁滞损耗增加，使磁感应强度下降，使晶粒变小。此外，由于低熔点的硫化铁存在于晶界上，可引起钢的热脆。但在生产冷轧取向硅钢片的过程中，应含有一定量的硫和锰，以生成 MnS 有利夹杂。

（6）磷的影响

磷的作用和硅相似，溶解于铁中为替代式固溶体。它能使 γ 区缩小，使晶粒粗大和钢

120

的电阻率升高。这样，磷可使矫顽力和磁滞损耗降低，使涡流损耗降低。磷增加钢的冷脆性，使冷加工困难。

（7）氮、氢、氧的影响

氮为扩大奥氏体的元素，成间隙式固溶于铁中，使矫顽力升高，磁导率降低。氮在钢中可与铝形成 AlN 有利夹杂，提高冷轧硅钢的取向度。

氢大都是间隙式溶于铁中，使矫顽力和铁损增加。

氧对硅钢片也是一个极为不利的因素。它像碳一样，剧烈地降低磁性，使铁芯损耗升高，磁导率和磁感应强度下降。

5.4.2.5　磁性材料的厚度

磁性材料的厚度，例如硅钢片的厚度，对材料的铁损有比较明显的影响。其他条件相同时，随着厚度的减小，涡流损耗降低。对于整块硅钢和叠片硅钢做的铁芯，由于叠片硅钢的每一片产生的感应电势较小，则叠片后的涡流要比整块时小得多。钢片的厚度越小，涡流就越小，因而涡流损失也越小。

硅钢片的厚度对磁滞损耗也有影响。由于硅钢片的变薄，在单位厚度的铁芯内的界面增多，使磁化阻力增加，矫顽力增大，因而也就使磁滞损耗升高。

因此要有适宜的厚度。

5.4.3　轧制工艺的控制

5.4.3.1　加热制度的控制

提高加热温度和延长加热时间对提高硅钢片的电磁性是有利的。原因如下：

① 高温加热和长时间保温可使有利夹杂充分固溶。而快速热轧和快速冷却又使有利夹杂析出的颗粒细小和分布均匀，对冷轧后初次再结晶晶粒的正常长大起到均匀阻碍作用。

② 使有害夹杂在高温聚集，例如氧化物夹杂经高温加热和长时间保温后，其尺寸为 $1 \sim 10\mu m$，而经一般的加热后小于 $1\mu m$。氧化物夹杂的尺寸越细小，分布越弥散对磁性越有害。

③ 减少钢锭中硅和其他夹杂的偏析观象。否则，偏析会产生不良的影响。例如 11.5t 的铸钢枝晶内的硅比其周围地区要低 $0.6\% \sim 0.7\%$。加热时，贫硅区会出现奥氏体，冷却时会发生相变而破坏织构和局部晶粒细化等。

④ 由于板坯加热温度的提高，势必导致终轧温度的升高。为了不使晶粒过分长大和 Fe_3C 的大块析出，应在终轧后立即将带钢迅速冷却到 $600 \sim 700℃$，进行低温卷取。

5.4.3.2　热轧制度的控制

在热连轧机上轧制取向板带卷时，沿带钢厚度方向上，表面层为等轴晶粒区，中心层为拉长的变形晶粒区。区域性晶粒组织各层的厚度与加工条件有关，图 5-22 为终轧温度、压下率与等轴晶区深度关系示意图。在工业生产条件下，最后一轧制道次的压下率由 $10\% \sim 15\%$ 提高到 $17\% \sim 20\%$ 时，等轴区加深。压下率增大到 $25\% \sim 30\%$ 时，等轴区深度几乎增加 1 倍。$65\% \sim 70\%$ 压下率时，表面层和中心层的晶粒尺寸差别达到最小值。

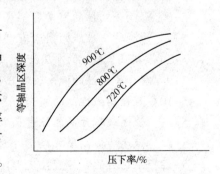

图 5-22　终轧温度、压下率与等轴晶区深度关系示意图

热轧板卷的卷取温度对最终产晶的磁性也有影响。卷取温度低的板卷比卷取温度高的板卷有更高的磁性。

5.4.3.3 冷轧制度的控制

为了形成(110)[001]二次再结晶织构，必须在冷轧带钢中存在(111)[112]取向的晶粒。因此，需对总压下率、道次压下率等因素加以控制。

在总压下率的影响中，一般认为第二次冷轧的总压下率对磁性的影响较大。实验指出，第二次冷轧总压下率以50%为好，成品(110)[001]取向度最高，铁损最低。当轧制道次减少和相应地增大道次压下率时，电磁性能为好。

退火以及涂绝缘层等对提高硅钢片的电磁性能也是极其重要的。

初退火的主要目的是使组织均匀化，因热轧板卷沿其断面上晶粒大小和分布是不均匀的。在初退火过程中，中心部位的拉长晶粒有足够的温度和充分的时间进行再结晶，产生等轴晶粒，使带材的中部和表面层晶粒达到均匀化。初退火也有脱碳作用。硅钢片经第一次和第二次冷轧后要分别进行中间退火和脱碳退火。前者的目的是发生初次再结晶，消除加工硬化，产生部分(110)[001]织构和进行脱碳；而后者的目的是脱碳和形成 SiO_2 薄膜。

冷轧取向硅钢片经涂隔离层(MgO)之后必须进行成品高温退火。其目的是：

① 完成二次再结晶，使成品获得高的取向度；

② 减少和去除钢中的夹杂或使之聚集；

③ 进一步脱碳和改变碳在钢中的状态，使碳石墨化。

拉伸平整退火的主要目的是消除高温退火后板卷产生的瓢曲和浪形等使钢带平直，降低磁致伸缩，改善磁织构，降低铁损，减小变压器噪声。

此外，必须在钢带上涂绝缘层以提高层间电阻和防锈耐蚀的能力。

复习思考题

5-1 在钢中含量甚微的 Nb、V、Ti 等元素在控制轧制工艺中起何作用？

5-2 对 C-Mn 钢和 Nb 钢，若提高其强韧性能，在控制热轧工艺参数方面各有何不同？为什么？

5-3 终轧温度对普通碳锰钢的力学性能有何影响？

5-4 金属的强化机制有哪些？

5-5 解释控制轧制、强韧性的概念。

5-6 影响强韧性的因素有哪些？

5-7 影响冲压性能的因素有哪些？进行解释。

5-8 要提高低碳钢的冲压性能，须得到{111}晶面与板面平行的织构，试说明其理由。

5-9 解释冲压性的概念。冲压性的测定方法有哪些？

5-10 解释热强性能的概念。影响热强性的因素？

5-11 试述硅钢片的晶粒过大或过小对其电磁性能有何不利影响，并说明原因。

5-12 试述为提高冷轧硅钢片的电磁性能在生产中应着重控制哪些技术环节。

5-13 用材料的宽厚塑性变形比 R 来衡量材料冲压性能的好坏有何优缺点。

6 金属塑性变形中的断裂

本章导读：本章要掌握断裂的概念、基本类型；掌握脆性断裂和韧性断裂概念、特点和机理；熟知韧性断裂扩展的主要影响因素和特点；掌握影响塑性–脆性转变的主要因素；了解锻造、轧制、挤压和拉拔时断裂的产生特点和产生原因。

在塑性加工生产中，尤其对塑性较差的材料，断裂常常是引起人们极为关注的问题。加工材料的表面和内部的裂纹，以至整体性的破坏皆会使成品率和生产率大大降低。为此，有必要了解断裂的物理本质及其规律，对于进步改善金属的塑性加工性能、有效地防止断裂，防止工件开裂是十分必要的。也是为了尽可能地发挥金属材料的潜在塑性。

6.1 断裂的物理本质

6.1.1 断裂的基本类型

金属的断裂是指金属材料在变形超过其塑性极限而呈现完全分开的状态。材料受力时，原子相对位置发生了改变，当局部变形量超过一定限度时，原子间结合力遭受破坏，使其出现了裂纹，裂纹经过扩展而使金属断开。

由于金属材料的性质、变形温度、应力状态和加载速度不同，金属的断裂有很多种类型。

断裂的分类根据不同情况可分为：

按服役条件分类：过载断裂；疲劳断裂；蠕变断裂；环境断裂。

按断裂应变分类：韧性断裂；脆性断裂。

按断裂面取向分类：正断；切断。

按断口形貌分类：沿晶断裂；解离断裂；微孔聚集型断裂；准解离断裂；纯剪切断裂。

按断裂路径分类：沿晶断裂；穿晶断裂。

6.1.2 韧性断裂和脆性断裂

下面以韧性断裂和脆性断裂的分类标准来分析断裂现象。一般可根据断裂前金属是否呈现有明显的塑性变形，可将断裂分为韧性断裂与脆性断裂两大类。通常以单向拉伸时的断面收缩率大于 5% 者为韧性断裂，而小于 5% 者为脆性断裂。

如图 6-1 所示为金属试样在单向拉伸试验时所观察到的断裂形式。

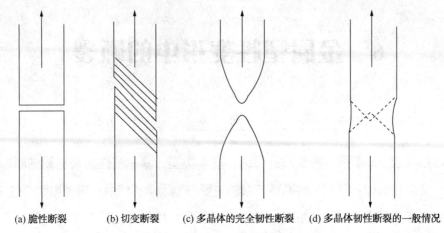

(a) 脆性断裂　　　(b) 切变断裂　　(c) 多晶体的完全韧性断裂　(d) 多晶体韧性断裂的一般情况

图 6-1　金属试样拉伸时断裂的形式

6.1.2.1　脆性断裂

脆性断裂在断口外观上没有明显的塑性变形迹象，只有细致观察才能在断口附近发现很少量塑性变形的痕迹。近乎直接由弹性变形状态过渡到断裂，断裂面与拉伸轴接近正交，断口平齐，如图 6-1(a) 所示。

脆性断裂在单晶体试样中常表现为沿解离面的解离断裂。所谓解离面，一般都是晶面指数比较低的晶面，如体心立方的 (100) 面。

脆性断裂在多晶体试样中则可能出现两种情况：一是裂纹沿晶界的沿晶断裂 (晶间断裂)，断口呈颗粒状；二是裂纹沿解离面横穿晶粒的穿晶断裂 (解离断裂)，在其断口可以看到解离亮面，若晶粒较粗，则可以看到许多强烈反光的小平面 (或称刻面)，这些小平面就是解离面或晶界面，可叫作晶状断口。如图 6-2 所示。

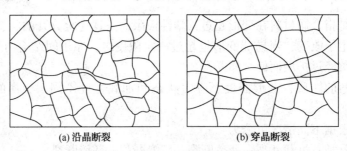

(a) 沿晶断裂　　　　　　　　　　　(b) 穿晶断裂

图 6-2　多晶体试样脆性断裂形式

（1）沿晶断裂

沿晶断裂在断面上可看到晶粒轮廓线或多边体晶粒的截面图，如图 6-3 所示。有时仍可看到河流或扇形花样。沿晶脆性断裂断口宏观形貌一般有两类：

① 晶粒特别粗大时形成石块或冰糖状断口；

② 晶粒较细时形成结晶状断口，沿晶断裂的结晶状断口比解离断裂的结晶状断口反光能力稍差，颜色黯淡。

产生沿晶断裂一般有三种原因：

① 晶界上有脆性沉淀相。如果脆性相在晶界面上覆盖得不连续，例如 AIN 粒子在钢的

124

晶界面上的分布，将产生微孔聚合型沿晶断裂；如果晶界上的脆性沉淀相是连续分布的，例如奥氏体 Ni-Cr 钢中形成的连续碳化物网状，则将产生脆性薄层分裂型断裂。

② 晶界有使其弱化的夹杂物。如钢中晶界上存在 P、S、As、Sb、Sn 等元素。

③ 环境因素与晶界相互作用造成的晶界弱化或脆化，例如高温蠕变条件下的晶界弱化，应力腐蚀条件下晶界易于优先腐蚀等，均促使沿晶断裂产生。

图 6-3　沿晶断口微观形貌

预防措施主要有：

① 提高材料的纯洁度，减少有害杂质元素的沿晶分布。

② 严格控制热加工质量和环境温度，防止过热、过烧及高温氧化。

③ 减少晶界与环境因素间的交互作用。

④ 降低金属表面的残余拉应力，以防止局部三向拉应力状态的产生。

（2）解离断裂（穿晶断裂）

解离断裂是在正应力作用产生的一种穿晶断裂，即断裂面沿一定的晶面（即解离面）分离，断裂断口的轮廓垂直于最大拉应力方向。解离断裂常见于体心立方和密排六方金属及合金，低温、冲击载荷和应力集中常促使解离断裂的发生。面心立方金属很少发生解离断裂。

解离断裂通常是宏观脆性断裂，它的裂纹发展十分迅速，常常造成零件或构件灾难性的总崩溃。

解离断裂的形貌一般有两种：

① 断口呈河流，扇形或羽毛状花样，如图 6-4(a)所示。河流花样中的每条支流都对应着一个不同高度的相互平行的解离面之间的台阶。解离裂纹扩展过程中，众多的台阶相互汇合，便形成了河流花样。在河流的"上游"，许多较小的台阶汇合成较大的台阶，到"下游"，较大的台阶又汇合成更大的台阶。河流的流向恰好与裂纹扩展方向一致。所以人们可以根据河流花样的流向，判断解离裂纹在微观区域内的扩展方向。

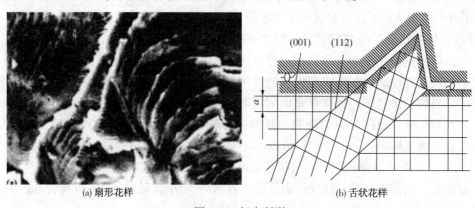

(a) 扇形花样　　　　　　　　　　　　(b) 舌状花样

图 6-4　解离断裂

② 舌状花样，如图 6-4(b)所示。解离裂纹与孪晶相遇时，便沿孪晶面发生局部二次解离，二次解离面与主解离面之间的连接部分断裂，形成舌状花样。

解离断裂成因：原子间结合键遭到破坏，沿表面能最小、低指数的晶面(解离面)劈开而成。导致金属零件发生脆性的解离断裂有材料性质、应力状态及环境因素等众多原因。主要原因有：

① 从材料方面考虑，一般只有冷脆金属才能发生解离断裂。面心立方金属为非冷脆金属一般不会发生解离断裂。

② 构件的工作温度较低，即处在脆性转折温度以下。

③ 只有在平面状态(即三向拉应力状态)下才能发生解离断裂，或者说构件的几何尺寸属于厚板情况。

④ 晶粒尺寸粗大。

⑤ 宏观裂纹存在。

防止措施主要有：

① 消除或减小构件上的裂纹尺寸。

② 细化晶粒。

③ 消除或减少金属中的有害杂质。

④ 采用双钢代替单一的马氏体组织材料。

6.1.2.2 韧性断裂

在断裂前金属经受了较大的塑性变形，其断口呈纤维状，灰暗无光。有肉眼可以看到纤维状，故称为纤维状断口。

韧性断裂主要是穿晶断裂；如果晶界处有夹杂物或沉积物聚集，也会发生晶间断裂，这种情况只有在高温下金属发生蠕变时才能看到。

韧性断裂也有不同的表现形式：

① 切变断裂。某些单晶体(如密排六方金属单晶体)沿基面作大量滑移后就会发生这种形式的断裂，其断面就是滑移面，这种韧断过程和空洞的形核长大无关，故在断口上看不到韧窝。如图 6-1(b)所示。

② 缩颈点或线断裂。另一种是试样在塑性变形后出现缩颈，拉伸产生缩颈后，试样中心三向应力区空洞不能形核长大，故通过不断缩颈使试样变得很细(圆柱试样或薄板试样)，最终断裂时断口接近一个点或一条线。一些塑性非常好的金属材料，如金、铅和铝，断面收缩率几乎达 100%，可以拉缩成一个点才断开，如图 6-1(c)所示。

③ 缩颈杯锥状断裂(韧窝断裂)。对于一般韧性金属，材料屈服后就会出现缩颈，由于应力集中，导致空洞在夹杂或第二相边界处形核、长大和连接。在试样中心形成很多小裂纹，它们扩展并互相连接就形成锯齿状的纤维区。中心裂纹向四周放射状的快速扩展就形成放射区。当裂纹快速扩展到试样表面附近时，由于试样剩余厚度很小，故变为平面应力状态，从而剩余的表面部分剪切断裂，断裂面沿最大剪应力面，故和拉伸轴成 45°的剪切唇。故断裂则由试样中心开始，然后沿图 6-1(d)所示的虚线断开，形成杯锥状断口，如图 6-5(a)所示。在电子显微镜中呈韧窝状花样如图 6-5(b)所示。

一般说来，韧窝断口是韧断的标志，但也有例外。例如 Al-Fe-Mo 以及含 SiC 的 Al 合金，断裂应变很小，属于脆断，但微观断口由韧窝构成。

126

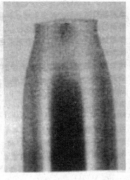

(a) 宏观形貌

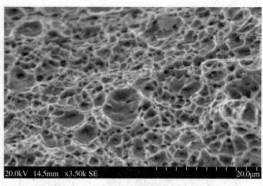

(b) 微观形貌

图 6-5　韧性断裂形貌

6.1.3　断裂机理

理论断裂强度是指完整晶体在正应力作用下沿其一晶面拉断的强度。此强度就是两相邻原子面在拉应力 σ 作用下克服原子间键合力作用，使原子面分开的应力。

由外力抵抗原子间结合力所做的功等于产生断裂新表面的表面能，可以求得理论断裂强度

$$\sigma_m = \left(\frac{E\gamma}{\alpha}\right)^{\frac{1}{2}}$$

式中　α——断裂面间的原子间距；

γ——表面能；

E——弹性模量。

对于铁，可以估算理论断裂强度 $\sigma_m \approx E/10$（E—弹性模量）。这个数值是很高的，实际的断裂强度比这个值低很多，只是它的 $1/100 \sim 1/1000$。只有毫无缺陷的晶须才能近似达到理论断裂强度。这一悬殊差别的存在，是因为材料内部存在有各种缺陷的缘故。

6.1.3.1　Griffith 裂纹生长理论

为了解释实际断裂强度和理论断裂强度的差别，早在 1920 年就提出了这样的设想：由于材料中已有现成裂纹存在，在裂纹尖端会引起强大的应力集中。在外加平均应力小于理论断裂强度时，裂纹尖端已达到理论断裂强度，因而引起裂纹的急剧扩展，使实际断裂强度大为降低。由于裂纹长度的不同，所引起应力集中的程度也不同，对于一定尺寸的裂纹就有一个临界应力 σ_c。当外加应力超过 σ_c 时，裂纹才迅速扩大，导致断裂。

Griffith 从能量条件导出了临界应力 σ_c 值的大小。此能量条件为裂纹扩展所降低的弹性能恰好足以供给表面能的增加。由此求得裂纹扩展的临界应力为

$$\sigma_c = \left(\frac{2E\gamma}{\pi C}\right)^{\frac{1}{2}} \approx \left(\frac{E\gamma}{C}\right)^{\frac{1}{2}}$$

此式即为 Griffith 公式，它表明了裂纹传播的临界应力 σ_c 和裂纹长度 C 的平方根成反比。

Griffith 公式与理论断裂强度公式比较，可知：

$$\frac{\sigma_m}{\sigma_c} = \left(\frac{C}{\alpha}\right)^{\frac{1}{2}} \text{ 或} \sigma_m = \left(\frac{C}{\alpha}\right)^{\frac{1}{2}} \sigma_c$$

Griffith 公式的物理意义在于：裂纹两端所引起的应力集中，相当将外力放大了 $(C/\alpha)^{1/2}$ 倍，使局部区域达到了理论断裂强度 σ_m，而导致断裂。或者说，当裂纹两端的应力集中程度是外力应力的 $(C/\alpha)^{1/2}$ 倍时，裂纹两端的应力便达到了理论断裂强度 σ_m，从而导致断裂。由此可见，Griffith 理论可以说明实际断裂强度和理论断裂强度间的差异。

6.1.3.2 微裂纹形成机理

金属发生断裂，先要形成微裂纹。随着变形的发展导致微裂纹不断长大，当裂纹长大到一定尺寸后，便失稳扩展，直至最终断裂。

这些微裂纹主要来自两个方面：一是材料内部原有的，如实际金属材料内部的气孔、夹杂、微裂纹等缺陷；二是在塑性变形过程中，由于位错的运动和塞积等原因而使裂纹形核。由于位错的运动和塞积形成微裂纹的机理主要有以下几种：

(1) 位错塞积理论

位错塞积理论认为同号位错在运动过程中，遇到了障碍(如晶界、相界面等)而被塞积，当塞积达到一定程度时。在位错塞积群前端就会引起足够的应力集中，若一个位错在塞积处形成的切应力为 τ，塞积位错个数为 n，此处应力集中为 $n\tau$，塞积位错越多，应力集中程度越大。当此应力大于界面结合力或脆性第二相或夹杂物本身的结合力时，就会在界面或脆性相中形成裂纹核(图 6-6)。

(2) 位错反应理论

该理论认为在相交的两个交叉滑移面上，由于同号位错在交叉处相遇而形成新的位错，这些新位错不易运动，当新位错堆积较多时，即形成微裂纹。如图 6-7 所示为体心立方晶体中两位错相遇反应的结果，两个滑移面 (101) 和 $(10\bar{1})$ 对称地与解离面 (001) 相交，在解离面上形成不易滑移的刃型位错并在 (001) 面形成裂纹而破坏。

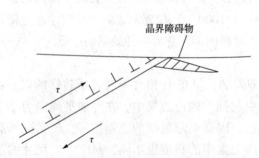

图 6-6 位错塞积群前端形成微裂纹示意图

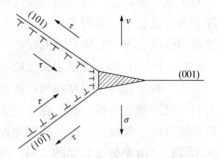

图 6-7 位错反应形成微裂纹示意图

(3) 位错墙侧移理论

由于刃型位错的垂直排列构成了位错墙。同时引起了滑移面的弯折。当在适当的外力

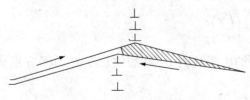

图 6-8 位错墙侧移形成微裂纹示意图

作用下，晶体发生滑移，就会使位错墙发生侧移，而促使裂纹在滑移面上生成。这一理论可以说明，密排六方金属沿滑移面断裂的原因。有人已观察到，在锌中由于滑移面的弯折所形成的微裂纹。如图 6-8 所示。

（4）位错销毁理论

在两个相距为h的平行滑移面上，存在有异号刃型位错。在外力作用下位错发生相对运动，若$h<10$个原子间距时，它们相互接近后，就会彼此合并而销毁。此时便在中心处形成小孔隙，随着滑移的进行，孔隙逐渐扩大，形成长条形空洞。当两排位错数目不等时，多余位错并入空洞，会引起强大的应力集中，而形成断裂源。如图6-9所示。如果在晶界两侧同时塞积两列符号相反的位错，则在晶界处形成微裂纹。

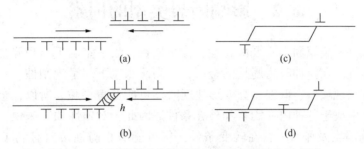

图6-9　由异号刃型位错群销毁而形成微裂纹示意图

上述微裂纹形成理论的基本出发点是认为金属在切应力作用下首先发生位错运动，然后由于不同的原因而造成位错受阻，由于位错塞积群中弹性应力场中的拉应力而产生小孔隙，孔隙积累而形成微裂纹。实验表明，在容易造成位错塞积的地方，如晶界、亚晶界、孪晶界、夹杂物或第二相与基体相交界面等处，通常会首先形成微裂纹。

6.1.3.3　微裂纹的发展

金属材料在塑性变形中形成微裂纹（或空洞），并不意味着材料即将断裂。从微裂纹形成到导致金属的最终断裂是一个发展过程，这个过程与材料的性质、应力状态等外部条件密切相关。

微裂纹长大后出现"内颈缩"，使承载面积减少而应力增加，起了"几何软化"作用。促进变形的进一步发展，加速微裂纹的长大，直至聚合。在较大应力下，微裂纹继续长大，直至其边缘连在一起，聚合成裂纹。

如果材料的塑性好，则微裂纹形成后其前端可以通过塑性变形使裂纹钝化，松弛裂纹前端所聚集的弹性变形能，减小应力集中的程度，因此裂纹将难以发展，这实质上是微裂纹的修复过程。在变形过程中变形均匀，速度较慢，消耗的能量较多，韧性较好。基体的形变强化指数越高，微裂纹长大直至聚合的过程越慢，韧性越好。

反之，若材料的塑性差、吸收变形功的能力低，则微裂纹一旦形成，就可以凭借其尖端所积聚的弹性能迅速扩展成宏观裂纹，最终导致断裂。此时消耗的能量也较少，所以韧性差。

对于相同材料，如果应力状态等外部条件不同时，微裂纹扩展的情况也不同。压应力抑制微裂纹的发展，而拉应力促使微裂纹迅速扩展。因此，在变形过程中静水压力越小、温度越低，微裂纹越容易很快发展为宏观裂纹，其塑性便不能充分地发挥。

由Griffith裂纹生长理论可知，裂纹传播的临界拉应力为

$$\sigma_c = \left(\frac{2E\gamma}{\pi C}\right)^{\frac{1}{2}} \approx \left(\frac{E\gamma}{C}\right)^{\frac{1}{2}}$$

式中　γ——单位面积的表面能；

E——弹性模量;

C——椭圆形裂口的长半轴。

由上式可知,当拉应力超过 σ_c 时,裂纹就会传播。在裂纹传播后,C 值变大,故使裂纹继续发展所要求的应力下降,从而使裂纹迅速扩展。实验表明,上述公式对非晶体或脆性材料比较适用,而对于塑性材料尚需补充和修正。

6.2 影响断裂类型的因素

塑性与脆性并非金属固定不变的特性,像金属钨,虽在室温下呈现脆性,但在较高的温度下却具有塑性。在拉伸时为脆性的金属,在高静水压下却呈现塑性。在室温下拉伸为塑性的金属,在出现缺口、低温、高变形速度时却可能变得很脆。所以,金属是韧性断裂还是脆性断裂,取决于各种内在因素和外在条件。因此,对塑性加工来说,很有必要了解韧性断裂的影响因素及塑性-脆性转变条件,尽可能防止脆性,向有利于塑性提高方面转化。

6.2.1 韧性断裂扩展的主要影响因素和特点

6.2.1.1 韧性断裂扩展的主要影响因素

(1) 第二相粒子

随第二相体积分数的增加,钢的韧性都下降,硫化物比碳化物的影响要明显得多。同时碳化物形状也对断裂应变有很大影响,球状的要比片状的好得多。

(2) 基体的形变强化

基体的形变强化指数越大,塑性变形后的强化越强烈,变形更均匀。微孔长大后的聚合,将按正常模式进行,韧性好。相反地,如果基体的形变强化指数小,变形容易局部化,较易出现快速剪切裂开,韧性低。

6.2.1.2 韧性断裂的特点

① 韧性断裂前已发生了较大的塑性变形,断裂时要消耗相当多的能量,所以韧性断裂是一种高能量的吸收过程;

② 在小裂纹不断扩大和聚合过程中,又有新裂纹不断产生,所以韧性断裂通常表现为多断裂源;

③ 韧性断裂的裂纹扩展的临界应力大于裂纹形核的临界应力,所以韧性断裂是个缓慢的撕裂过程;

④ 随着变形的不断进行裂纹不断生成、扩展和集聚,变形一旦停止,裂纹的扩展也将随着停止。

6.2.2 影响塑性-脆性转变的主要因素

6.2.2.1 变形温度

大多数金属材料(除面心立方以外)的变形中有一个重要的现象:随着变形温度的改变都有一个从韧性断裂到脆性断裂的转变温度,称此温度为脆性转变温度,常以 T_c 来表示。在此温度以上是韧性断裂,在此温度以下是脆性断裂。

对一定材料来说,脆性转变温度越高,表征该材料脆性趋势越大。

如果变形温度不变,改变其他参数,如晶粒度、变形速度、应力状态等,同样也会出现塑性-脆性转变现象。

对这种现象的解释,可以认为断裂应力 σ_f 对温度不够敏感,热激活对脆性裂纹的传播不起多大作用,但屈服强度 σ_s 却随温度变化很大,温度越低,σ_s 越高。

将 σ_s 与 σ_f 对温度作图 6-10(a),则两条曲线的交点所对应的温度就是 T_c。

当 $T>T_c$ 时,$\sigma_f>\sigma_s$,此时材料要经过一段塑性变形后才能断裂,故表现为韧性断裂;

在 $T<T_c$ 时,$\sigma_f<\sigma_s$,此时材料未来得及塑性变形就已经发生断裂,则表现为脆性断裂。

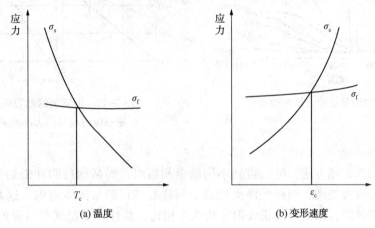

图 6-10　σ_f 和 σ_s 与变形温度、变形速度的关系

6.2.2.2　变形速度

变形速度的影响与变形温度类同,由于变形速度的提高,塑性变形来不及进行而使 σ_s 增高,但变形速度对断裂抗力 σ_f 影响不大。所以在一定的条件下,就可以得到一个临界变形速度 ε_c,高于此值便产生脆性断裂[图 6-10(b)]。变形速度的提高相当于变形温度降低的效果。

6.2.2.3　应力状态

应力状态对塑性-脆性转变的影响,可采用不同深度缺口的拉伸试样来进行。缺口越深越尖锐三向拉应力状态越强。试验表明,拉应力状态越强,材料的脆性转变温度越高,脆性趋势越大。

6.2.2.4　化学成分和组织状态

(1)碳

不同含碳量对钢的冲击韧性的影响。随着含碳量的增加,冲击韧性明显降低,而且脆性转变温度上升,所以为避免低温脆性多选用含碳量低于 0.2% 以下的钢,如图 6-11 所示。

(2)Mn、Ni

添加 Mn 或 Ni 可以有效地降低转变温度。因为两者都能使晶粒细化,此外 Mn 还能抑制碳化物沿晶界析出;Ni 能促使位错产生交滑移避免应力集中,这些都有助于转变温度的降低。

(3)晶粒度

晶粒细化对断裂应力和屈服应力的影响如图 6-12 所示,细晶粒钢要比粗晶粒钢具有较高的冲击韧性和较低的脆性转变温度。晶粒细化相当于变形温度降低的效果。

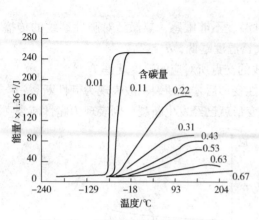

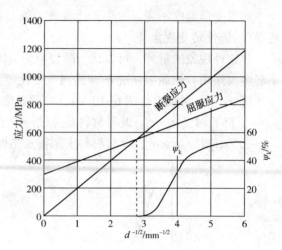

图 6-11　含碳量对冲击韧性的影响　　　　图 6-12　低碳钢的断裂应力和
　　　　　　　　　　　　　　　　　　　　　　屈服应力与晶粒大小的关系

（4）热处理

采用不同的热处理方法，可以得到不同的金相组织，提高钢材的冲击韧性，最好的热处理方法是进行调质处理。钢材经淬火后高温调质处理得到索氏体组织，这对降低脆性转变温度是极为有效的。调质钢与正火钢和热轧钢相比，脆性转变温度明显降低。如图 6-13所示。

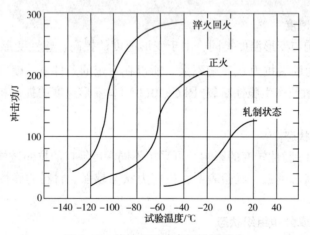

图 6-13　热处理对冲击韧性的影响

6.3　塑性加工中的断裂现象

塑性加工中的断裂除因铸锭质量差（如铸造时产生的疏松、裂纹、偏析和粗大晶粒等）和加热质量不良所造成过热、过烧的原因外，绝大多数的断裂是属于不均匀变形所造成的。

在生产中因工艺条件和操作上的不合理，会发生各种断裂（图 6-14）。因此，应结合具体金属的塑性加工工艺过程和断裂现象，分析其断裂原因，进而找出防止断裂的措施。

6.3.1 锻造时的断裂

6.3.1.1 锻造时的开裂现象及产生原因

锻造时工件开裂的情况如图6-14部分所示。

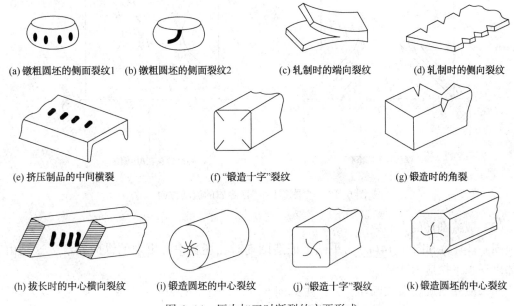

(a) 镦粗圆坯的侧面裂纹1　(b) 镦粗圆坯的侧面裂纹2　(c) 轧制时的端向裂纹　(d) 轧制时的侧向裂纹

(e) 挤压制品的中间横裂　(f) "锻造十字"裂纹　(g) 锻造时的角裂

(h) 拔长时的中心横向裂纹　(i) 锻造圆坯的中心裂纹　(j) "锻造十字"裂纹　(k) 锻造圆坯的中心裂纹

图6-14　压力加工时断裂的主要形式

（1）镦粗圆坯的侧面裂纹

镦粗低塑性材料时常出现图6-14(a)及图6-14(b)所示的侧面纵向裂纹。

产生这种裂纹的主要原因是由于材料变形时的鼓形区域受到周向拉应力所致。当锻造温度较高时，由于晶粒间的强度大大削弱，经常在晶粒边界处发生拉裂，裂纹与周向拉应力方向近于垂直[图6-14(a)]。当锻造温度很低时会出现穿晶断裂，裂纹与周向拉应力方向接近成45°角[图6-14(b)]。

为了防止这种开裂，必须尽量减少由于出现鼓形而引起的周向拉应力。生产中为了减少不均匀变形常加强润滑或采用塑性垫镦粗，还可以采用包套做粗法，以增强三向压应力状态。

（2）拔长方坯的十字裂纹

如图6-14(f)和图6-14(j)所示为在平砧上拔长方坯时产生的对称十字裂纹，叫作"锻造十字"裂纹。这种裂纹产生的原因可以用图6-15来说明。在图6-15(a)中，难变形区A在垂直方向运动，自由变形区B处的金属做横向运动，于是带动与其相邻的对角十字区a、b作相应的流动。由于a区及b区的金属流动方向相反，因而在坯料对角线方向产生激烈的相对错动而发生剪切。当坯料翻转90°时[图6-15(b)]，a区及b区金属的错动方向对调。这样，在反复激烈的错动(剪切)下，最后导致从坯料对角线处开裂。

实际上，在有柱状晶交界的对角线处更易产生这种开裂，对于容易产生过烧的钢与合金，当高速重打时，在变形激烈的对角线处由于温升过高使之过烧，也容易产生这种开裂。如果坯料断面中心钢质不好(如钢锭断面中心常常是杂质聚积、疏松和容易过烧的部位)，便首先从中心部产生对角十字裂口[图6-14(j)]，如坯料角部薄弱，便首先从接近角的对角线处开裂[图6-14(f)]。

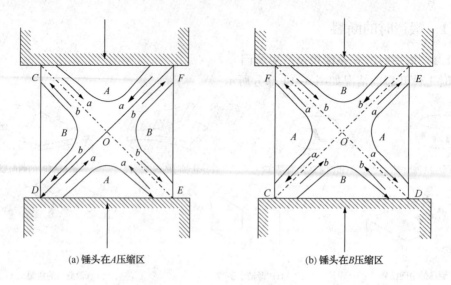

(a) 锤头在 A 压缩区　　　　　　　(b) 锤头在 B 压缩区

图 6-15　"锻造十字"区金属的流动方向

（3）锻造圆坯的中心裂纹

图 6-14(i) 和图 6-14(k) 为平砧下锻造圆坯时在坯料中心出现的纵向裂纹，这是由于心部出现水平拉应力所致。

如果使坯料旋转锻成圆坯，会产生如图 6-14(i) 所示的裂纹；如果由圆坯改锻为方坯，则出现如图 6-14(k) 所示的十字裂纹。

锤头锻圆锭(坯)时，和带外端压缩高件的情况相类似（图 6-16）。这时，假如没有外端（指接触区以外的两个弓形 aAb、cCd），则可自由地产生双鼓变形 [图 6-16(a) 中虚线]。实际上，因为有外端作用而使鼓形受到限制，于是在断面的中心部分便受到水平拉应历 σ_r 作用 [图 6-16(b)]。在此拉应力的作用下，便会产生如图 6-17(a) 所示的裂口；当翻钢 90°锻压后，便会产生如图 6-17(b) 所示的裂口。这样，在锻压开坯时，若用平锤头由圆锭靠翻 90°锻成方坯时，便可能在坯料之中心处产生如图 6-14(k) 所示的横竖十字裂口；若用平锤头靠旋转锻造圆坯时便会在坯料中心处产生如图 6-14(i) 所示的孔腔，即不规则的放射状裂纹 [图 6-17(c)]。

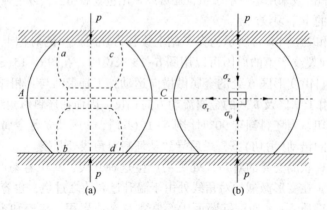

图 6-16　用平头锤锻压圆坯的情况

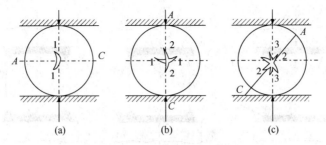

图 6-17　平头锤锻压圆坯时裂纹的形成

（4）拔长时的中心横向裂纹

如图 6-14（h）所示为拔长时产生的心部裂纹。当拔长的送进量较小时（$l/h<0.5$），便在断面中心产生纵向附加拉应力，从而导致产生横向裂纹。这种横裂一般在坯料内呈周期性出现，因为裂纹一出现，以前产生的拉应力就解除，然后拉应力再积累，再拉裂等。若断面中心处钢质不好和容易产生轴心过烧，更加容易产生裂纹。在一个方向多次锤击下，这种横裂有时会扩展到侧表面。

对同样的件厚，增加送进量可使变形向内部深入，减少纵向拉应力，因此便会防止横裂。送进量越大，宽展越大（因为送进量增加，接触区变长，纵向摩擦阻力增加，促使金属向宽向流动），图 6-15 中 a、b 区金属沿对角线方向错动也就加剧，因而也就会促使对角十字开裂。

所以送进量不能过大，但也不能过小。一般取 $l=(0.6\sim0.8)h$。

（5）锻造时的角裂

如图 6-14（g）所示的角裂则是由于坯料没有倒角，而角部的温度迅速降低，使其变形抗力增大，伸长比其他部分小，从而在角部产生了纵向附加拉应力所致。

6.3.1.2　防止或减轻措施

① 减少工件与工具间的接触摩擦，提高接触表面的光洁度，采用适当的润滑剂；
② 采用凹形模，锻造时，由于模壁对工件的横向压缩，使周向拉应力减少（图 6-18）；
③ 采用软垫（图 6-19）；

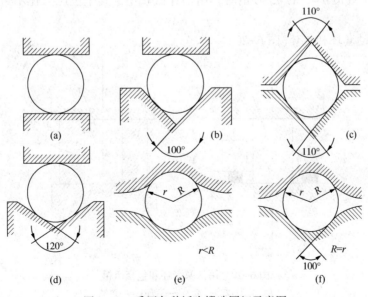

图 6-18　采用各种锤头锻造圆坯示意图

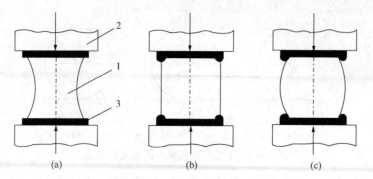

图 6-19　加软垫镦粗情况
1—试样；2—工具；3—软垫

由于软垫比工件的变形抗力小，故在压缩的开始阶段软垫先变形（这时工件也可能有些变形，但比软垫的小得多），产生强烈的径向流动。由于软垫与工件端面间摩擦力的作用，软垫便拖着工件端面一起向外流动，结果使工件侧面形成凹形［图 6-19(a)］。随着软垫继续受压缩，软垫厚度变薄而直径增大，使其单位变形力增加。这时工件便开始显著经受压缩变形，于是工件侧面的凹形逐渐消失而变成平直［图 6-19(b)］，继续压缩才出现鼓形［图 6-19(c)］。这样就会大为减少不均匀变形，因而也就减少了侧面的环向拉应力。此外，在镦粗时由于采用加热了的软垫，还可以减少由于工件端面与工具接触而引起的温降。

镦粗塑性较低的高合金钢和合金时，常用软钢做软垫。此时可按下列经验公式确定软垫的厚度：

$$d/H = 1.5 \sim 3.0 \text{ 时，} s = (0.07 \sim 0.1)H$$
$$d/H = 3 \sim 5 \text{ 时，} s = (0.1 \sim 0.12)H$$

式中　d、H——工件的直径和厚度；

　　　　s——软垫的厚度。

应指出，加软垫镦粗，不仅可防止因不均匀变形而产生的裂纹，还可使单位压力大大降低。例如，在粗 $d/H = 2$ 的 45 号钢时，用铝片做软垫，其单位压力比不带润滑剂的镦粗降低 1 倍。

④ 采用活动套环和包套（图 6-20）。

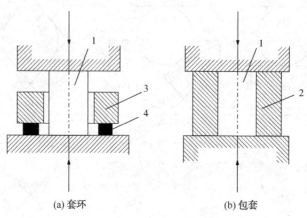

(a) 套环　　　　　　　　(b) 包套

图 6-20　用活塞套环和包套镦粗
1—工件；2—外套；3—套环；4—垫铁

136

用活动套环[图 6-20(a)]镦粗低塑性高合金钢与合金时，毛坯经一定的小变形后与套环接触，然后取走垫铁，使坯料和套环一起镦粗，套环由普通钢制成，其加热温度比坯料低些，使套环的变形抗力比坯料的大，以便使套环能对坯料的流动起限制作用，从而增强三向压应力状态，以防止产生裂纹。

同理，也可采用如图 6-20(b)所示的包套镦粗，即把事先包上外套的坯料加热后，外套和坯料一起镦粗。镦粗低塑性的高合金钢与合金时，用普通钢做外套，套的外径可取 $D = (2\sim3)d$，d 是坯料的原始直径。

此外，在热镦粗塑性较低的合金钢与合金时，锤头和砧铁应当预热。坯料表面的缺陷也会促使裂纹的生成，所以在锻粗前坯料的表面清理是非常重要的。

6.3.2 轧制时的断裂

6.3.2.1 轧制时的表面开裂现象及原因

图 6-21 为平辊轧制时的裂纹，表现为端处裂纹[图 6-21(c)]和边部裂纹[图 6-21(b)]。端部轧制时横向流动阻力较小，所以中心处受拉应力而产生如图 6-21(c)所示的裂纹。

轧制平稳后，材料的应力状态是边部受拉，中心受压[图 6-21(b)]，当边部拉应力大于材料的强度时材料就会产生边部横向裂纹[图 6-21(b)]。

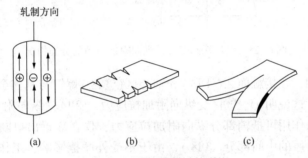

图 6-21　平辊轧制时的裂纹

图 6-22 为凹形轧辊轧制平板时的应力状态和裂纹情况。中心受拉应力，当拉应力大于材料的强度时材料就会产生图中所示的中心横向裂纹。

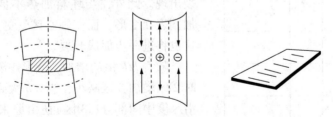

图 6-22　凹形轧辊轧制平板时的应力状态和裂纹

6.3.2.2 轧制时内部开裂的现象及原因

轧制厚件时，轧件断面心部出现纵向拉应力，会导致内部横裂纹，如图 6-23(c)所示。产生情况及原因与拔长时的中心横向裂纹类似。

厚度为 193mm 的钢坯，在距端面 180~200mm 处钻孔并旋入螺钉，在轧辊工作直径为 450mm 的箱形孔中轧制，轧后厚度为 166mm，压下量 $\Delta h = 27m$，变形区长 $l = 79mm$。轧件的平均厚度 $h = 180mm$，$l/h = 0.44$。如图 6-24 所示。

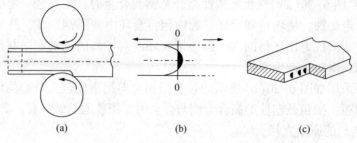

(a)　　　　　　　(b)　　　　　　　(c)

图 6-23　轧制厚件的心部裂纹

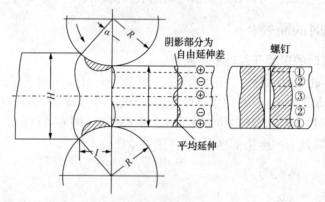

图 6-24　厚件轧制变形及纵向附加应力的分布情况

由实验结果看到，在接触面区（①区）和轴心区（③区）螺钉与基体金属形成了缝隙，而在②区则没有缝隙。这说明①、③区受纵向附加拉应力，②区受纵向附加压应力。应指出，在①区由于外摩擦的作用可抵消部分纵向附加拉应力，仅在靠近出口断面工作应力才可能出现拉应力；而在件厚的中间部分（③区），由于不受外摩擦影响，工作应力将变为纵向拉应力，这个拉应力便是产生内部横裂的重要原因。

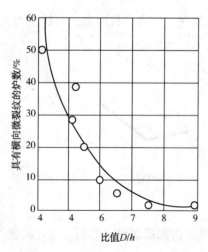

图 6-25　GCr15 钢在 600 轧机上轧制时微裂纹与 D/h 的关系

GCr15、CrMn 和高速钢等，在轴心区常聚积易产生过烧的偏析元素和脆性相，这就更促使内裂出现。此外，当坯料加热不良，有硬心时，将加剧表面变形，而使轴心区受更大的纵向拉应力，这也将进一步促成开裂。

随着 l/h 值的增加，变形逐渐向内部深入，这时②区增加③区减小，当 l/h 大到一定值后，轧件沿厚度中间部分（③区）便由原来的纵向拉应力变为纵向压应力。

在其他条件相同时，随着轧辊直径增加 l/h 值增大，这有利于内部缺陷的焊合。例如，对于 GCr15 钢，生产统计数据如图 6-25 所示。可见，随着 D/h 的增加（D—轧辊直径；h—轧件厚度），具有内部微裂纹的炉数减少，当 D/h ≥9 时内部微裂纹已完全压合。

综上，为避免上述轧制时断裂现象的发生，首先是要有适宜的良好辊型和坯料尺寸形状。其，次是制定合理的轧制工艺规程(压下量控制、张力调整、润滑适宜等)。

6.3.3　挤压拉拔时的断裂

6.3.3.1　挤压裂纹的现象及产生原因

挤压时，在挤压件的表面常出现如图 6-26 所示的裂纹，严重时裂纹变成竹节状。

产生这种裂口与挤压时金属的流动特点有关。挤压时，由于挤压缸和模孔的摩擦力的阻滞作用，但金属是一个整体又受外端作用，使金属各层的延伸拉齐，于是在挤压的外层受纵向附加拉应力。一般说来，此附加应力越趋近于变形区的出口，其数值越大[图 6-26 (c)]。如果在 a-a 截面表层上，由于有较大的附加拉应力作用而使其工作应力变为拉应力，并且达到了实际的断裂强度 σ_f 时，则在表面上就会发生向内扩展的裂纹，其形状与金属通过模孔的速度有关。

裂纹的发生消除了在裂纹范围以内的附加应力。故只有当第一条裂纹的末端 K 走出 a-a 线以后停止继续扩展，才会因附加拉应力作用再产生第二条裂纹的情形[图 6-26(b)]，依此类推。这样，就在挤压材上发生了一系列周期性的断裂。当材料表面温度降低而使其塑性下降的情况下，便更会促使这种断裂的发生。

6.3.3.2　拉拔裂纹的现象及产生原因

拉拔棒材时，常发现如图 6-27(a)所示的内部横裂。这种裂纹与拉拔棒材时产生的表面变形有关。如图 6-27(b)所示，当 l/d_0 较小时，模壁对棒材的压缩变形深入不到轴心层，而产生表面变形，结果导致轴心层产生附加拉应力。此附加拉应力与拉拔时的纵向基本应力合起来，就使轴心层的纵向拉伸工作应力更大。在此拉应力的作用下，便会产生图 6-27 (a)所示的内部横裂。所以可以增加 l/d_0，可使变形深入到棒材的轴心区，从面可防止和减轻这种裂纹。

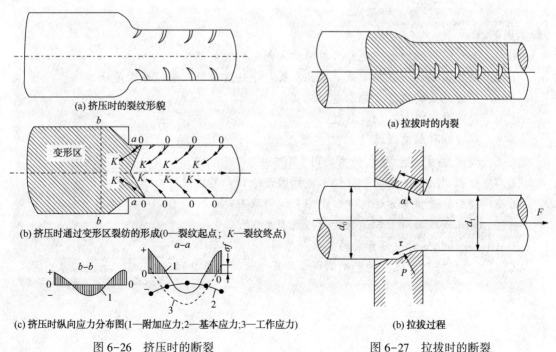

(a) 挤压时的裂纹形貌

(b) 挤压时通过变形区裂纹的形成(0—裂纹起点；K—裂纹终点)

(c) 挤压时纵向应力分布图(1—附加应力;2—基本应力;3—工作应力)

(a) 拉拔时的内裂

(b) 拉拔过程

图 6-26　挤压时的断裂　　　　图 6-27　拉拔时的断裂

拉拔时也会出现表面裂纹，其表面裂纹和应力分布示意图如图6-28和图6-29所示。

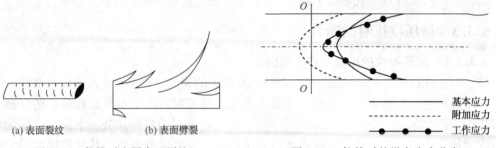

(a) 表面裂纹   (b) 表面劈裂

图6-28　拉拔时金属表面裂纹

———— 基本应力
------ 附加应力
●—●—● 工作应力

图6-29　拉拔时的纵向应力分布

6.3.3.3　减轻或防止措施

由以上分析可见，无论挤压与拉拔，减少摩擦阻力，会使金属流动不均匀性减轻，从而可以防止裂纹的产生。

（1）加强润滑。例如减少压材与挤压缸及模孔间的摩擦力，铝合金热挤压采用油-石墨润滑剂；钢热挤时采用玻璃作润滑剂。玻璃作为润滑剂时不仅可使摩擦系数减小，而且还能避免被挤压的金属与挤压缸直接接触，起保温作用。采用润滑剂不仅可以防止断裂，还使挤压力大为降低。

（2）减少有害摩擦。因为影响摩擦力的因素除了摩擦系数以外，还有垂直压力和接触面积的影响；对挤压和拉拔来说还可以采用反向挤压、反张力拉拔，辊式模拉伸等方法来减少有害摩擦，防止断裂现象的发生。

（3）对拉拔来说，由图6-27(b)可知，可适当增大拉拔的变形程度（或l/d_0）和减小模孔锥角2α。

复习思考题

6-1　如何根据断口的宏观及微观形貌来判定断裂类型？

6-2　画图说明何为晶间断裂、穿晶断裂？导致这两种断裂的原因是什么？

6-3　简述断裂的概念、基本类型。

6-4　简述脆性断裂、韧性断裂。

6-5　简述韧性断裂的特点。

6-6　影响塑性-脆性转变的主要因素有哪些？

6-7　镦粗圆坯时的侧面裂纹的形成原因是什么？怎样预防？

6-8　分析锻造拔长方坯时中心十字裂纹的原因？

6-9　防止或减轻对于锻造裂纹的措施有哪些？

6-10　分析轧制时内部开裂的现象及原因。

6-11　分析挤压拉拔时的裂纹的现象及产生原因，怎样预防？

7 金属塑性变形中的摩擦与润滑

本章导读：本章要掌握金属塑性变形时摩擦的特点及作用；掌握塑性变形中摩擦的分类及机理；熟知摩擦系数及其影响因素；了解测定摩擦系数的方法，并掌握圆环镦粗法测摩擦系数；了解塑性变形中的工艺润滑的机理和润滑剂的选择。

金属塑性变形是在工具与工件相接触的条件下进行的，这时必然产生阻止金属流动的摩擦力。这种发生在工件和工具接触面间，阻碍金属流动的摩擦，称外摩擦。

由于摩擦的作用：工具产生磨损，需要定期更换工具；工件被擦伤；金属变形不均匀；工件出现裂纹等。因此，塑性变形中，须加以润滑。

润滑技术的开发能促进金属塑性变形的发展。随着压力加工新技术、新材料、新工艺的出现，必将要求人们解决新的润滑问题。

7.1 金属塑性变形时摩擦的特点及作用

7.1.1 塑性变形时摩擦的特点

塑性变形中的摩擦与机械传动中的摩擦相比，有下列特点：

（1）在高压下产生的摩擦

塑性变形时接触表面上的单位压力很大，一般热加工时单位压力为 50~500MPa；冷加工时可高达 50~2500MPa。但是，机器轴承中，接触面压通常只有 20~50MPa。如此高的面压使润滑剂难以带入或易从变形区挤出，还可能改变润滑剂的性能，从而使润滑困难及润滑方法特殊。

（2）较高温度下的摩擦

塑性变形时界面温度条件恶劣。对于热加工，根据金属不同，温度在数百摄氏度至1000 多摄氏度之间，如热加工钢时温度达 800~1200℃；难熔金属的热加工温度高达 1200~2000℃。对于冷加工，则由于变形热效应、表面摩擦热，温度可达到颇高的程度，如冷拉拔、冷锻时温度一般可达 200~300℃，有时可高达 400℃。

高温下的金属材料，除了内部组织和性能变化外，会改变金属氧化膜的厚度、结构和性能，给摩擦润滑带来很大影响；若有润滑剂，也会改变其状态和性能。

141

（3）不断增加新的接触表面

伴随着塑性变形而产生的摩擦，在塑性变形过程中由于高压下变形，会不断增加新的接触表面，使工具与金属之间的接触条件不断改变。接触面上各处的塑性流动情况不同，有的滑动，有的黏着，有的快，有的慢，因而在接触面上各点的摩擦也不一样。

（4）摩擦副（金属与工具）的性质相差大

一般工具都硬且要求在使用时不产生塑性变形；而金属不但比工具柔软得多，且希望有较大的塑性变形。二者的性质与作用差异如此之大，因而使变形时摩擦情况也很特殊。

7.1.2 外摩擦在塑性加工中的作用

塑性变形中的外摩擦，大多数情况是有害的，但在某些情况下，亦可为我所用。

7.1.2.1 摩擦的不利方面

（1）改变物体应力状态，使变形力和能耗增加

以平锤锻造圆柱体试样为例（图7-1），当无摩擦时，为单向压应力状态，即 $\sigma_3 = \sigma_s$，而有摩擦时，则呈现三向应力状态，即 $\sigma_3 = \beta\sigma_s + \sigma_1$。$\sigma_3$ 为主变形力，σ_1 为摩擦力引起的。若接触面间摩擦越大，则 σ_1 越大，即静水压力越大，所需变形力也随之增大，从而消耗的变形功增加。一般情况下，摩擦的加大可使负荷增加30%。

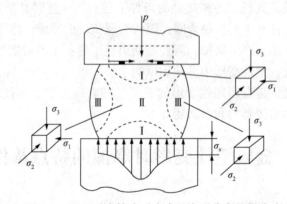

图7-1　塑压时摩擦力对应力及变形分布的影响

（2）引起工件变形与应力分布不均匀

塑性变形时，因接触摩擦的作用使金属质点的流动受到阻碍，此种阻力在接触面的中部特别强，边缘部分的作用较弱，这将引起金属的不均匀变形。如图7-1中平塑压圆柱体试样时，接触面受摩擦影响大，远离接触面处受摩擦影响小，最后工件变为鼓形。此外，外摩擦使接触面单位压力分布不均匀，由边缘至中心压力逐渐升高。变形和应力的不均匀，直接影响制品的性能，降低生产成品率。

（3）恶化工件表面质量，加速模具磨损，降低工具寿命，降低制品的表面质量与尺寸精度

塑性变形时接触面间的相对滑动加速工具磨损；因摩擦热更增加工具磨损；变形与应力的不均匀亦会加速工具磨损。此外，金属黏结工具的现象，不仅缩短了工具寿命，增加了生产成本，而且也降低制品的表面质量与尺寸精度。

7.1.2.2 摩擦的利用

对于某些塑性加工情况，摩擦也起着有益作用。下面举几个实例：

① 轧制时增加摩擦可改善轧辊咬入轧件的条件以增大每道压下量。

② 用芯棒顶管时，增加芯棒面上的摩擦也是有利的，因为这能传递一部分拉拔力，使顶出的管子前端上的拉应力减小，从而可增大顶管面缩率而不致破坏。

③ 深拉杯形件时也有类似的情况，为避免工件壁上产生局部变薄，在冲头上应有较大的摩擦，而工件与模孔相接触的表面摩擦则要求小些。

④ 直角模挤压时增加工件与挤压缸和挤压垫间的摩擦可防止锭坯的不良表皮流入工件中，而使之集于死区以保证产品质量。

近年来，在深入研究接触摩擦规律，寻找有效润滑剂和润滑方法来减少摩擦有害影响的同时，积极开展了有效利用摩擦的研究。即通过强制改变和控制工具与变形金属接触滑移运动的特点，使摩擦应力能促进金属的变形发展。

作为例子，下面介绍一种有效利用摩擦的方法。

⑤ Conform 连续挤压法的基本原理如图 7-2 所示。

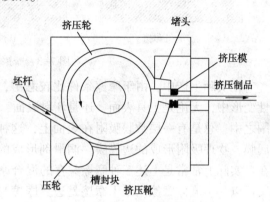

图 7-2　Conform 连续挤压原理图

当从挤压型腔的入口端连续喂入挤压坯料时，由于它的三面是向前运动的可动边，在摩擦力的作用下，轮槽咬着坯料，并牵引着金属向模孔移动，当夹持长度足够长时，摩擦力的作用足以在模孔附近，产生高达 $1000N/mm^2$ 的挤压应力和高达 $400\sim500℃$ 的温度，使金属从模孔流出。可见 Conform 连续挤压原理上十分巧妙地利用挤压轮槽壁与坯料之间的机械摩擦作为挤压力。同时，由于摩擦热和变形热的共同作用，可使铜、铝材挤压前无需预热，直接喂入冷坯（或粉末粒）而挤压出热态制品，这比常规挤压节省 3/4 左右的热电费用。此外因设置紧凑、轻型、占地小以及坯料适应性强，材料成材率高达 90% 以上。所以，目前广泛用于生产中小型铝及铝合金管、棒、线、型材生产上。

7.2　塑性变形中摩擦的分类及机理

7.2.1　外摩擦的分类及机理

7.2.1.1　外摩擦的分类

塑性变形中的摩擦一般都属滑动摩擦。按工具与工件接触面上润滑剂隔离层的厚度和存在情况，可把此种滑动摩擦分为三种基本类型：干摩擦、边界摩擦和流体摩擦三种，分述如下：

（1）干摩擦

干摩擦是指工件与工具接触面间没有任何其他介质和薄膜，仅是其金属与金属之间的摩擦[图 7-3(a)]。然而在塑性加工时由于摩擦对之间常产生氧化膜或吸附一些气体和灰尘，严格说真正的干摩擦在实际生产中是不存在的。通常所说的干摩擦是指不外加润滑剂的摩擦状态。

（2）流体摩擦

当金属与工具表面之间的润滑层较厚，摩擦副在相互运动中不直接接触，完全由润滑油膜隔开[图7-3(c)]，摩擦发生在流体内部分子之间者称为流体摩擦。它不同于干摩擦，摩擦力的大小与接触面的表面状态无关，而是与流体的黏度、速度梯度等因素有关。因而流体摩擦的摩擦系数是很小的。塑性变形中接触面上压力和温度较高，使润滑剂常易挤出或被烧掉，所以流体摩擦只在有条件的情况下发生和作用。

（3）边界摩擦

这是一种介于干摩擦与流体摩擦之间的摩擦状态，称为边界摩擦[图7-3(b)]。

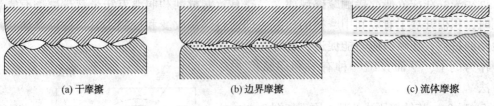

(a) 干摩擦 (b) 边界摩擦 (c) 流体摩擦

图7-3　摩擦表面接触方式

在实际生产中，由于摩擦条件比较恶劣，理想的流体润滑状态较难实现。此外，在塑性变形中，无论是工具表面，还是坯料表面，都不可能是"洁净"的表面，总是处于介质包围之中，总是有一层敷膜吸附在表面上，这种敷膜可以是自然污染膜，油性吸附形成的金属膜，物理吸附形成的边界膜，润滑剂形成的化学反应膜等。因此理想的干摩擦不可能存在。实际上常常是上述三种摩擦共存的混合摩擦（图7-4、图7-5）。它既可以是半干摩擦又可以是半流体摩擦。半干摩擦是边界摩擦与干摩擦的混合状态。当接触面间存在少量的润滑剂或其他介质时，就会出现这种摩擦。半流体摩擦是流体摩擦与边界摩擦的混合状态。当接触表面间有一层润滑剂，在变形中个别部位会发生相互接触的干摩擦。

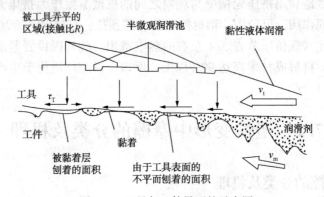

图7-4　工具与工件界面的示意图

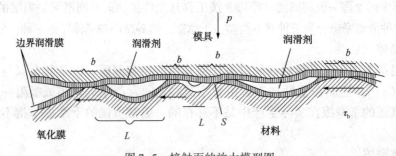

图7-5　接触面的放大模型图

S—黏着部分；b—边界摩擦部分；L—流体润滑部分

144

7.2.1.2 摩擦机理

塑性变形时摩擦的性质是复杂的，目前尚未能彻底地揭露有关接触摩擦的规律。关于摩擦产生的原因，即摩擦机理，有以下几种说法：

（1）表面凸凹学说

所有经过机械加工的表面并非绝对平坦光滑，都有不同程度的微观凸起和凹入。当凹凸不平的两个表面相互接触时，一个表面的部分"凸峰"可能会陷入另一表面的凹坑，产生机械咬合。当这两个相互接触的表面在外力的作用下发生相对运动时，相互咬合的部分会被剪断，此时摩擦力表现为这些凸峰被剪切时的变形阻力。根据这一观点，相互接触的表面越粗糙，相对运动时的摩擦力就越大。降低接触表面的粗糙度，或涂抹润滑剂以填补表面凹坑，都可以起到减少摩擦的作用。

（2）分子吸附说

当两个接触表面非常光滑时，接触摩擦力不但不降低，反而会提高，这一现象无法用机械咬合理论来解释。分子吸附学说认为：摩擦产生的原因是由于接触面上分子之间的相互吸引的结果。物体表面越光滑，实际接触面积就越大，接触面间的距离也就越小，分子吸引力就越强，因此，滑动摩擦力也就越大。

近代摩擦理论认为，摩擦力不仅来自接触表面凹凸部分互相咬合产生的阻力，而且还来自真实接触表面上原子、分子相互吸引作用产生的黏合力。对于流体摩擦来说，摩擦力则为润滑剂层之间的流动阻力。

（3）黏着理论

当两表面接触时，某些接触点的单位压力可能很大，导致塑性变形，使这些点牢固黏着(冷焊)而形成所谓的"焊接桥"。当两表面相对滑动时必剪断这种"焊接桥"。因此剪断这些"焊接桥"的剪切力是构成摩擦力的主要部分。

7.2.2 塑性变形时接触表面摩擦力的计算

根据以上观点，在计算金属塑性变形时的摩擦力时，分下列三种情况考虑。

7.2.2.1 库仑摩擦条件

这时不考虑接触面上的黏着现象(即全滑动)，认为摩擦符合库仑定律。其内容如下：

① 摩擦力与作用于摩擦表面的垂直压力成正比例，与摩擦表面的大小无关；

② 摩擦力与滑动速度的大小无关；

③ 静摩擦系数大于动摩擦系数。

其数学表达式为

$$F = \mu N \quad \text{或} \quad \tau = \mu \sigma_N \tag{7-1}$$

式中　F——摩擦力；

　　　μ——外摩擦系数；

　　　N——垂直于接触面正压力；

　　　σ_N——接触面上的正应力；

　　　τ——接触面上的摩擦切应力。

由于摩擦系数为常数(由实验确定)，故又称常摩擦系数定律。对于像拉拔及其他润滑效果较好的加工过程，此定律较适用。

7.2.2.2 最大摩擦条件

当接触表面没有相对滑动，完全处于黏合状态时，单位摩擦力(τ)等于变形金属流动时的临界切应力k，即

$$\tau = k \tag{7-2}$$

根据塑性条件，在轴对称情况下，$k = 0.5\sigma_T$，在平面变形条件下，$k = 0.577\sigma_T$。式中σ_T为该变形温度或变形速度条件下材料的真实应力，在热变形时，常采用最大摩擦力条件。

7.2.2.3 摩擦力不变条件

认为接触面间的摩擦力，不随正压力大小而变。其单位摩擦力τ是常数，即常摩擦力定律，其表达式为

$$\tau = m \cdot k \tag{7-3}$$

式中　m——摩擦因子，$m = 0 \sim 1.0$。

对照式(7-2)与式(7-3)，当$m = 1.0$时，两个摩擦条件是一致的。对于面压较高的挤压、变形量大的镦粗、模锻以及润滑较困难的热轧等变形过程中，由于金属的剪切流动主要出现在次表层内，$\tau = \tau_s$，故摩擦应力与相应条件下变形金属的性能有关。

在实际金属塑性变形过程中，接触面上的摩擦规律，除与接触表面的状态(粗糙度、润滑剂)、材料的性质与变形条件等有关外，还与变形区几何因子密切相关。在某些条件下同一接触面上存在常摩擦系数区与常摩擦力区的混合摩擦状态。这时求解变形力、能有关方程的边界条件是十分重要的。

7.3　摩擦系数及其影响因素

摩擦系数随金属性质、工艺条件、表面状态、单位压力及所采用润滑剂的种类与性能等而不同。其主要影响因素有：

7.3.1　金属的种类和化学成分

摩擦系数随着不同的金属、不同的化学成分而异。由于金属表面的硬度、强度、吸附性、扩散能力、导热性、氧化速度、氧化膜的性质以及金属间的相互结合力等都与化学成分有关，因此不同种类的金属，摩擦系数不同。例如，用光洁的钢压头在常温下对不同材料进行压缩时测得摩擦系数：软钢为0.17；铝为0.18；α黄铜为0.10，电解铜为0.17，即使同种材料，化学成分变化时，摩擦系数也不同。如钢中的碳含量增加时，摩擦系数会减小(图7-6)。一般说，随着合金元素的增加，摩擦系数下降。

黏附性较强的金属通常具有较大的摩擦系数，如铅、铝、锌等。材料的硬度、强度越高，摩擦系数就越小。因而凡是能提高材料硬度、强度的化学成分都可使摩擦系数减小。

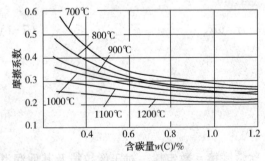

图7-6　钢中碳含量对摩擦系数的影响

7.3.2　工具材料及其表面状态

工具选用铸铁材料时的摩擦系数，比选
用钢时摩擦系数可低15%~20%，而淬火钢的摩擦系数与铸铁的摩擦系数相近。硬质合金轧辊的摩擦系数较合金钢轧辊摩擦系数可降低10%~20%，而金属陶瓷轧辊的摩擦系数比硬质合金辊也同样可降低10%~20%。

工具的表面状态视工具表面的精度及机加工方法的不同，摩擦系数可能在0.05~0.5范围内变化。一般来说，工具表面光洁度越高，摩擦系数越小。但如果两个接触面光洁度都非常高，由于分子吸附作用增强，反使摩擦系数增大。

工具表面加工刀痕常导致摩擦系数的异向性。例如，垂直刀痕方向的摩擦系数有时要比沿刀痕方向高于20%。至于坯料表面的粗糙度对摩擦系数的影响，一般认为只有初次（第一道次）加工时才起明显作用，随着变形的进行，金属表面已成为工具表面的印痕，故以后的摩擦情况只与工具表面状态相关。

7.3.3　接触面上的单位压力

单位压力较小时，表面分子吸附作用不明显，摩擦系数与正压力无关，摩擦系数可认为是常数。当单位压力增加到一定数值后，润滑剂被挤掉或表面膜破坏，这不但增加了真实接触面积，而且使分子吸附作用增强，从而使摩擦系数随压力增加而增加，但增加到一定程度后趋于稳定，如图7-7所示。

7.3.4　变形温度

变形温度对摩擦系数的影响很复杂。因为温度变化时，材料的温度、硬度及接触面上的氧化质的性能都会发生变化，可能产生两个相反的结果：一方面随着温度

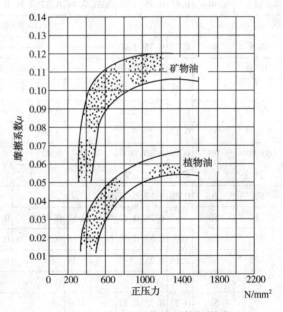

图7-7　正压力对摩擦系数的影响

的增加，可加剧表面的氧化而增加摩擦系数；另一方面，随着温度的提高，被变形金属的强度降低，单位压力也降低，这又导致摩擦系数的减小，所以，变形温度是影响摩擦系数变化因素中，最积极、最活泼的一个，很难一概而论。此外还可出现其他情况，如温度升高，润滑效果可能发生变化；温度高达某值后，表面氧化物可能熔化而从固相变为液相，致使摩擦系数降低。但是，根据大量实验资料与生产实际观察，认为开始时摩擦系数随温度升高而增加，达到最大值以后又随温度升高而降低，如图7-8与图7-9所示。这是因为温度较低时，金属的硬度大，氧化膜薄，摩擦系数小。随着温度升高，金属硬度降低，氧化膜增厚，表面吸附力，原子扩散能力加强；同时，高温使润滑剂性能变坏，所以，摩擦系数增大。当温度继续升高，由于氧化质软化和脱落，氧化质在接触表面间起润滑剂的作用，摩擦系数反而减小（表7-1）。

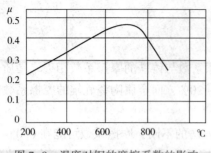
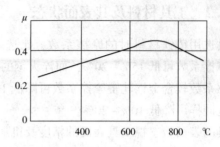

图 7-8　温度对钢的摩擦系数的影响　　　　图 7-9　温度对铜的摩擦系数的影响

表 7-1 给出了不同金属变形时摩擦系数与温度的关系。

表 7-1　不同金属变形时摩擦系数与温度的关系

金属	$\varepsilon/\%$	温度/℃															
		20	200	250	300	350	400	450	500	550	600	650	700	750	800	850	900	950
铝	30	0.15	0.25	0.28	0.31	0.34	0.37	0.39	0.42	0.45	0.48	—						
黄铜																	
95/5	30	0.27	0.35	0.40	—	—	—	—	0.44	—	—	—	—	—	0.40	0.33	0.24
90/10	30	0.22	0.28	0.37	—	—	—	0.40	—	—	—	—	0.44	0.48	0.52	0.56	0.47	0.40
85/15	30	0.21	0.32	0.39	0.42	—	—	0.44	—	—	0.48	0.52	0.55	—	0.57	—	—
80/20	30	0.19	0.31	0.32	0.42	—	—	0.48	0.48	—	0.50	0.53	0.54	—	0.57	—	—
70/30	30	0.17	0.28	—	—	—	0.40	—	—	—	0.42	0.48	0.53	0.55	—	0.57	—
60/40	30	0.18	0.42	0.40	—	—	—	0.42	—	—	0.48	0.53	0.55	—	0.57	—	—
铜	50	0.30	0.37	0.40	—	—	0.42	—	—	—	0.39	0.34	0.30	0.26	0.22	0.20
铅	50	0.20	0.28	0.38	0.54	—	—	—	—	—	—	—	—	—	—	—
镁	50	—	0.39	0.42	0.47	0.52	0.57	0.52	0.46	0.37	—	—	—	—	—	—
镍	50	0.5	0.32	0.33	0.34	0.36	0.37	0.38	0.39	0.40	0.41	0.42	0.43	0.44	0.44	0.45	0.45	0.46
软钢	50	0.16	0.21	—	0.29	—	—	0.32	0.39	0.45	0.54	—	0.54	0.54	0.49	0.46	0.41
不锈钢	50	0.32	—	—	0.42	—	—	—	—	0.44	0.48	0.54	0.54	—	0.57	—	—
锌	50	0.23	0.32	0.53	—	0.57	—	—	—	—	—	—	—	—	—	—
钛	50	—	—	—	—	—	—	—	0.57	—	—	—	—	—	—	—
钛①	50	—	—	—	0.18	—	0.19	—	0.20	0.21	0.22	0.23	0.25	0.28	0.34	0.48	0.57
钛②	50	—	—	—	—	0.15	—	—	—	—	0.18	0.20	0.26	0.37	0.52	0.57

①石墨润滑剂;

②二硫化钼润滑剂。

7.3.5　变形速度

许多实验结果表明,随着变形速度增加,摩擦系数下降,例如用粗磨锤头压缩硬铝试验提出:400℃静压缩时,$\mu=0.32$;动压缩时,$\mu=0.22$;在450℃时相应为 0.38 及 0.22。实验也测得,当轧制速度由 0 增加到 5m/s 时,摩擦系数降低一半。

变形速度增加引起摩擦系数下降的原因,与摩擦状态有关。在干摩擦时,变形速度增加,表面凹凸不平部分来不及相互咬合,表现出摩擦系数的下降。在边界润滑条件下,由

148

于变形速度增加，油膜厚度增大，导致摩擦系数下降，如图7-10所示。但是，变形速度与变形温度密切相关，并影响润滑剂的曳入效果。因此，实际生产中，随着条件的不同，变形速度对摩擦系数的影响也很复杂。有时会得到相反的结果。

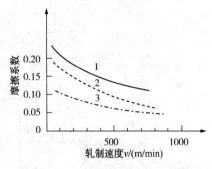

图7-10 扎制速度对摩擦系数的影响
1—压下率60%，润滑油中无添加剂；
2—压下率60%，润滑油中加入酒精；
3—压下率25%，润滑油中加入酒精

7.3.6 润滑剂

压力加工中采用润滑剂能起到防黏减摩以及减少工模具磨损的作用，而不同润滑剂所起的效果不同。因此，正确选用润滑剂，可显著降低摩擦系数。常用金属及合金在不同加工条件下的摩擦系数可查有关加工手册(或实际测量)。

7.3.7 其他因素

① 压下率：带润滑冷轧时，若试样表面不粗糙，一般随压下率增加摩擦系数增大。

② 变形区几何形状参数 l/h：摩擦系数随 l/h 的增大而减小。

③ 轧辊直径：其他条件相同时，摩擦系数随轧辊直径的增加而减小。

7.4 测定摩擦系数的方法

目前测定塑性变形中摩擦系数的方法中，大都是利用库仑定律，即求相应正应力下的摩擦力，然后求出摩擦系数。由于上述诸多因素的影响，加上接触面各处情况不一致，因此，只能确定平均值，下面对几种常用的方法作简要介绍。

7.4.1 夹钳轧制法

这种方法的基本原理是利用纵轧时力的平衡条件来测定摩擦系数，此法如图7-11所示，实验时用钳子夹住板材的未轧入部分，钳子的另一端与测力仪相连，由该测力仪可测得轧辊打滑时的水平力 T。

轧辊打滑时，板料试样在水平方向所受的力平衡条件，即

$$T+2p_n\sin\frac{\alpha}{2}=2\mu p_n\cos\frac{\alpha}{2} \tag{7-4}$$

$$\mu=\frac{T}{2p_n\cos\dfrac{\alpha}{2}}+\tan\frac{\alpha}{2} \tag{7-5}$$

式中，p_n 可以由测定的轧辊垂直压力 p 求出，

$$p=p_n\cos\frac{\alpha}{2}+\mu p_n\sin\frac{\alpha}{2} \tag{7-6}$$

将式(7-6)化简，则可写成：

$$p=p_n\cos\frac{\alpha}{2} \tag{7-7}$$

149

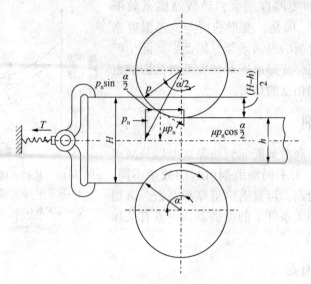

图 7-11　夹钳轧制法

式中接触角 α 可用几何关系算出

$$\sin^2\frac{\alpha}{2}=\frac{H-h}{2k}$$

$$\sin\alpha\doteq\alpha=\sqrt{\frac{H-h}{k}} \tag{7-8}$$

由于 p、T 可测得，由式(7-5)即求出摩擦系数 μ，此法简单易做，也比较精确，可用来测定冷、热态下的摩擦系数。

7.4.2　楔形件压缩法

在倾斜的平锤头间塑压楔形试件，可根据试件变形情况以确定摩擦系数。

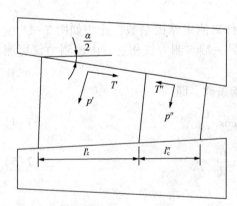

图 7-12　斜锤间塑压楔形件

如图 7-12 所示，试件受塑压时，水平方向的尺寸要扩大。按照金属流动规律，接触表面金属质点要朝着流动阻力最小的方向流动，因此，在水平方向的中间，一定有一个金属质点朝两个方向流动的分界面——中立面，那么根据图示建立力的平衡方程时，可得出

$$p'_x+p''_x+T''_x=T'_x \tag{7-9}$$

设锤头倾角为 $\dfrac{\alpha}{2}$，试件的宽度为 b，平均单位压力为 p，那么

$$p'_x=pbL'_c\sin\frac{\alpha}{2} \tag{7-10}$$

$$p''_x=pbL''_c\sin\frac{\alpha}{2} \tag{7-11}$$

$$T'_x = \mu p b L'_c \cos\frac{\alpha}{2} \qquad\qquad (7-12)$$

$$T''_x = \mu p b L''_c \cos\frac{\alpha}{2} \qquad\qquad (7-13)$$

将这些数值代入式(7-9)并化简后，得

$$L'_c \sin\frac{\alpha}{2} + L''_c \sin\frac{\alpha}{2} + \mu L''_c \cos\frac{\alpha}{2} = \mu L'_c \cos\frac{\alpha}{2} \qquad (7-14)$$

当 α 角很小时， $\qquad \sin\frac{\alpha}{2} \approx \frac{\alpha}{2}, \quad \cos\frac{\alpha}{2} \approx 1$

故 $\qquad\qquad \frac{L'_c \alpha}{2} + \frac{L''_c \alpha}{2} + \mu L''_c = \mu L'_c \qquad\qquad (7-15)$

由式(7-15)得

$$\mu = \frac{(L'_c + L''_c)\dfrac{\alpha}{2}}{(L'_c - L''_c)} \qquad\qquad (7-16)$$

当 α 角已知，并在实验后能测出 L'_c 及 L''_c 的长度，即可按式(7-16)算出摩擦系数。

此法的实质可以认为与轧制过程及一般的平锤下镦粗相似，故可用来确定这两种过程中的摩擦系数。此法应用较方便，主要困难是在于较难准确的确定中立面的位置及精确的测定有关数据。

7.4.3 圆环镦粗法

这是 20 世纪 60 年代提出的一种利用圆环镦粗时的变形来测定摩擦系数的方法。

该方法是把一定尺寸的圆环试样（如 $D : d_0 : H = 20 : 10 : 7$）放在平砧上镦粗。由于试样和砧面间接触摩擦系数的不同，圆环的内、外径在压缩过程中将有不同的变化。在任何摩擦情况下，外径总是增大的，而内径则随摩擦系数而变化，或增大或缩小。当摩擦系数很小时，变形后的圆环内外径都增大；当摩擦系数超过某一临界值时，在圆环中就会出现一个以 R_n 为半径的分流面。分流面以外的金属向外流动，分流面以内的金属向内流动。所以变形后的圆环其外径增大，内径缩小（图 7-13）。

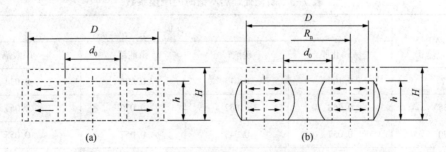

图 7-13 圆环镦粗时金属的流动

用上限法或应力分析法可求出分流面半径 R_n、摩擦系数 μ 和圆环尺寸的理论关系式。据此可绘制成如图 7-13 所示的理论校准曲线。欲测摩擦系数时，把试件做成如图 7-12 所示的尺寸，在特定的条件下进行多次镦粗，每次应取很小的压下量，记下每次镦粗后圆环

151

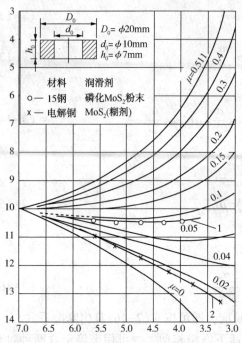

图7-14 圆环镦粗法确定摩擦系数的标定曲线

的高度 H 和内径 d_0，可利用图7-14理论校正曲线，查到欲测接触面间的摩擦系数 μ。

此法较简单，不需测定压力，也不需制备许多压头和试件，即可测得摩擦系数。一般用于测定各种温度、速度条件下的摩擦系数，是目前较广泛应用的方法。但由于圆环试件在镦粗时会出现鼓形。环孔出现椭圆形等，引起测量上的误差，影响结果的精确性。

7.4.4 塑性变形常用摩擦系数

以下介绍在不同塑性变形条件下摩擦系数的一些数据，可供使用时参考。

① 热锻时的摩擦系数，见表7-2。
② 磷化处理后冷锻时的摩擦系数，见表7-3。
③ 拉深时的摩擦系数，见表7-4。
④ 热挤压时的摩擦系数钢热挤压（玻璃润滑）时，$\mu = 0.025 \sim 0.050$，其他金属热挤压摩擦系数，见表7-5。

表7-2 热锻时的摩擦系数

材料	坯料温度/℃	不同润滑剂的 μ 值		
		无润滑	炭末	机油石墨
45号钢	1000	0.37	0.18	0.29
	1200	0.43	0.25	0.31
锻铝	400	无润滑	汽缸油+10%石墨	胶体石墨	精制石蜡+10%石墨	精制石蜡
		0.48	0.09	0.10	0.09	0.16

表7-3 磷化处理后冷锻时的摩擦系数

压力/MPa	μ 值			
	无磷化膜	磷酸锌	磷酸锰	磷酸镉
7	0.108	0.013	0.085	0.034
35	0.068	0.032	0.070	0.069
70	0.057	0.043	0.057	0.055
140	0.07	0.043	0.066	0.055

表 7-4　拉深时的摩擦系数

材料	μ 值		
	无润滑	矿物油	油+石墨
08 钢	0.20~0.25	0.15	0.08~0.10
12Cr18Ni9Ti	0.30~0.35	0.25	0.15
铝	0.25	0.15	0.10
杜拉铝	0.22	0.16	0.08~0.10

表 7-5　热挤压时的摩擦系数

润滑	μ 值					
	铜	黄铜	青铜	铝	铝合金	镁合金
无润滑	0.25	0.18~0.27	0.27~0.29	0.28	0.35	0.28
石墨+油	比上面相应数值降低 0.030~0.035					

7.5　塑性变形的工艺润滑

7.5.1　工艺润滑的目的

为减少或消除塑性变形中外摩擦的不利影响，往往在工模具与变形金属的接触界面上施加润滑剂，进行工艺润滑。其主要目的是：

① 降低金属变形时的能耗。当使用有效润滑剂时，可大大减少或消除工模具与变形金属的直接接触，使接触表面间的相对滑动剪切过程在润滑层内部进行，从而大大降低摩擦力及变形功耗。如轧制板带材时，采用适当的润滑剂可降低轧制压力 10%~15%；节约主电机电耗 8%~20%。拉拔铜线时，拉拔力可降低 10%~20%。

② 提高制品质量。由于外摩擦导致制品表面黏结、压入、划伤及尺寸超差等缺陷或废品。此外，还由于摩擦阻力对金属内外质点塑性流动阻碍作用的显著差异，致使各部分剪切变形程度(晶粒组织的破碎)明显不同。因此，采用有效的润滑方法，利用润滑剂的减摩防黏作用，有利于提高制品的表面和内在质量。

③ 减少工模具磨损，延长工具使用寿命。润滑还能降低面压，隔热与冷却等作用，从而使工模具磨损减少，使用寿命延长。

为达上述目的，应采用有效润滑剂及润滑方法。

塑性变形时如何将润滑剂保持在高压下的工具与坯料之间？尤其是采用液体润滑剂时，几乎可能全部被挤出。液体润滑剂所以能被保持在接触面间，可认为是依靠静液压效果与流体力学效果。此外，还必须充分考虑工具及变形金属与润滑剂的吸附性质，以及工模具与变形金属之间的配对性质，才能达到有效润滑的目的。

7.5.2　润滑机理

7.5.2.1　流体力学原理

根据流体力学原理，当固体表面发生相对运动时，与其连接的液体层被带动，并以相同的速度运动，即液体与固体层之间不产生滑动。在拉拔、轧制情况下，坯料在进入工具入口的间隙，沿着坯料前进方向逐渐变窄。这时，存在于空隙中的润滑剂就会被拖带进去，沿前进方向压力逐渐增高，如图7-15所示。当润滑剂压力增加到工具与坯料间的接触压力时，润滑剂就进入接触面间。如果变形速度、润滑剂的黏度越大，工具与坯料的夹角越小，则润滑剂压力上升得越急剧，接触面间的润滑膜也越厚。此时，所发生的摩擦力在本质上是一种润滑剂分子间的吸引力，这种吸引力阻碍润滑剂质点之间的相互移动。这种阻碍称为相对流动阻力。对液体而言，黏性即意味着内摩擦。液体层与层之间的剪切抗力（液体的内摩擦力），由牛顿定理确定。

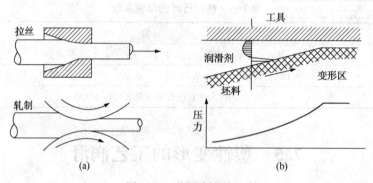

图7-15　润滑剂的曳入

$$T = \eta \frac{\mathrm{d}u}{\mathrm{d}y} F \tag{7-17}$$

式中　$\dfrac{\mathrm{d}u}{\mathrm{d}y}$——垂直于运动方向的内剪切速度梯度；

$\quad\quad F$——剪切面积（即滑移表面的面积）。

通常取沿液体厚度上的速度梯度为常数或取其平均值，这样

$$\frac{\mathrm{d}u}{\mathrm{d}y} = \frac{\Delta V}{\varepsilon} \quad 及 \quad T = \eta \cdot \frac{\Delta V}{\varepsilon} F$$

因此，液体的单位摩擦力

$$t = \eta \cdot \frac{\Delta V}{\varepsilon} \tag{7-18}$$

式中　η——动力黏度，$Pa \cdot s$；

$\quad\quad \varepsilon$——液层厚度。

油的黏度与温度及压力有关。随温度的增加，黏度急剧下降，随压力的增加，油的黏度升高。分析表明，矿物油的黏度受压力影响比动植物油更为明显。

7.5.2.2　吸附机制

金属塑性变形用润滑剂从本质上可分为不含有表面活性物质（如各类矿物油）和含有表面活性物质（如动、植物油、添加剂等）两大类。这些润滑剂中的极性或非极性分子对金属表面都具有吸附能力，并且通过吸附作用在金属表面形成油膜。

矿物油属非极性物质，当它与金属表面接触时，这种非极性分子与金属之间靠瞬时偶极而相互吸引，于是在金属表面形成第一层分子吸附膜（图7-16）。而后由于分子间的吸引形成多层分子组成的润滑油膜，将金属与工具隔开，呈现为液体摩擦。然而，由于瞬时偶极的极性很弱，当承受较大压力和高温时，这种矿物油所形成的油膜将被破坏而挤走，故

润滑效果差。

可见，润滑剂能否很好地起润滑作用，取决于其能不能很好地保持在工具与金属接触表面之间，并形成一定厚度、均匀、完整的润滑层。而润滑层的厚度、完整性及局部破裂取决于润滑剂的黏度及其活性、作用的正压力、接触面的粗糙度以及加工方法的特征等。

所谓润滑剂的活性，就是润滑剂中的极性分子在摩擦表面形成结实的保护层的能力。它决定润滑剂的润滑性能及与摩擦物体之间吸引力的大小。当润滑剂中有极性的物质存在时，会减少纯溶剂的表面张力，而加强金属(工具与变形物体)与润滑剂分子间的吸附力。一般动植物油脂及含有油性添加剂的矿物油，当它与金属表面

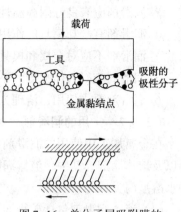

图 7-16　单分子层吸附膜的
润滑作用模型

接触时，润滑油中的极性基因与金属表面产生物理吸附，从而在变形区内形成油膜。而当润滑剂中含有硫、磷、氯等活性元素时，这些极性物质还能与金属表面起化学反应(化学吸附)形成化学吸附膜，牢牢地附在金属与工具表面上，起良好润滑作用。如硬脂酸与金属表面的氧化膜(只需极薄的氧化膜)发生化学反应，生成脂肪酸盐：

$$2RCOOH+MeO \Longrightarrow (RCOO)_2Me+H_2O \qquad (7-19)$$

如图 7-17 所示，金属氧化膜通过化学吸附作用，在表面上生成一种摩擦应力很小的金属脂肪酸皂。

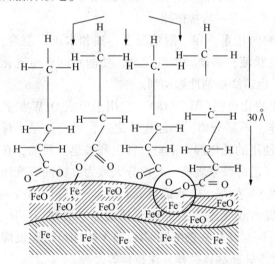

图 7-17　在铁表面上硬脂配组成的边界润滑膜

所谓润滑剂的黏度，是指润滑剂本身黏、稠的程度。它是衡量润滑油流动阻力的参数，在金属塑性变形过程中润滑油的黏度影响很大，黏度过小，即过分稀薄的润滑油，易从变形区挤出，起不到良好的润滑作用；黏度过大，即过分稠厚的润滑油，往往剪切阻力较大，形成的油膜过厚，不能获得光洁的制品表面，也不能达到良好润滑之目的。同时，黏度增加使润滑剂进入困难，如拉拔中，多使用较稀的润滑剂(个别金属除外)，或把金属或工具全部浸入液体润滑剂的槽中。因此，在实际生产中如何根据工艺条件以及产品质量要求选择适当黏度的润滑油是十分重要的。

7.5.3　润滑剂的选择

7.5.3.1　塑性变形中对润滑剂的要求

在选择及配制润滑剂时，必符合下列要求：

① 润滑剂应有良好的耐压性能，在高压作用下，润滑膜仍能吸附在接触表面上，保持良好的润滑状态；

② 润滑剂应有良好耐高温性能，在热加工时，润滑剂应不分解，不变质；

③ 润滑剂有冷却模具的作用；

④ 润滑剂不应对金属和模具有腐蚀作用；

⑤ 润滑剂应对人体无毒，不污染环境；

⑥ 润滑剂要求使用、清理方便、来源丰富、价格便宜等。

7.5.3.2 常用的润滑剂

在金属加工中使用的润滑剂，按其形态可分为：液体润滑剂、固体润滑剂、液-固润滑剂以及熔体润剂。其中，液体润滑剂使用最广，通常可分为纯粹型油(矿物油或动植物油)和水溶型两类。

(1) 液体润滑剂包括矿物油、动植物油、乳液等。

矿物油系指机油、汽缸油、锭子油、齿轮油等。矿物油的分子组成中只含有碳、氢两种元素，由非极性的烃类组成，当它与金属接触时，只发生非极性分子与金属表面的物理吸附作用，不发生任何化学反应，润滑性能较差，在压力加工中较少直接用作润滑剂。通常只作为配制润滑剂的基础油，再加上各种添加剂，或是与固体润滑剂混合，构成液-固混合润滑剂。

动植物油有牛油、猪油、豆油、蓖麻油、棉籽油、棕榈油等。动植物油脂内所含的脂肪酸主要有硬脂酸($C_{17}H_{35}COOH$)、棕榈酸(软脂酸 $C_{15}H_{31}COOH$)及油酸($C_{17}H_{33}COOH$)这三种。它们都含有极性根(如 COOH，COONa)，属于极性物质。这些有机化合物的分子中，一端为非极性的烃基；另一端则为极性基，能在金属表面上作定向排列而形成润油膜。这就使润滑剂在金属上的吸附力加强，故在塑性变形中不易被挤掉。

乳液是一种可溶性矿物油与水均匀混合的两相系。在一般情况下，油和水难以混合，为使油能以微小液珠悬浮于水中，构成稳定乳状液，必须添加乳化剂，使油水间产生乳化作用。另外，为提高乳液中矿物油的润滑性，也需添加油性添加剂。

乳化剂是由亲油性基团和亲水性基团组成的化合物(图 7-18)。它用于形成 O/W 型乳液时，由于这两个基端的存在，能使油水相连，不易分离，如经搅拌之后，可使油呈小球状弥散分布在水中，构成 O/W 型乳液，通常使用的乳化剂为钠皂，钾皂和铵皂。目前，在铜铝及其合金的轧制过程中，大都使用油酸-三乙醇胺系乳液。其组分大致为：机油或变压器油 80%~85%、油酸 10%~15% 及三乙醇胺 5%左右。先制成乳膏(剂)，然后加 90%~97%水搅拌成乳液。其中，水起冷却作用，机油或变压器油为润滑基础油，油酸[$C_{17}H_{33}COOH$]既作油性剂以提高矿物油的润滑性能，同时又与三乙醇胺[$N(CH_2CH_2OH)_3$]起反应形成胺皂，起乳化剂作用。乳液主要用于带材冷轧、高速拉丝、深拉延等过程。

(2) 固体润滑剂，包括石墨、二硫化钼、肥皂等。

由于金属塑性变形中的摩擦本质是表层金属的剪切流动过程，因此从理论上讲，凡剪切强度比被加工金属流动剪切强度小的固体物质都可作为塑性变形中的固体润滑剂，如冷锻钢坯端面放的紫铜薄片；铝合金热轧时包纯铝薄片；拉拔高强度丝时表面镀铜；以及拉拔中使用的石蜡、蜂蜡、脂肪酸皂粉等均属固体润滑剂。然而，使用最多的还是石墨和二硫化钼。

① 石墨：石墨属于六方晶系，具有多层鳞状结构，有油脂感。同一层的原子间距为1.2Å，结合力强，而层与层之间的间距为 3.35Å，结合力弱。当晶格受到切应力的作用时，

156

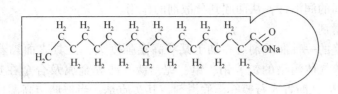

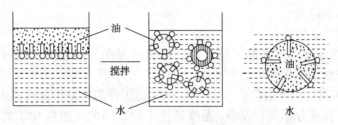

图 7-18　硬脂酸钠乳化剂作用机理示意图

容易产生层间的滑移。所以用石墨作为润滑剂，金属与工具的接触面间所表现的摩擦实质上是石墨层与层之间的内摩擦。而且，这种内摩擦力比金属与工具直接接触时的摩擦力要小得多，从而起到润滑作用。石墨具有良好的导热性和热稳定性，其摩擦系数随正压力的增加而有所增大，但与相对滑动速度几乎没有关系。此外，石墨吸附气体后，摩擦系数会减小，因而在真空条件下的润滑性能不如空气中好。石墨的摩擦系数一般在 $0.05 \sim 0.19$ 的范围内。

　　② 二硫化钼：二硫化钼也属于六方晶系结构，其润滑原理与石墨相同。但它在真空中的摩擦系数比在大气中小，所以更适合作为真空中的润滑剂。二硫化钼的摩擦系数一般为 $0.12 \sim 0.15$。

　　在大气中，石墨温度超过 500℃ 开始氧化，二硫化钼则在 350℃ 时氧化，为了防止石墨、二硫化钼氧化，常在石墨、二硫化钼中加入三氧化二硼，以提高使用温度。

　　石墨、二硫化钼是目前塑性变形中常用的高温固体润滑剂，使用时可制成水剂或油剂。

　　③ 肥皂类：常用的肥皂和蜡类润滑剂有：硬脂肪酸钠、硬脂肪酸锌以及一般肥皂等。硬脂酸锌用于冷挤压铝、铝合金；硬脂酸钠用来拉拔有色金属等加工的润滑剂，也用于钢坯磷化处理后的皂化处理工序。

　　用于金属塑性变形的固体润滑剂，除上述三种外，其他还有重金属硫化物、特种氧化物、某些矿物(如云母、滑石)和塑料(如聚四氟乙烯)等。固体润滑剂的使用状态可以是粉末状的，但多数是制成糊状剂或悬浮液。

　　此外，目前新型的固体润滑剂还有氮化硼(BN)和二硒化铌($NbSe_2$)等。氮化硼的晶体结构与石墨相似，有"白石墨"之称。它不仅绝缘性能好，使用温度高(可高达 900℃)，而且在一般温度下，氮化硼不与任何金属起反应，也几乎不受一切化学药品的浸蚀，BN 可认为是目前唯一的高温润滑材料。

　　(3) 液-固型润滑剂

　　它是把固体润滑粉末悬浮在润滑油或工作油中，构成固-液两相分散系的悬浮液。如拉钨、钼丝时，采用的石墨乳液及热挤压时，所采用的二硫化钼(或石墨)油剂(或水剂)，均属此类润滑剂。它是把纯度较高，粒度小于 $2 \sim 6\mu m$ 的二硫化钼(或石墨)细粉加入油(或水)中，其质量占 25%～30%，使用时再按实际需要用润滑油(或水)稀释，一般浓度控制在 3% 以内。为减少固体润滑粉末的沉淀，可加入少量表面活性物质，以减少液-固界面的张力，提高它们之间的润滑性，从而起到分散剂的作用。

（4）熔体润滑剂

这是出现较晚的一种润滑剂。在加工某些高温强度大，工具表面黏着性强，而且易于受空气中氧、氮等气体污染的钨、钼、钽、铌、钛、锆等金属及合金在热加工（热锻及挤压）时，常采用玻璃、沥青或石蜡等作润滑剂。其实质是，当玻璃与高温坯料接触时，它可以在工具与坯料接触面间熔成液体薄膜，达到隔开两接触表面的目的。所以玻璃既是固体润滑剂，又是熔体润滑剂。

玻璃润滑剂有以下特点：

① 玻璃的导热性差。当高温下熔化时，玻璃包围在坯料表面，坯料与模具不直接接触，使坯料温度降低，模具也可避免过热。

② 玻璃的使用温度范围很广，从 450~2200℃ 的工作温度范围都可选用，玻璃的黏度随温度上升而减小，且成分不同，黏度-温度特性不同，因此可根据加工的温度和所需的黏度，选用合适的玻璃成分（表7-6）。

表7-6　几种玻璃的成分及其使用温度

玻璃主要组成成分/%	适用温度/℃
$10B_2O_3$、$82PoO$、$5SiO_2$、$3Al_2O_3$	530~870
$35SiO_2$、$7.2K_2O$、$56PbO$	870~1090
$63SiO_2$、$7.6Na_2O$、$6K_2O$、$21PbO$	1090~1430
$70SiO_2$、$28B_2O_3$、$1.2PbO$	1260~1730
$57SiO_2$、$5.6CaO$、$12MgO$、$4B_2O_3$、$2Al_2O_3$	1650
$81SiO_2$、$4Na_2O$、$13B_2O_3$、$2Al_2O_3$	1540~2100
$96SiO_2$、$2.9B_2O_3$	1930~2040
$96SiO_2$	2210

③ 玻璃的化学稳定性好，和金属不起化学反应。使用时可以粉末状、网状、丝状及玻璃布等形式单独使用，也可与其他润滑剂混合使用（图7-19）。玻璃润滑剂的特点是：被加工后的零件表面上会附上一层玻璃，不易清除。

7.5.4　润滑剂中的添加剂

为了提高润滑油的润滑、耐磨、防腐等性能，需在润滑油中加入少量的活性物质，这些活性物质总称添加剂。

润滑油中的添加剂，一般应易溶于机油，热稳定性要好，且应具有良好的物理化学性能，常用的添加剂有油性剂、极压剂、抗磨剂和防锈剂等。

极压剂是一种含硫、磷、氯的有机化合物，如氯化石蜡、硫化烯烃等。在高温、高压下，极压剂分解。分解后的产物与金属表面起化学反应，生成熔点低，吸附性强的氯化铁、硫化铁薄膜。由于这些薄膜的熔点低，易熔化，且具有层状结构，因此在较高压力下仍然起润滑作用（图7-20）。采用氯化石蜡的缺点是对金属表面有腐蚀作用。

158

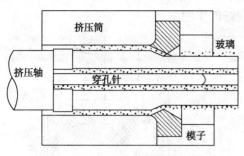

图 7-19　热挤压时的玻璃润滑

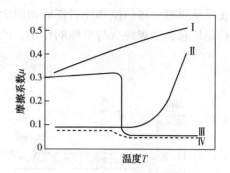

图 7-20　各种润滑剂的效果
Ⅰ—矿物油；Ⅱ—脂肪酸；
Ⅲ—极压剂；Ⅳ—极压剂加脂肪酸

油性剂是指天然酯、醇、脂肪酸等物质。这些物质都含有羧(COOH)类活性基。活性基通过与金属表面的吸附作用，在金属表面形成润滑膜，起润滑和减磨作用。

抗磨剂常用的有硫化棉籽油、硫化鲸鱼油等，这些硫化物可以在 S—S 键处分出自由基，然后自由基与金属表面起化学反应，生成抗腐蚀、减磨损的润滑油膜。起到抗腐、减磨作用。

防锈剂常用的有石油磺酸钡。当加入润滑油后，在金属表面形成吸附膜，起隔水、防锈的作用。

在石墨和二硫化钼中常用三氯化二硼作为添加剂来提高抗氧化性和使用温度。

塑性变形中常用的添加剂见表 7-7，润滑剂中加入适当的添加剂后，摩擦系数降低，金属黏膜现象减少，变形程度提高，并可使产品表面质量得到改善，因此目前广泛采用有添加剂的润滑油。

表 7-7　润滑油中常用的添加剂及其添加量

种类	作用	化合物名称	添加量/%
油性剂	形成油膜，减少摩擦	长链脂肪酸、油酸	0.1~1
极压剂	防止接触表面黏合	有机硫化物、氯化物	5~10
抗磨剂	形成保护膜，防止磨损	磷酸酯	5~10
防锈剂	防止润滑油生锈	羧酸、酒精	0.1~1
乳化剂	使油乳化、稳定乳液	硫酸、磷酸酯	~3
流动点下降剂	防止低温时油中石蜡固化	氯化石蜡	0.1~1
黏度剂	提高润滑油黏度	聚甲基丙烯酸等聚合物	2~10

7.5.5　润滑方法的改进

为了减小塑性变形时的摩擦和磨损，除了不断改进润滑剂的性能和研制新的润滑剂外，改进润滑方法，也是一个很重要的问题。

7.5.5.1　流体润滑

流体润滑常用于线材拉拔(图 7-21)，在模具入口处加一个套管。套管与坯料间具有很小间隙。当坯料从套管中高速通过时，就把润滑剂带入模孔内。在模孔入口处，由于间隙变小，润滑油产生高压。当压力高到一定数值时，在坯料与模具之间就产生和保持流体润滑膜，起良好润滑作用。

在反挤压时，将凸模和坯料作成如图 7-22 所示的形状，在反挤压过程中，润滑剂能够持久稳定地起到隔离冲头与毛坯的作用，产生良好的作用。

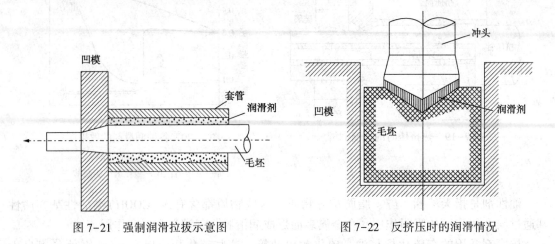

图 7-21　强制润滑拉拔示意图　　　　　图 7-22　反挤压时的润滑情况

在静液挤压[图 7-23(b)]和充液拉深等工艺中高压液体是作为传递变形力的介质，同时又起到强制润滑作用。故挤压力比普通挤压要低得多(图 7-24)。

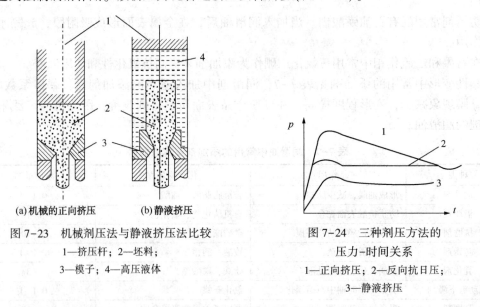

图 7-23　机械剂压法与静液挤压法比较
　　　　1—挤压杆；2—坯料；
　　　　3—模子；4—高压液体

图 7-24　三种剂压方法的
　　　　压力-时间关系
　　　1—正向挤压；2—反向抗日压；
　　　3—静液挤压

7.5.5.2　表面处理

① 表面磷化处理。冷挤压、冷拉拔钢制品时，即使润滑油中加入添加剂，油膜还会遭到破坏或被挤掉，而失去润滑作用。为此，要在坯料表面上用化学方法制成一层磷酸盐或草酸盐薄膜。这种磷化膜呈多孔状态，对润滑剂有吸附作用。磷化膜的厚度是 $10 \sim 20\mu m$，它与金属表面结合很牢，而且有一定塑性，在加工时能与钢一起变形。

磷化处理后须进行润滑处理，常用的有硬脂酸钠，肥皂等，故称皂化。

② 表面氧化处理。对于一些难加工的高温合金，如钨丝、钼丝、钽丝等，在拉拔前，需进行阳极氧化或氧化处理，使这些氧化生成的膜，成为润滑底层，对润滑剂有吸附作用。

③ 表面镀层。电镀得到的镀层，结构细密，纯度高，与基体结合力好。目前常用的是

镀铜。坯料经镀铜后，镀膜可作为润滑剂，其原因是镀层的 σ_s 比零件金属小得多，因此，摩擦也较小。

复习思考题

7-1   金属塑性变形的接触摩擦有哪些主要特点？对加工过程有何影响和作用？

7-2   金属塑性变形的摩擦分类及其机理如何？

7-3   金属塑性变形的主要摩擦定律是什么？

7-4   影响摩擦系数的主要因素有哪些？

7-5   简述塑性变形接触摩擦系数的测定方法及原理。

7-6   分析变形温度对摩擦系数的影响及原因。

7-7   简述变形速度增加引起摩擦系数下降的原因。

7-8   简述塑性变形过程润滑的目的及机理。

7-9   简述塑性变形工艺润滑剂选择的基本原则。

7-10   压力加工中所使用的润滑剂有哪几类？液体润滑剂中的乳液为什么具有良好的润滑作用？

8 轧制过程

本章导读：学习本章要了解简单轧制过程，熟知轧制变形区及基本参数；掌握实现轧制过程咬入条件和稳定轧制条件；了解最大压下量的计算方法；熟知咬入的影响因素及改善咬入的具体措施；熟悉三种典型轧制情况下力学特征和变形特征。

8.1 轧制过程的基本概念

轧制又称压延，是金属压力加工中应用最为广泛的一种生产形式。所谓轧制过程就是指金属被旋转轧辊的摩擦力带入轧辊之间受压缩而产生塑性变形，从而获得一定尺寸、形状和性能的金属产品的过程。

8.1.1 轧制分类

8.1.1.1 根据轧件纵轴线与轧辊轴线的相对位置分类

根据轧件纵轴线与轧辊轴线的相对位置分类，轧制可分为横轧、纵轧和斜轧(图 8-1)。

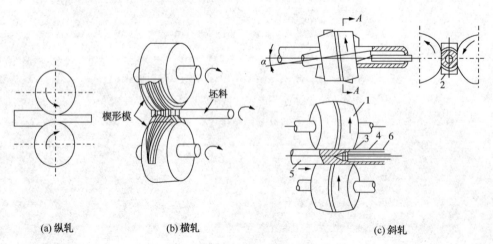

(a) 纵轧　　　　　　(b) 横轧　　　　　　(c) 斜轧

图 8-1　轧制过程示意图

1—轧辊；2—导板；3—顶头；4—顶杆；5—锭坯；6—管坯

横轧：轧辊转动方向相同，轧件的纵向轴线与轧辊的纵向轴线平行或成一定锥角，轧制

162

时轧件随着轧辊作相应的转动。它主要用来轧制生产回转体轧件，如变断面轴坯、齿轮坯等。

纵轧：轧辊的转动方向相反，轧件的纵向轴线与轧辊的水平轴线在水平面上的投影相互垂直，轧制后的轧件不仅断面减小、形状改变，长度亦有较大的增长。它是轧钢生产中应用最广泛的一种轧制方法，如各种型材和板材的轧制。

斜轧：轧辊转动方向相同，其轴线与轧件纵向轴线在水平面上的投影相互平行，但在垂直面上的投影各与轧件纵轴成一交角，因而轧制时轧件既旋转，又前进，做螺旋运动。它主要用来生产管材和回转体型材。

8.1.1.2　根据轧制温度分类

根据轧制温度不同又可分为热轧和冷轧。将金属加热到再结晶温度以上进行轧制叫作热轧。热轧的优点是可以消除加工硬化，能使金属的硬度、强度、脆性降低，塑性、韧性增加，而易于加工。这是因为金属在再结晶温度以上产生塑性变形（即产生加工硬化）的同时，产生了非常完善的再结晶。但在高温下钢件表面易生成氧化铁皮，使产品表面粗糙度增大，尺寸不够精确。

金属在再结晶温度以下进行的轧制叫冷轧。冷轧的优点与热轧相反。

8.1.2　简单轧制过程

在实际生产中，轧制变形是比较复杂的。为了便于研究，有必要对复杂的轧制问题进行简化。即提出了所谓比较理想的轧制过程简单轧制过程。通常把具有下列条件的轧制过程称为简单轧制过程。

① 两个轧辊都被电动机带动，且两轧辊直径相同，转速相等，轧辊辊身为平辊，轧辊为刚性；

② 两个轧辊的轴线平行，且在同一个垂直平面中；

③ 被轧制金属性质均匀一致，即变形温度一致，变形抗力一致，且变形均匀；

④ 被轧制金属只受到来自轧辊的作用力，即不存在前后拉力或推力，且被轧制金属做匀速运动。

简单轧制过程是一个理想化的轧制过程模型。为了简化轧制理论的研究，有必要从简单轧制过程出发．并在此基础上再对非简单轧制过程的问题进行探讨。

8.1.3　轧制变形区及基本参数

8.1.3.1　轧制变形区的概念

轧制变形区是指轧制时，轧件在轧辊作用下发生变形的体积。实际的轧制变形区分成弹性变形区、塑性变形区和弹性恢复区三个区域(图8-2)。

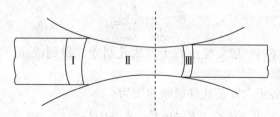

图 8-2　冷轧薄板变形区

Ⅰ—弹性变形区；Ⅱ—塑性变形区；Ⅲ—弹性恢复区

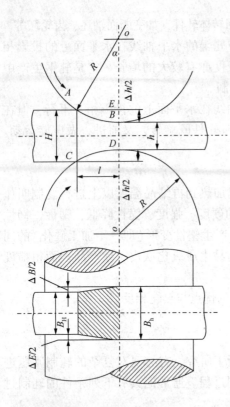

图 8-3　简单理想轧制过程图示

在实际分析中，一般将轧制变形区简化为轧辊与轧件接触面之间的几何区。

最简单的轧制变形区是轧制宽而较薄的钢板轧机的变形区。当轧件横向变形为零时，变形区水平投影为一矩形。当有宽展存在时则变形区水平投影近似为梯形。

如图 8-3 所示的简单轧制过程示意图中的变形区是指 ABCD 所构成的区域，在俯视图中画有剖面的梯形区域为几何变形区。本章所说变形区一般指几何变形区。

8.1.3.2　描述变形区的基本参数

简单轧制时，变形区的纵横断面可以看作梯形，描述变形区的基本参数有：

① 轧件入出口断面的高度 H、h 和宽度度 B_H、B_h；

② 变形区长度 l：接触弧长的水平投影，也叫变形区长度；

③ 咬入角 α：轧件被咬入轧辊时轧件和轧辊最先接触点(实际上为一条线)和轧辊中心的连线与两轧辊中心连线所构成的角度。稳定轧制时是接触弧所对应的圆心角。

8.1.3.3　轧制延伸系数 μ

轧制时绝对变形量(压下、延伸、宽展)分别用下式表示：

$$\Delta h = H - h$$
$$\Delta L = L_h - L_H$$
$$\Delta B = B_h - B_H$$

式中　h、H——轧件轧后、轧前高度；

L_h、L_H——轧件轧后、轧前长度；

B_h、B_H——轧件轧后、轧前宽度。

轧制时由一个主变形方向压下来的金属，按着不同的比例分配到另外两个主变形方向上去，亦即轧制时在一定压下量情况下将会得到一定的延伸量和宽展量。

如果以 F_H 表示轧件在轧前的横断面积，而 F_h 为轧后的横断面积，根据体积不变条件，则

$$\frac{L_h}{L_H} = \frac{F_H}{F_h} = \mu \tag{8-1}$$

在轧制生产中，坯料一般要经过若干道次轧制才能得到成品，延伸系数则可分为总延伸系数和道次延伸系数。

如轧制 n 道次，各道次轧前轧件横断面积为

$$F_0 = \mu_1 F_1 \quad F_1 = \mu_2 F_2 \quad F_2 = \mu_3 F_3 \cdots F_{n-1} = \mu_n F_n$$

从上式可得

$$F_0 = \mu_1 \cdot \mu_2 \cdot \mu_3 \cdot \cdots \cdot \mu_n F_n \tag{8-2}$$

164

式中　　　　　F_0、F_n——轧前、轧后轧件横断面积；

F_1、F_2、…、F_{n-1}——$1 \sim (n-1)$道次轧件轧后之横断面积；

μ_1、μ_2、…、μ_n——$1 \sim n$道次的延伸系数。

由式(8-2)可得

$$\frac{F_0}{F_n} = \mu_1 \cdot \mu_2 \cdot \cdots \cdot \mu_n$$

如果设 $\mu_{\sum} = F_0 / F_n$ 为轧件轧制 n 道次后的轧制总延伸系数，则

$$\mu_{\sum} = \mu_1 \cdot \mu_2 \cdot \mu_3 \cdot \cdots \cdot \mu_n \tag{8-3}$$

由此可知，总延伸系数为各道次延伸系数之乘积。

轧板时，由于宽展甚小可以忽略不计。

8.1.3.4 轧制变形程度 ε

轧件在高度、宽度和长度三个方向的变形分别称为：压下、宽展和延伸。变形程度分为绝对变形量和相对对变形量。

① 绝对变形量表示为

$$\left. \begin{array}{l} \Delta h = h_0 - h_1 \\ \Delta b = b_1 - b_0 \\ \Delta I = I_1 - I_0 \end{array} \right\}$$

② 相对对变形量有三种表示方法

工程应变：

$$\left. \begin{array}{l} r_\mathrm{h} = \dfrac{h_0 - h_1}{h_0} \times 100\% \\[3mm] r_\mathrm{b} \dfrac{b_1 - b_0}{b_0} \times 100\% \\[3mm] r_1 \dfrac{I_1 - I_0}{I_0} \times 100\% \end{array} \right\}$$

真应变：

$$\left. \begin{array}{l} \varepsilon_h = \displaystyle\int_{h_0}^{h_1} \left(-\dfrac{\mathrm{d}h}{h} \right) = \ln \dfrac{h_0}{h_1} \\[4mm] \varepsilon_b = \displaystyle\int_{b_0}^{b_1} \dfrac{\mathrm{d}b}{b} = \ln \dfrac{b_1}{b_0} \\[4mm] \varepsilon_I = \displaystyle\int_{l_0}^{l_1} \dfrac{\mathrm{d}l}{l} = \ln \dfrac{l_1}{l_0} \end{array} \right\}$$

变形系数：

$$\left. \begin{array}{l} \eta = \dfrac{h_1}{h_0} \\[3mm] \beta = \dfrac{b_1}{b_0} \\[3mm] \lambda = \dfrac{l_1}{l_0} \end{array} \right\}$$

轧制时常常用相对压下量(工程应变)来表示变形程度，记为 ε。

第 1 道次至 n 道次，各道次的压下率为

$$\varepsilon_1 = \frac{H_0 - H_1}{H_0} \quad \varepsilon_2 = \frac{H_1 - H_2}{H_1} \cdots \cdots \varepsilon_n = \frac{H_{n-1} - H_n}{H_{n-1}}$$

而积累压下率 ε_Σ 为

$$\varepsilon_\Sigma = \frac{H_0 - H_n}{H_0}$$

式中　　　　H_0——轧前轧件高度；

H_1、H_2、$\cdots$、H_n——$1 \sim n$ 道次轧后的轧件高度；

ε_1、ε_2、$\cdots$、ε_n——$1 \sim n$ 道次的压下率；

ε_Σ——$1 \sim n$ 道次的积累压下率。

积累压下率与道次压下率之关系为

$$(1 - \varepsilon_\Sigma) = (1 - \varepsilon_1)(1 - \varepsilon_2) \cdots (1 - \varepsilon_n) \cdots \cdots (1 - \varepsilon_n) \tag{8-4}$$

如果将上式稍加改写这个结论就很容易明白了，即

$$\left(1 - \frac{H_0 - H_n}{H_o}\right) = \left(1 - \frac{H_0 - H_1}{H_o}\right)\left(1 - \frac{H_1 - H_2}{H_1}\right) \cdots \cdots \left(1 - \frac{H_{n-1} - H_n}{H_{n-1}}\right)$$

简化后左右两边相等，为

$$\frac{H_n}{H_0} = \frac{H_1}{H_0} \cdot \frac{H_2}{H_1} \cdot \frac{H_3}{H_2} \cdots \frac{H_n}{H_{n-1}}$$

8.1.3.5　咬入角 α

如图 8-3 所示，咬入角 α 是指轧件开始轧入轧辊时，轧件和轧辊最先接触的点 A 和轧辊中心 O 的连线 OA 与轧辊中心线 OO 所构成的圆心角。

现在我们来求咬入角 α，轧辊直径 D 和压下量 Δh 的关系。由图 8-3 可以得出

$$\overline{EB} = \overline{OB} - \overline{OE} = R - \overline{OE}$$

式中　R——轧辊半径。

但是

$$\overline{OE} = R\cos\alpha$$

$$\overline{EB} = \frac{H - h}{2} = \frac{\Delta h}{2}$$

代入，得出

$$H - h = 2R(1 - \cos\alpha) = D(1 - \cos\alpha) \tag{8-5}$$

或为

$$\Delta h = D(1 - \cos\alpha) \tag{8-6}$$

如果上面三值中二者为已知，则其余一值能够迅速地按式(8-6)求得。

例如，$D = 460\text{mm}$、$\Delta h = 29\text{mm}$ 时，由公式可求出 $\alpha = 20°20'$。

又如，$D = 165\text{mm}$、$\alpha = 5°$ 时，由公式可求得 $\Delta h = 0.627\text{mm}$。

把 $\sin\dfrac{\alpha}{2} = \sqrt{\dfrac{1}{2}(1 - \cos\alpha)}$ 代入式(8-6)

得 $\sin\dfrac{\alpha}{2} = \dfrac{1}{2}\sqrt{\dfrac{\Delta h}{R}}$

又因为 $\sin\dfrac{\alpha}{2} \approx \dfrac{\alpha}{2}$

166

所以可以得到咬入角的近似值 $\alpha=\sqrt{\dfrac{\Delta h}{R}}$

8.1.3.6 变形区长度 l

根据几何关系，接触弧长 s 为

$$s = R\alpha \tag{8-7}$$

接触弧之水平投影叫作变形区长度 l（图 8-3）。由图得

$$l = R\sin\alpha$$

或

$$l^2 = R^2 - \overline{OE}^2$$

而

$$\overline{OE} = \left(R - \frac{\Delta h}{2}\right)$$

故得

$$l^2 = R^2 - \left(R - \frac{\Delta h}{2}\right)^2 = R^2 - R^2 + R\Delta h - \frac{\Delta h^2}{4} = R\Delta h - \frac{\Delta h^2}{4}$$

最后得出

$$l = \sqrt{R\Delta h - \frac{\Delta h^2}{4}} \tag{8-8}$$

如果忽略 $\dfrac{\Delta h^2}{4}$，则 l 可近似用下式表示

$$l \approx \sqrt{R\Delta h} \tag{8-9}$$

8.1.3.7 变形速度

轧制变形速度以轧件通过变形区单位时间的相对压下量来表示，其计算公式为

$$\mu = \frac{2\Delta h \upsilon}{(H+h)\, l_{变}}$$

式中　　μ——变形速度，$1/\text{s}$；

$\quad\ \ \Delta h$——变形量，mm；

$\quad\ \ \ \upsilon$——轧制速度，mm/s；

$\quad\ \ \ H$——轧前厚度，mm；

$\quad\ \ \ h$——轧后厚度，mm；

$\quad\ \ \ l_{变}$——变形区长度，mm。

变形速度对金属的变形抗力及塑性都有影响。当变形程度一定时，在热加工温度范围内，随着变形速度的增加，变形抗力有比较明显的增加。

8.2　咬入条件与稳定轧制过程

8.2.1　咬入条件

在生产实践中可以发现，有时轧制很顺利，但也有时压下量大了，轧件就轧不入。轧件轧不入，一般称不能咬入。

轧制过程是否能建立，决定于轧件能否被旋转的轧辊咬入。因此，研究分析轧辊咬入轧件的条件，具有非常重要的实际意义。

8.2.1.1 轧件与轧辊接触时，轧辊对轧件的作用力

如图 8-4 所示，当轧件接触到旋转的轧辊时，在接触点(实际上是一条沿辊身长度的线)上轧件以一力 p 压向轧辊。因此，旋转的轧辊即以与作用力 p 大小相同方反的力作用到轧件上，同时旋转的轧辊与轧件之间有摩擦力 T。对轧件来说，受有 p 及 T 两个力的作用；p 力的方向是径向的正压力；T 力是摩擦力，与轧辊旋转方向一致，是切线方向的，与 p 力垂直。按库仑定律，摩擦系数 f 为

$$\frac{T}{p} = f$$

亦即

$$T = fp \tag{8-10}$$

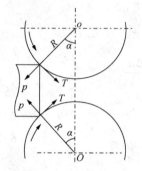

图 8-4 咬入时轧件受力分析

8.2.1.2 轧件被轧辊咬入的条件

由轧件受力图(图 8-4)可以看出，力 p 是外推力，而 T 是拉入力，能否咬入则由它们谁占优势来决定。

可以把 p 和 T 分解成水平方向的分力 p_x 和 T_x，垂直方向的分力 p_y 和 T_y[图 8-5(b)和图 8-5(c)]。

垂直分力 p_y 和 T_y 是压缩轧件的，使轧件产生塑性变形。水平分力 p_x 和 T_x 直接影响咬入。存在以下三种情况：

① 当 p_x 大于 T_x 时，不能自然咬入。

② 当 p_x 小于 T_x 时，能够自然咬入。

③ 当 $p_x = T_x$ 时，是咬入的临界条件。

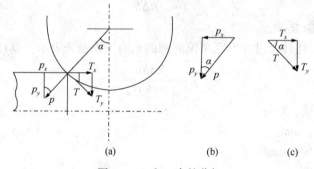

图 8-5 p 和 T 力的分解

由上图可知

$$p_x = p\sin\alpha \qquad T_x = T\cos\alpha$$

当 $p_x = T_x$ 时，则为

$$p\sin\alpha = T\cos\alpha$$

改写成

$$\frac{T}{p} = \frac{\sin\alpha}{\cos\alpha} = \tan\alpha$$

且由式(8-10)，所以

$$f = \tan\alpha \tag{8-11}$$

它是临界条件的另一种表现形式。这个公式说明，咬入角 α 的正切值等于轧件与轧辊之间的摩擦系数 f 时，是咬入的临界条件，当 $\tan\alpha < f$ 时，能咬入，如果 $\tan\alpha > f$ 时，则不能咬入。

根据物理概念，摩擦系数可以用摩擦角来表示，亦即摩擦角 β 的正切就是摩擦系数 f，$\tan\alpha = f$ 将此式代入式(8-11)，得

$$\tan\beta \geqslant \tan\alpha$$

或 $$\beta \geqslant \alpha \tag{8-12}$$

即轧制过程之咬入条件为摩擦角 β 大于咬入角 α。

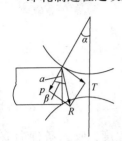

图 8-6　咬入条件

如果用图表示，当 $\beta > \alpha$ 时，合力 R 的方向已向轧制方向倾斜，说明轧件可以咬入。根据式(8-6)，压下量 Δh 和轧辊直径 D、咬入角 α 有关(图 8-6)。

$$\Delta h = D(1 - \cos\alpha)$$

当式中轧辊直径 D 为常数，根据上式：

① 若在辊径不变情况下，若增加咬入角 α，压下量 Δh 便增加。而 α 的增加又受摩擦角的限制，故欲使 α 增加以提高压下量，必须增大摩擦，例如在初轧机轧辊上刻痕迹或冷轧开坯不用润滑就是这个道理。

② 若咬入角不变(即 α 为常值)，设 $C = 1 - \cos\alpha$，则 $\Delta h = CD$，则在相同摩擦条件下，增加辊径可以增大压下量 Δh，是改善咬入的一个好办法。

③ 如 Δh 为常值，随 D 增加，α 减少，有利咬入。

8.2.2　稳定轧制过程

应指出，在咬入过程中，金属和轧辊的接触表面，一直是连续地增加的。因此，随着金属逐渐地进入辊隙，轧制压力 p 及摩擦力 T 已不作用在 a 处，而是逐渐向着变形区的出口方向移动，对轧件作受力分析如下我们用 θ' 表示轧件咬入后其前端与中心线所成的夹角(图 8-7)。按照轧件进入轧辊的程度，θ' 一直是在减小。开始咬入时 $\theta' = \alpha$，在金属完全充满辊隙后 $\theta' = 0$。随着金属逐渐充填变形区，合力 P 的作用角由原来的 α 变成 φ 角，当假设沿接触弧应力均匀分布时，在这种情况下，合力作用点在接触弧的中点，则 φ 角的大小为

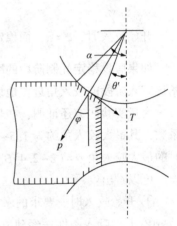

图 8-7　金属进入变形区情况

$$\varphi = \frac{\alpha - \theta'}{2} + \theta'$$

即 $$\varphi = \frac{\alpha + \theta'}{2} \tag{8-13}$$

显然，随 θ' 由 α 变至 0，φ 将由 α 变化至 $\alpha/2$。当 $\varphi = \alpha$ 时，为金属开始咬入；而当 $\varphi = \frac{\alpha}{2}$ 时，金属充填整个变形区，此时一般称作轧制过程建成，即进入稳定轧制阶段。

在金属进入到变形区中某一中间位置时，p 与 T 之水平力亦在不断变化，随着 φ 减小，T_x 增加，p_x 减小，水平轧入力比水平推出力越来越大，这说明咬入比开始容易。

金属充满轧辊后，$\theta' = 0$，合力的作用点的位置也固定下来，中心角 φ 不再发生变化，开始稳定轧制阶段。继续进行轧制的条件仍然应当是水平轧入力 T_x 大于水平推出力 p_x，$T_x \geqslant p_x$。如图 8-8 所示，此时

$$T_x = T\cos\frac{\alpha}{2} \quad p_x = p\sin\frac{\alpha}{2}$$

那么，$T_x \geqslant p_x$ 可写为

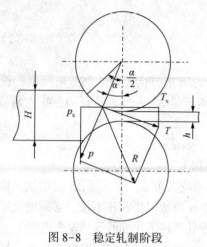

图 8-8　稳定轧制阶段

$$T\cos\frac{\alpha}{2} \geqslant p\sin\frac{\alpha}{2}$$

或

$$T/p \geqslant \tan\frac{\alpha}{2}$$

亦即

$$\tan\beta = f = \frac{T}{p} \geqslant \tan\frac{\alpha}{2}$$

由此得出

$$\beta \geqslant \frac{\alpha}{2} \qquad (8-14)$$

可见，按照金属进入轧辊的程度，咬入条件向有利的一方面转化，亦即最初轧入时，所需摩擦条件最高，随轧件逐渐进入轧辊，越易咬入。

开始咬入时的咬入条件为 $\beta \geqslant \alpha$，而建成过程则为 $\beta \geqslant \frac{\alpha}{2}$。如果以通式表示，可写成式(8-15)：

$$\beta \geqslant \varphi \qquad (8-15)$$

开始咬入时，$\varphi = \alpha$，而稳定轧制时 $\varphi = \frac{\alpha}{2}$。

如果假设稳定轧制阶段的摩擦系数不变且其他条件相同时，稳定轧制阶段允许的咬入角比咬入阶段的咬入角近似地认为大 2 倍。

大量实验研究还证明，在热轧情况下，稳态轧制时的摩擦系数小于开始咬入时的摩擦系数，其最大咬入角约为 1.5~1.7 倍摩擦角，即 $\alpha = (1.5~1.7)\beta$；冷轧情况下，稳态轧制时的最大咬入角 $\alpha = (2~2.4)\beta$。

可以看出：

① 开始咬入时所要求的摩擦条件高，即摩擦系数相对要大一些。

② 开始咬入条件一经建立起来，轧件就能自然向辊间充填，此时水平曳入力逐渐增大，咬入越容易，稳定轧制过程也容易建立。

8.2.3　改善咬入条件的途径

满足咬入条件，是顺利实现轧制过程的基本保证，而改善咬入条件，是增加压下量、提高生产率的有力措施。

如果咬入角大于摩擦角，轧辊将不能自由咬入金属。此时为了实现咬入，凡是能增加摩擦角 β 或减小咬入角 α 的一切因素都有利于咬入。具体可采用下列措施：

8.2.3.1　增大摩擦角的措施。

① 改变轧件或轧辊的表面状态，例如在轧制钢坯时，轧辊表面刻痕以增大摩擦系数。

② 低速咬入。开始咬入时，用低速咬入增加摩擦角，稳定轧制建立后，再提高轧辊速度，以便提高生产率。

8.2.3.2　减小咬入角措施。

① 增加轧辊直径 D。

② 减小压下量(小头进钢)，在轧辊直径给定的情况下，减小绝对压下量 Δh 都可以减

小咬入角。例如：把轧件前端做成锥形或楔形，使初始咬入角减小，以便容易咬入。

③ 强迫咬入。给轧件施以外推力，使轧件与轧棍间的接触面积增大，减小了咬入角，增大了摩擦的影响，使咬入容易实现。

由于咬入受摩擦系数、轧辊直径和压下量等因素的影响，所以，在一定的轧制条件下，有一个最大允许咬入角的存在。表 8-1 为在各种不同的轧制条件下，实际所能达到的最大咬入角值。表中数值是根据实际测定和经验得到的。

表 8-1　各种轧制情况的咬入角

轧机型式	摩擦系数	咬入角/(°)
冷轧钢		
在磨削轧辊上加润滑剂	0.05~0.07	3~4
在未磨削轧辊上无润滑剂	0.09~0.14	5~8
热轧钢和其他金属		
钢板	0.31~0.38	18~22
铝板(350℃)	0.35~0.38	20~22
镍板(1100℃)	0.38	22
黄铜板(800℃)	0.37~0.42	21~24
普通型钢	0.38~0.42	22~24
型钢(轧辊表面有刻槽、网纹或者有堆焊)	0.47~0.59	27~34

8.3　轧制过程的基本现象

8.3.1　轧制过程的塑性变形

轧件咬入后，发生塑性变形。对其变形情况可从平板压缩分析开始。当平板压缩时，金属向两个方向变形，并以其垂直对称线作分界线[图 8-9(a)]。

如果压缩时，工具平面不平行[图 8-9(b)]，由于工具形状的影响，金属容易向 AB 方向流动，因此它的分界线(或称中性线、中性面)便偏向 CD 一侧。轧制时的情况与此相类似，金属向入口侧流动容易，向出口侧流动较少，其中性面偏向出口侧。

中性面对应的圆心角叫中性角，通常以 γ 表示[图 8-9(c)]。金属质点向入口侧流动形成后滑，向出口侧流动形成前滑，向两侧流动形成宽展。由于工具形状沿轧制方向是圆弧面，沿宽度方向为平面工具，而变形区长度 l 一般总小于轧件宽度 B，所以沿轧制方向受较小的阻力使金属向宽度方向流动少，向延伸方向流的多。

8.3.2　轧制过程的质点运动

当金属由轧前高度 H 轧到轧后高度 h 时，由于进入变形区高度逐渐减小，根据体积不变条件，变形区内金属全部质点运动速度不可能一样。各金属质点之间以及金属表面质点与工具表面质点之间就可能产生相对运动。

设轧件无宽展，且轧件沿每一高度断面上质点变形均匀，其运动之水平速度一样

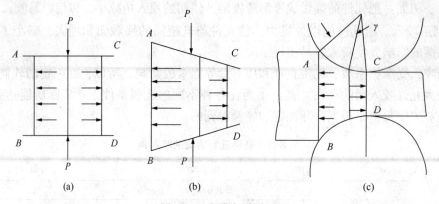

(a)   (b)   (c)

图 8-9 金属变形图示

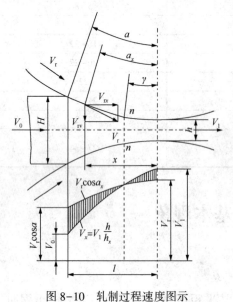

图 8-10 轧制过程速度图示

（图8-10）。显然，在这种情况下，根据体积不变条件，轧件在前滑区相对于轧辊来说，超前于轧辊，而且在出口处速度 v_h 为最大，在后滑区落后于轧辊，并在入口处速度 v_H 为最小，在中性面上轧件与轧辊的水平速度相等，并以 v_γ 表示之。由此得出

$$v_h > v_\gamma > v_H \qquad (8-16)$$

而且轧件出口速度 v_h 大于轧辊圆周速度 v，即

$$v_h > v \qquad (8-17)$$

轧件入口速度小于轧辊水平速度，在入口处轧辊水平分速度为 $v\cos\alpha$，则

$$v_H < v\cos\alpha \qquad (8-18)$$

中性面处轧件水平速度与此处轧辊之水平速度相等，它等于

$$v_\gamma = v\cos\gamma \qquad (8-19)$$

变形区任意一点轧件的水平速度可以用体积不变条件计算，如果忽略宽展，就可得出下式：

$$v_x \cdot h_x = v_\gamma h_\gamma \qquad (8-20)$$

式中 h_x、v_x——变形区内任一点处轧件断面高度及其水平速度；

         h_γ——性面处轧件高度。

研究轧制质点运动情况有很大的实际意义。例如在连续式轧机上，如欲保持两机架间张力不变，很重要的条件就是要维持前机架轧件出口速度和后机架轧件入口速度相等并保持不变，这也就是通常称之为"秒流量体积不变"条件。如以公式表达，则

$$B_{h1} \cdot h_1 \cdot v_{h1} = B_{h2} \cdot h_2 \cdot v_{h2} = \cdots = V = C \qquad (8-21)$$

式中 B_h、h、v_h——轧件轧后宽度、高度和速度；

         V——秒流量体积；

         C——常数。

式中下角标为连轧机座号。

8.3.3 轧制过程的作用力

为了讨论轧件与轧辊接触区间力的作用情况，首先研究接触区内任一微分弧长上作用力(图 8-11)，它与轧制中心线之夹角为 θ，在其上作用着正压力及摩擦力。摩擦力的作用方向取决于该微分长度在变形区中的位置。在后滑区其作用方向与前滑区者相反。如摩擦力遵守阿蒙顿-库仑定律，根据式(8-10)可写为

$$t = fp$$

式中　p——轧制单位压力；

　　　t——单位摩擦力。

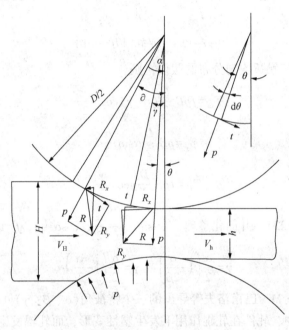

图 8-11　轧制力学图示

设图 8-11 中的单位压力 p 及单位摩擦力 t 沿接触弧其值不变，在前滑区和后滑区内任一点上力的作用情况在图中已经表示出来。例如在后滑区，p 与 t 可用合力 R 表示，如把 R 分解为水平分量 R_x，垂直分量 R_y，那么显然，R 为水平分量 R_x 起着把轧件拉入轧辊的作用，而其垂直分量 R_y 则压缩金属使之产生塑性变形。

当轧件咬入，完全进行变形区时根据沿接触弧上 p 及 t 值不变的假设，则 p 的合力 P 作用在接触弧的中点，即 $\alpha/2$ 处。而摩擦力的合力因在前滑、后滑区的方向不同，应分别用 T_2 和 T_1(图 8-12)。

根据力平衡条件，在无外力作用下，轧制作用力的水平分量之和为零，即

$$\sum X = 0$$

如图 8-12 所示

$$\sum X = T_{1x} - p_x - T_{2x} = 0 \tag{8-22}$$

式中　T_{1x}——后滑区水平摩擦力之和；

　　　p_x——正压力的水平分量之和；

　　　T_{2x}——前滑区水平摩擦力之和。

173

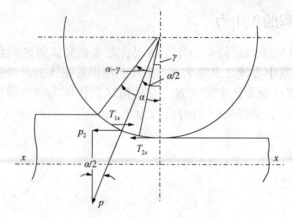

图 8-12　水平轧制力平衡图

根据上面 p、t 沿接触弧均匀分布的假设，则

$$T_{1x}=fpB\frac{D}{2}(\alpha-\gamma)\cos\frac{\alpha+\gamma}{2} \tag{8-23}$$

$$p_x=pB\frac{D}{2}\alpha\sin\frac{\alpha}{2} \tag{8-24}$$

$$T_{2x}=fpB\frac{D}{2}\gamma\cos\frac{\gamma}{2} \tag{8-25}$$

将上式代入式(8-22)，并简化整理，令 $\sin\frac{\alpha}{2}\approx\frac{\alpha}{2}$，$\cos\alpha\approx 1$，$f=\tan\beta\approx\beta$，得出

$$\gamma=\frac{\alpha}{2}\left(1-\frac{\alpha}{2\beta}\right)\text{或}\gamma=\frac{\alpha}{2}\left(1-\frac{\alpha}{2f}\right) \tag{8-26}$$

式(8-26)即为 и·M·巴甫洛夫等导出的三个特征角(α、β、γ)间的关系式。

总之，轧制过程中，轧件在轧辊作用下发生塑性变形，而轧辊发生弹性变形(轧辊弹性变形问题在后面讨论)。同时，轧件与轧辊表面之间以及轧件内部各质点之间发生相对运动。轧辊作用轧件以力使其不变形，而轧件同样给轧辊以相反的力。

上面所述的变形、质点运动和作用力三个方面是相互共存和互为因果的，加上咬入条件我们称它们为轧制的四个条件，它描述了轧制时的基本现象。

上述的初步分析，已经揭示了轧制过程的内在矛盾：如欲加大压下量以提高轧机生产能力，根据轧入条件则应增加摩擦，但由于金属质点与轧辊表面有相对滑动，摩擦的增加导致轧辊的磨损，使轧件表面质量变坏，而且增加了力、能消耗。为了解决这一矛盾，在开坯轧机，轧入条件成为主要矛盾时，甚至在轧辊上人为地进行刻痕，以增加摩擦改善轧入条件来提高压下量。而当冷轧薄板时，表面质量成为主要矛盾时，则采用润滑剂来降低摩擦，改善表面质量，同时降低力、能消耗。

从公式 $\Delta h=D(1-\cos\alpha)$ 和轧入条件 $\alpha\leqslant\beta$ 可知，在相同摩擦条件下，增加辊径可以提高压下量，同时可提高轧辊强度，这是有利的一面。但是随着辊径的增加，接触弧长度增加，因而使压应力状态增强，引起轧制压力急剧增加，这是不利的一面。当轧制薄板道次压下量不大而工具的强度和刚度成为主要矛盾时，不得不采用小直径轧辊的轧机来生产，这时要采用支撑辊，因而引起了轧机辊系结构的复杂化。

当然，上面的分析仅仅是在一个极其简化的理想的轧制过程基础上进行的。在生产中还有各种非简单轧制情况：

① 单辊传动(周期式叠轧薄板轧机)；

② 附有外力——张力或推力(连轧薄板及钢坯轧机)；

③ 轧制速度在一道次内变化(初轧及板坯轧机)；

④ 轧辊直径不等或转速不等，如劳特轧机等；

⑤ 孔型中轧制等。

实际上，即或在简单轧制情况下，也不像上面所说的那样，因为：

① 变形沿轧件断面高度和宽度不可能是完全均匀的；

② 金属质点沿轧件断面高度和宽度的运动速度也不可能是完全均匀的；

③ 轧制压力和摩擦力沿接触弧长度上分布也不可能是均匀的；

④ 作为变形工具的轧机也不可能是绝对刚性的，它要产生弹性变形。

所以，简单轧制过程可以说是一个为了研究方便所设计的理想轧制过程模型。通过地上述最简单、最基本的理想轧制过程模型的分析，可以了解轧制时所发生的运动学、变形、力学以及咬入条件，说明轧制的基本现象，看到轧制过程的矛盾，说明轧制的基本现象，看到轧制过程的矛盾，而建立轧制过程的基本概念。

8.4　三种典型轧制情况

轧制过程受许多因素的影响，根据实验表明，对同一金属在相同的温度−速度条件下，决定轧制过程本质的主要因素是轧件和轧辊的尺寸。

在咬入角 α、轧辊直径 D、压下量 Δh 皆为常值的情况下，轧件厚度与轧辊直径的比值 H/D 和相对压下量 $\varepsilon = (\Delta h/H)\%$ 的变化，对轧件变形特征和力学特征均产生直接影响，其中又主要取决于相对压下量 $\varepsilon\%$ 的值。有三种典型轧制情况，它们都具有明显的力学、变形、运动学特征。

为了研究实际轧制时的轧制情况，在上轧辊上装综合测力装置，在下辊表面上在一系列等距螺旋线上刻孔，对尺寸如表 8-2 所示的试件进行轧制。

表 8-2　试件尺寸表

金属	轧件尺寸/mm			轧制条件		
	H	B_H	L_H	$\varepsilon/\%$	常值	变值
铅	20	20	200	5	D	$\varepsilon/\%$
	7	20	200	14.5	$\Delta h(0.5)$	
	3	20	200	34	α	
	2.5	20	200	40		
	2	20	200	50		

研究金属质点的滑动路程用印痕法测定。所谓印痕法的原理是在轧辊表面上刻以小孔，当金属表面质点与轧辊表面质点有相对滑动时，则压入圆孔的金属将用切力作用而错位，

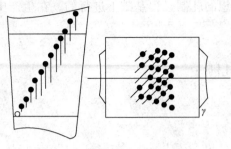

图 8-13 印痕法测金属滑动路程

在金属表面上留下痕迹。可想而见，在轧辊表面上如在一系列等距螺旋线上按一定距离刻孔，可能给出金属在变形区滑动路程的清晰景象（图 8-13）。

根据轧件尺寸及变形程度特征可以分为以下三种典型情况：①如图 8-14 所示的第一种轧制情况，即以大压下量轧制薄轧件的轧制过程，其相对压下量 $\varepsilon = 34\% \sim 50\%$，$H/D$ 值较小；②如图 8-15 所示的第二种轧制情况，即中等压下量轧制中等厚度轧件的轧制过程，其相对压下量约为 $\varepsilon = 15\%$；③如图 8-16 所示的第三种轧制情况，即以小压下量轧制厚轧件的轧制过程，其相对压下量约为 $\varepsilon = 10\%$ 以下，H/D 值较大。

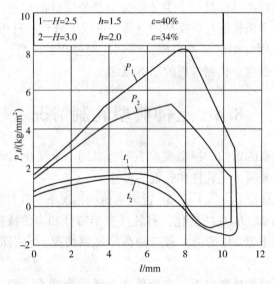

图 8-14 轧制薄件时单位压力 p 及摩擦力 t 沿接触弧的分布

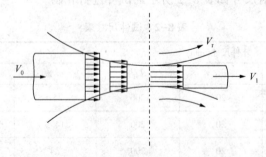

图 8-15 轧制薄件时质点流动速度沿断面高度分布图示

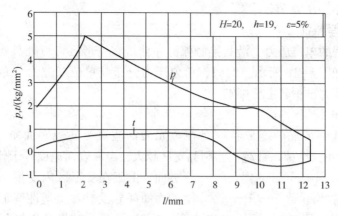

$H=20$, $h=19$, $\varepsilon=5\%$

图 8-16　第三种情况单位压力 p 及摩擦力 t 沿接触弧的分布

8.4.1　第一种轧制情况(大压下量轧制薄轧件)($l/\bar{h}>2\sim3$)

轧制薄板、带材通常属于这种情况。

8.4.1.1　力学特征

当 $l/\bar{h}$ 比值较大时,单位接触面积上的轧制压力(单位压力)沿接触弧的分布曲线有明显的峰值,而且压下量越大,单位压力越高,且峰值越尖,尖峰向轧件出口方向移动(图 8-14)。这是因为此种情况变形区的接触面积与变形区体积之比很大,表面摩擦阻力所起的作用大,因而单位压力加大,而且单位压力的峰值出现在摩擦力方向改变的地方,即由摩擦力引起的三向压应力最强的地方。

前面我们在简单理想轧制过程的分析中,曾假设单位压力,单位摩擦力沿接触弧的分布是均匀不变的常值,而且摩擦遵从阿蒙顿-库仑定律。但由上面实验结果看出,这些假设与实际有很大差别。单位压力 p 及摩擦力 t 沿接触弧不均匀分布。

8.4.1.2　变形特征

由于工具形状的影响,金属纵向流动阻力小于横向流动阻力,金属质点大部分沿纵向延伸,导致轧件宽展很小。同时由于相对压下量很大,且轧件中部到接触表面的距离较小,使变形渗透到整个变形区高度,结果使轧件变形后沿横断面呈单鼓形。

薄件轧制时,轧件与轧辊接触表面基本上都是滑动区,并且也基本上与平面断面假设吻合,即在变形区长度不同的横断面上,各金属质点的纵向移动速度基本一致(图 8-15)。

但平面断面假设,即变形前为一垂直平面,变形后仍然是一垂直平面是在理想条件下(变形均匀,没有宽展,接触面上全部发生滑动)才可能存在。在实际轧制条件下,宽展、变形不均匀是不可避免的,因而在薄件轧制时,轧件通过变形区时各横断面沿其高度上,速度发生变化。靠近表层,由于受摩擦阻力影响,金属表面质点速度与轧轨辊表面速度相差要比按理想的平面断面假设要小一些。在后滑区,金属横断面中心部分要比表面速度慢,而在前滑区,金属横断面中心部分要比表面速度高。因而轧件变形后沿横断面呈单鼓形。

8.4.2　第三种轧制情况(小压下量轧制厚轧件)($l/\bar{h}<0.5\sim1$)

第三种轧制情况相当于初轧开始道次或板坯立轧道次,是以小压下量轧制厚轧件的过程，约为 10% 以下，H/D 值较大。

8.4.2.1 力学特征

这类轧制过程的单位压力，沿其接触弧分布曲线在变形区入口处具有峰值，且向出口方向急剧降低，如图 8-16 所示。此时，单位压力分布与单位摩擦力分布之间已无明显联系，说明此时摩擦力已不起主要影响。

8.4.2.2 变形特征

第三种典型轧制情况的变形特征是在金属表面质点与轧辊表面质点之间产生黏着。H/D 值越大，ε 越小，摩擦系数越大，则黏着区越大，金属表面速度等于轧辊表面速度。另一方面，由于在变形区内变形不深透，轧件高度上的中间部分没有发生塑性变形，所以整个断面不均匀变形严重。结果产生局部强迫宽展而使轧件轧后横断面出现双鼓形(图 8-17)。

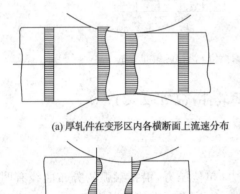

(a) 厚轧件在变形区内各横断面上流速分布

(b) 入口断面和出口断面上附加应力

图 8-17 变形特征

厚件轧制时变形不深透而出现双鼓形的现象，可由外区的影响来解释。可以认为轧件尺寸对轧制过程的影响基本上是通过外摩擦和外区的综合作用。在变形区以外的区域为外区，但在变形不均匀的情况下，如在第一种轧制情况时，实际变形区可能扩展到几何变形区之外，而在第三种轧制情况时，外区也可能伸展到几何变形区的内部。外摩擦和外区的作用是一个互相竞争的过程。在薄件轧制时，变形区的外表面和轧辊的接触表面所占比例大，因而表面摩擦阻力的影响大。而对厚件轧制的情况接触表面积与变形区体积之比值很小，表面摩擦阻力的影响很小，此时由于起主要作用的外区限制金属压下变形，使三向压应力增强，单位压力加大。若局部压下量越大，压力的增加幅度也越大。在整个变形区内，由于轧辊形状的影响，变形区长度上各点的压下量分布是不均匀。由于局部的压下量大，相应的压力增加的程度也越大。因此，单位压力的峰值靠近变形区入口处。

8.4.3 第二种轧制情况(中等厚度轧件的轧制过程)($2\sim 3 \leqslant l/\bar{h} \leqslant 0.5\sim 1.0$)

第二种轧制情况为中等厚度轧件的轧制过程，ε 约为 15%。

8.4.3.1 力学特征

由图 8-18 可以看出，其单位压力分布曲线没有明显峰值，而且单位压力比第一种轧制情况和第三种轧制情况都要小。

8.4.3.2 变形特征

对第二种典型轧制情况，外摩擦和外区的影响都有，但都不严重。压缩变形刚好渗透到整个变形区高度，变形比较均匀，变形后轧件两侧面基本平直。沿垂直横断面上变形不均匀产生单鼓形。

变形区内任意断面水平流动速度 V_x 沿断面高度呈不均匀分布，主要是接触表面摩擦力的影响。在后滑区内，作用在轧件表面上的摩擦力的方向与轧制方向一致，所以在后滑区

178

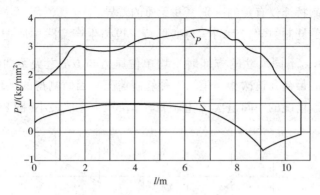

图 8-18　第二种情况 p、t 分布曲线

金属向轧制方向运动的速度在两接触表面及其附近比中间及其附近大，速度 V_x 的分布图沿断面高度呈中四状，如图 8-19(a)所示。在前滑区，摩擦力的方向与轧制方向相反，所以前滑区金属向轧制方向运动速度在中间部分及其附近比两接触表面及其附近大，速度 V_x 的分布图沿断面高度呈中凸状，如图 8-19(a)所示。

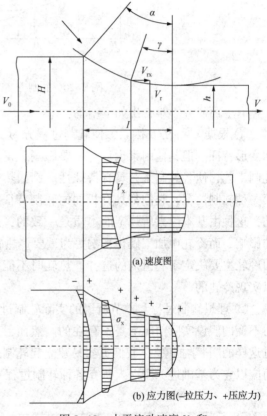

(a) 速度图

(b) 应力图(-拉压力、+压应力)

图 8-19　水平流动速度 V_x 和
水平法向应力 σ_x 沿断面高度的分布

　　由于各断面金属运动速度分布不均匀，必然要引起附加应力的出现，水平法向应力 σ_x 沿断面高度的分布如图 8-19(b)所示。由图 8-19(a)可知，表层金属的水平流动速度在后滑区内比中部金属高，在前滑区内比中部金属低。这表明轧制过程中由于接触摩擦的作用，表层金属力图得到比中部金属为小的延伸。轧制时有外端存在，轧件中部和上、下表面层部分通过外端相互作用的结果，在出、入口断面附近的表层区域内引起水平的附加拉应力，而在出、入口断面附近的中部区域内引起附加压应力。如图 8-19(b)所示的轧件中实际水平应力 σ_x 是由接触摩擦引起的基本水平应力与所述的附加应力叠加的结果。

　　由上述的实验结果可见，对理想轧制过程的假设，即单位压力和单位摩擦力均匀分布，轧件在变形区内各横断面质点运动速度均匀而且与辊面有相对滑动轧件沿高度与宽度变形均匀，与实际情况有很大差别。

　　从上述分析可知，第一种轧制情况第三种轧制制情况，单位压力较高，前者峰值靠近出口处，后者峰值近入口处，第二种轧制情况下单位压力最小，而且没有明显峰值。

　　为了确定上述结论是否带有普遍性质，以不同金属做了实验，在冷、热轧铝及轧铅的情况下，它们的轧制特征仅有量的区别，并无质的差异。

实验室所揭示的轧制力学、运动学与变形特征也与生产实践中所记录的轧制参数相一致。如图8-20所示，不同尺寸的方坯时平均单位压力与l/h之关系曲线，呈向下凹的形式，因为轧制方坯时最初几道次相当于第三种轧制情况，因而测得的平均单位压力值较高，而相当于第二种轧制情况的中间道次，轧制平均单位压力之值最小（图8-20）。

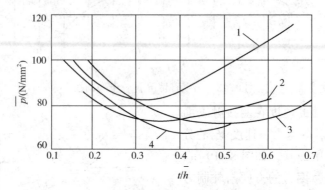

图8-20 轧制方坯时的平均单位压力

有上面研究不难得出如下结论：

① 根据ε和H/D因素，使轧制过程分为三种典型轧制情况，具有明显的力学、运动学和变形特征。但其他因素也具有重要影响。正是因为这些因素作用的差异性，出现了各种轧制工艺，使各轧制工艺具有特殊性。例如热轧与冷轧薄板，从尺寸因素来说它们同属于第一种轧制情况，它们都具有相同的轧制特征，压力较高，宽展很小甚至无宽展，都有滑动，这种由基本因素所规定的本质是一致的，这是共性。但是热轧要考虑变形温度与速度的影响，而冷轧中加工硬化影响更为重要。热轧摩擦系数更多地取决于温度和钢种的影响，而冷轧主要决定于润滑剂的选择。热轧时不能施加大张力，而冷轧则相反，没有张力是难以实现冷轧的。

② 理想轧制过程与本节所说的实际轧制过程的轧制特征差异很大。如沿接触弧轧制压力不变的假设实际情况下是不存在的。然而，理想的简单轧制条件假设是必要的，因为经过这样的"科学抽象"，我们更容易建立起轧制过程的概念。但我们绝不能停留在这个阶段，而应以它为基础进一步深入研究各种轧制过程。

复习思考题

8-1 什么是简单轧制过程？

8-2 轧制变形区的主要参数有哪些？怎样定义的？

8-3 平辊轧制时的咬入条件是什么？稳定轧制时，摩擦角和咬入角有什么关系？

8-4 改善咬入条件的途径和具体措施有哪些？

8-5 厚件轧制、薄件轧制、中等厚度轧制时各有什么力学特征和变形特征？

9 轧制过程中的横向变形和纵向变形

> **本章导读**: 学习本章要了解宽展及研究宽展的意义；掌握宽展的种类和组成；熟知宽展的影响因素；熟悉计算宽展的公式；了解孔型中轧制时的宽展特点；掌握前滑与后滑的概念及表示方法；了解除金属在前滑区、后滑区与中性面相对轧辊面的流动情况；知道前滑量的计算方法；了解中性面的确定方法；熟知前滑的影响因素和规律。

9.1 轧制过程中的横向变形——宽展

9.1.1 宽展与研究宽展的意义

9.1.1.1 宽展

在轧制过程中轧件的高度方向承受轧辊压缩作用，压缩下来的体积，将按照最小阻力法则沿着纵向及横向移动，沿横向移动的体积所引起的轧件宽度的变化称为宽展。

轧制中的宽展可能是希望的，也可能是不希望的，视轧制产品的断面特点而定。当用窄坯料轧成宽成品时希望有宽展，若是从大断面坯料轧成小断面产品时，则不希望有宽展。无论在那种情况下，均必须掌握宽展变化规律及正确计算，孔型中轧制则更为重要。

宽展的表示方法有绝对宽展量和相对宽展量。

绝对宽展是指轧件在宽度方向线尺寸的变化，即 $\Delta b = b - B$。

相对宽展用 $\dfrac{b-B}{B} = \dfrac{\Delta b}{B}$ 表示。还可以用宽展系数 $\beta = \dfrac{b}{B}$ 和对数宽展系数 $\ln\beta = \ln\dfrac{b}{B}$ 表示。除此之外，在研究宽展时还常采用绝对宽展量与绝对压下量之比 $\Delta b/\Delta h$ 来表示宽展量与压下量的关系。

9.1.1.2 研究宽展的意义

研究轧制过程中宽展的规律具有很大的实际意义，具体有：

① 拟订轧制工艺时需要确定轧件宽展。如给定坯料尺寸和压下量，确定轧制后产品的尺寸，或者已知轧制后轧件的尺寸和压下量，要求定出所需坯料的尺寸。

② 研究宽展，合理控制宽展，可降低轧制功能消耗，提高轧机生产率。

③ 孔型轧制中，必须正确地确定宽展的大小，否则不是孔型充不满，就是过充满，如图 9-1 所示。

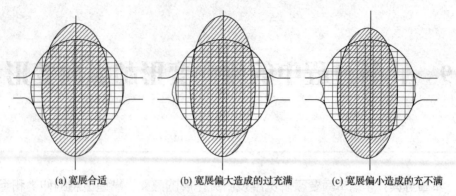

(a) 宽展合适　　　　　　(b) 宽展偏大造成的过充满　　　　(c) 宽展偏小造成的充不满

图 9-1　孔型轧制时宽展不同造成的缺陷示意图

由于问题本身的复杂性，到目前为止，还没有一个能适应多种情况下准确地计算宽展的理论公式。所以在生产实际中习惯于使用一些经验公式和数据，来适应各自的具体情况。

9.1.2　宽展的分类和组成

9.1.2.1　宽展的分类

在不同的轧制条件下，坯料在轧制过程中的宽展形式是不同的。根据金属沿横向上流动的自由程度，宽展可分为：自由宽展、限制宽展和强制宽展。

(1) 自由宽展

坯料在轧制过程中，被压下的金属体积其金属质点在横向移动时，具有沿垂直于轧制方向朝两侧自由移动的可能性，此时金属流动除受接触摩擦的影响外，不受其他任何的阻碍和限制，这种情况称为自由宽展。如图 9-2(a)所示。

自由宽展的轧制是轧制变形中的最简单的情况。在平辊上或者是沿宽度上有很大富余的扁平孔型内轧制时，就属于这种情况。

(2) 限制宽展

坯料在轧制过程中，金属质点横向移动时，除受接触摩擦的影响外，还承受孔型侧壁的限制作用，因而破坏了自由流动条件，此时产生的宽展称为限制宽展。如图 9-2(b)所示。

在孔型侧壁起作用的凹型孔型中轧制时即属于此类宽展，由于孔型侧壁的限制作用，使横向移动体积减小，故所形成的宽展小于自由宽展。此外，在斜配孔型内轧制时，宽展可能为负值。

(3) 强制宽展

坯料在轧制过程中，金属质点横向移动时，不仅不受任何阻碍，且受有强烈的推动作用，使轧件宽度产生附加的增长，此时产生的宽展称为强迫宽展。如图 9-2(c)所示。

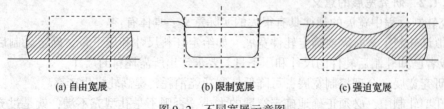

(a) 自由宽展　　　　　　(b) 限制宽展　　　　　　(c) 强迫宽展

图 9-2　不同宽展示意图

在凸型孔型中轧制及有强烈局部压缩的轧制条件是强迫宽展的典型例子。由于出现有利于金属质点横向流动的条件，所以强迫宽展大于自由宽展。

确定金属在孔型内轧制时的展宽是十分复杂的，尽管做过大量的研究工作，但在限制或强制宽展孔型内金属流动的规律还不十分清楚。

9.1.2.2 宽展的组成

（1）宽展沿横断面高度上的分布

宽展是复杂的变形过程，由于轧辊与轧件的接触表面上存在着摩擦，以及变形区几何形状和尺寸的不同，因此沿接触表面上金属质点的流动轨迹与接触面附近的区域和远离的区域是不同的。决定宽展沿轧件高度分布不均匀的主要因素是比值 $l/\bar{h}$，$l/\bar{h}$ 较大时，轧件侧面为双鼓形；$l/\bar{h}$ 较小时，轧件侧面为单鼓形；$l/\bar{h}$ 适中时，轧件侧面为平直形。

宽展一般由以下几个部分组成：滑动宽展 ΔB_1、翻平宽展 ΔB_2 和鼓形宽展 ΔB_3，如图9-3所示。

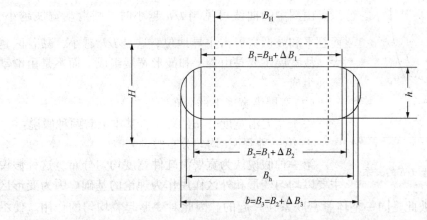

图9-3　宽展沿横断面高度分布

① 滑动宽展

滑动宽展是指变形金属在轧辊的接触面上与轧辊产生相对滑动，使轧件宽度增加的量。以 ΔB_1 表示，展宽后此部分的宽度为

$$B_1 = B_H + \Delta B_1 \tag{9-1}$$

② 翻平宽展

翻平宽展是由于接触摩擦阻力的原因，使轧件侧面的金属，在变形过程中翻转到接触表面上来，使轧件的宽度增加。增加的量以 ΔB_2 表示，加上这部分展宽的量后轧件的宽度为

$$B_2 = B_1 + \Delta B_2 = B_H + \Delta B_1 + \Delta B_2 \tag{9-2}$$

③ 鼓形宽展

鼓形宽展是轧件侧面变成鼓形而造成的展宽量。用 ΔB_3 表示，此时轧件的最大宽度为

$$B_3 = B_3 + \Delta B_3 = B_H + \Delta B_1 + \Delta B_2 + \Delta B_3 \tag{9-3}$$

轧件的总展宽量为

$$\Delta B = \Delta B_1 + \Delta B_2 + \Delta B_3 \tag{9-4}$$

上述宽展的组成及其相互的关系，由图9-3可以清楚地表示出来。

④ 关于宽展的几点说明

a. 为便于工程计算，轧件轧后宽度应采用平均宽度，平均宽度可采用与轧后轧件横断面等面积同厚度矩形的宽度，也可采用下式计算：

$$B_h = B_2 + a(B_3 - B_2)$$

根据侧面凸出程度的不同系数 a 可取 $1/2 \sim 2/3$。

因此，轧后宽度 B_h 是一个理想值，但便于工程计算，必须注意这一点。

宽展等于轧后轧件平均宽度与轧前轧件宽度之差。即

$$\Delta B = B_h - B_H \tag{9-5}$$

b. 摩擦系数 f 值越大，不均匀变形就越严重，此时翻平宽展和鼓形宽展的值就越大，滑动宽展越小。

c. 滑动宽展 ΔB_1、翻平宽展 ΔB_2 和鼓形宽展 ΔB_3 的数值，依赖于摩擦系数和变形区的几何参数的变化而不同。它们有一定的变化规律，但至今定量的规律尚未掌握。只能依赖实验和初步的理论分析了解它们之间的一些定性关系。

⑤ 各种宽展与变形区几何参数之间的关系

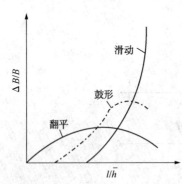

图 9-4 各种宽展与 $l/\bar{h}$ 的关系

各种宽展与变形区几何参数之间有如图 9-4 所示的关系。由图中的曲线可见当 $l/\bar{h}$ 越小时，则滑动宽展越小，而翻平和鼓形宽展占主导地位。这是 $l/\bar{h}$ 越小，黏着区越大，故宽展主要是由翻平和鼓形宽展组成。而不是由滑动宽展组成。

（2）宽展沿宽度上的分布

关于宽展沿宽度分布的理论，基本上有两种假说：

① 第一种假说（均匀分布假说）

第一种假说认为宽展沿轧件宽度均匀分布。这种假说主要以均匀变形和外区作用作为理论的基础。因为变形区内金属与前后外区彼此是同一整体紧密联系在一起的。因此对变形起着均匀的作用。使沿长度方向上各部分金属延伸相同。宽展沿宽度分布自然是均匀的。它用图 9-5 来说明。

宽展沿宽度均匀分布的假说。对于轧制宽而薄的薄板，宽展很小甚至可以忽略时，变形区可以认为是均匀的。但在其他情况下，均匀假说与许多实际情况是不相符合的，尤其是对于窄而厚的轧件更不适应。因此这种假说是有局限性的。

② 第二种假说（变形区分区假说）

认为变形区可分为四个区域，在两边的区域为宽展区，中间分为前后两个延伸区，它可用图 9-6 来说明。

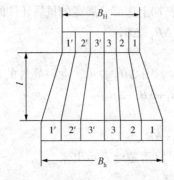

图 9-5 宽展沿宽度均匀分布的假说

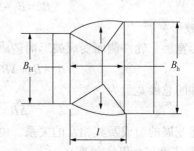

图 9-6 变形区分布图示

变形区分区假说，也不完全准确，许多实验证明变形区中金属表面质点流动的轨迹，并非严格地按所画的区间进行流动。但是它能定性地描述宽展发生时变形区内金属质点流动的总趋势，便于说明宽展现象的性质和作为计算宽展的根据。

总之，宽展是一个极其复杂的轧制现象，它受许多因素的影响。

9.1.3 宽展的影响因素

宽展的变化与一系列轧制因素构成复杂的关系

$$\Delta B = f(H,\ h,\ l,\ B,\ D,\ \psi_a,\ \Delta h,\ \dot{\varepsilon},\ f,\ t,\ m,\ p_\sigma,\ v,\ \varepsilon)$$

式中 H、h——变形区的高度；

l、B、D——变形区的长度、宽度和轧辊直径；

ψ_a——变形区的横断面形状；

Δh、$\dot{\varepsilon}$——压下量和压下率；

f、t、m——摩擦系数、轧制温度、金属的化学成分；

p_σ——金属的机械性能；

v、ε——轧辊线速度和变形速度。

H、h、l、B、D 和 ψ_a 是表示变形区特征的几何因素。f、t、m、p_σ、ε 和 v 是物理因素，它们影响到变形区内的作用力，尤其是对于摩擦力。几何因素和物理因素的综合影响不仅限于变形区的应力状态，同时涉及轧件的纵向和横向变形的特征。

轧制时高压下的金属体积如何分配延伸和宽展，受体积不变条件和最小阻力定律来支配。所以，在未分析具体因素对宽展的影响之前须先了解最小阻力定律的概念。

最小阻力定律是阐明变形物体质点流动规律的。如果物体在变形过程中其质点有向各种方向流动的可能时，则物体各质点将是向着阻力最小的方向流动。

① 如果变形在两个主两个主轴方向是给定的，则质点只有在第三主轴一个方向流动的可能性。金属挤压变形就是这种变形过程。

② 如果变形在一个主轴方向是给定了的，而在第二个主轴方向受阻；此时，在第三个主轴方向正反两方面流动的多少由这两方面阻力而定，阻力小者流动的多。在封闭孔型中轧制就属于这种情况。

③ 如果变形在一个主轴方向是给定了的，而在另外两个主轴方向上，物体有自由流动的可能性，此时向阻力小的主轴方向流的多。自由镦粗和平辊轧矩形件就属于这种变形过程。

最小阻力定律常近似表达为最短法线定律，即金属受压变形时，若接触摩擦较大其质点近似沿最短法线方向流动。如果轧制时宽度、压下量和接触摩擦等相同的条件下，由于变形区长度增加，按最短法线定律，则宽度方向流动区域将增大，因而使宽度增加。

9.1.3.1 摩擦系数的影响

实验证明，随着摩擦系数的增加，宽展增加，如图 9-7 所示。一般来说，变形区长度总是小于其宽度，据金属流动最小阻力定律，金属流动总是延伸区大于宽展区。当摩擦系数增加时，虽然纵向阻力和横

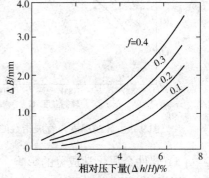

图 9-7   摩擦系数对宽展的影响

向阻力都增加，但是延伸区的接触面积比宽展区大，因此纵向阻力的影响增大，宽展增大。

轧制过程中，影响摩擦系数的因素很多，它们都将通过摩擦系数的变化引起宽展的变化，影响摩擦系数主要有以下因素，现讨论它们对宽展的影响。

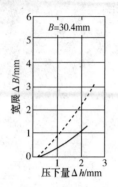

图 9-8　宽展与辊面状态的关系
实线—光面辊；虚线—粗面辊

（1）轧辊表面状态的影响

轧辊表面越粗糙，摩擦系数越大，宽展亦就越大，实验也证明了这一点，如图 9-8 所示。例如在磨损后的轧辊上轧制时产生的宽展比在新辊上轧制时的宽展大。轧辊表面润滑使接触表面上的摩擦系数降低，相应地使宽展减小。

（2）轧制温度的影响

轧制温度对宽展的影响如图 9-9 所示。分析图中的实验曲线特征可知，轧制温度是通过摩擦系数对宽展产生影响的。在热加工的低温阶段，由于温度的升高，生成氧化铁皮，使接触表面摩擦系数升高，从而宽展增加。

而在高温阶段，由于氧化铁皮开始熔化，起着润滑作用，使摩擦系数降低，从而宽展降低。

所以，轧制温度主要是通过氧化铁皮的性质影响摩擦系数，再由摩擦系数影响宽展的变化。

（3）轧制速度的影响

轧制速度对宽展的影响亦是通过摩擦系数之变化反映的。图 9-10 是在压下量一定时，轧制速度与宽展的关系曲线。从曲线看出，轧制速度由 $1\sim2$ m/s 之间，宽展量 Δb 有最大值；当轧制速度大于 3m/s 时，曲线趋于平缓，即轧制速度再提高，宽展保持恒定。这与轧制速度对摩擦系数的影响是一致的。

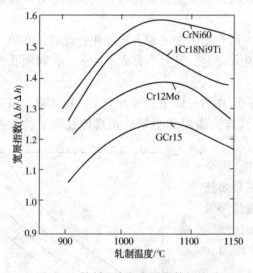

图 9-9　轧制温度与宽展指数的关系

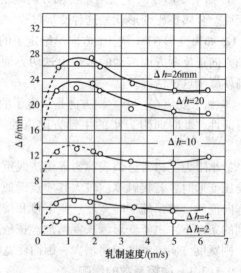

图 9-10　轧制速度与宽展的关系

（4）轧件金属化学成分的影响

轧件的化学成分主要也是通过摩擦系数之变化影响宽展。热轧金属及合金的摩擦系数所以不同，主要是由于轧制时产生的氧化铁皮的多少和氧化铁皮的结构及物理机械性质不

186

同，从而影响摩擦系数的变化和宽展的变化，为了确定轧件的化学成分和组织对宽展的影响。齐日柯夫在一定的实验条件下做了具有各种化学成分和各种钢种的宽展实验，所得结果列入表9-1中。从这个表可以看出来，合金钢的宽展比碳素钢大些。

表9-1　钢的化学成分对宽展的影响系数

组别	钢种	钢号	影响系数/m	平均数
I	普碳钢	10号钢	1.0	
II	珠光体-马氏体钢（珠光体钢、珠光体-马氏体钢、马氏体钢）	T7A（碳钢）	1.24	1.25~1.32
		GCr15（轴承钢）	1.29	
		16Mn（结构钢）	1.29	
		4Cr13（不锈钢）	1.33	
		38CrMoAl（合金结构钢）	1.35	
		4Cr10Si2Mo（不锈耐热钢）	1.35	
III	奥氏体钢	4Cr14Ni14W2Mo	1.36	1.35~1.40
		2Cr13Ni4Mn9（不锈耐热钢）	1.42	
IV	带残余相的奥氏体（铁素体、莱氏体）钢	1Cr18Ni9Ti（不锈耐热钢）	1.44	1.4~1.5
		3Cr18Ni25Si2（不锈耐热钢）	1.44	
		1Cr23Ni13（不锈耐热钢）	1.53	
V	铁素体钢	1Cr17Al5（不锈耐热钢）	1.55	
VI	带有碳化物的奥氏体钢	Cr15Ni60（不锈耐热合金）	1.62	

按一般公式计算出来的结果，很少考虑合金元素对宽展的影响，为了确定合金钢的宽展，必须按一般公式计算所得的宽展值乘以表9-1中的系数 m，即

$$\Delta B_{合} = \Delta B_{计} \times m \tag{9-6}$$

式中　$\Delta B_{合}$——所求得的合金钢的宽展；

$\Delta B_{计}$——按一般公式计算的宽展；

m——考虑到化学成分影响的系数。

(5) 轧辊材质的影响

钢轧辊的摩擦系数比铸铁轧辊要大。因而在钢轧辊上进行轧制时的宽展比在铸铁辊上轧制时的要大。所以在实际生产中，若把在铸铁轧辊孔型中轧制合适的轧件用在同样的钢轧辊孔型上轧制，就会产生过充满现象。

9.1.3.2　压下量的影响

压下量是影响宽展的一个重要因素。大量实验表明，随着压下量的增加，宽展量也增加。如图9-11(b)所示。这是因为压下量增加时，变形区长度增加，变形区形状参数 $l/\bar{h}$ 增大，因而使纵向塑性流动阻力增加，纵向压缩主应力数值加大。根据最小阻力定律，金属沿横向运动的趋势增大，因而使宽展加大。另一方面，$\dfrac{\Delta h}{H}$ 增加，高方向压下来的金属体积也增加，所以使宽展 ΔB 也增加。

应当指出，宽展 ΔB 随压下率的增加而增加的状况，由于 $\dfrac{\Delta h}{H}$ 的变换方法不同，使 ΔB 的变化也有所不同[图9-11(a)]。当 H=常数或 h=常数时，压下率 $\dfrac{\Delta h}{H}$ 增加，ΔB 的增加速度

快；而 Δh＝常数时，ΔB 增加的速度次之。这是因为，当 H 或 h＝常数时，欲增加$\dfrac{\Delta h}{H}$，需增加 Δh，这样就使变形区长度 l 增加，因而纵向阻力增加，延伸减小，宽度 ΔB 增加。同时 Δh 增加，将使金属压下体积增加，也促使 ΔB 增加，二者综合作用的结果，将使 ΔB 增加的较快。而 Δh＝常数时，增加$\dfrac{\Delta h}{H}$是依靠减少 H 来达到的。这时变形区长度 l 不增加，所以 ΔB 的增加较上一种情形慢些。

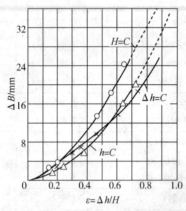 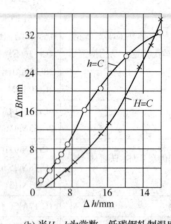

(a) 当 Δh、H、h 为常数、低碳钢轧制温度   (b) 当 H、h 为常数、低碳钢轧制温度

为900℃、轧制速度为1.1m/s, ΔB 与$\dfrac{\Delta h}{H}$ 的关系   为900℃、轧制速度为1.1m/s时, ΔB 与 Δh 的关系

图 9-11　宽展与压下量的关系

齐日柯夫作出$\dfrac{\Delta h}{H}$有宽展指数$\dfrac{\Delta B}{\Delta h}$之间关系曲线的三条实验曲线（图 9-12），根据上述的道理可以完满地加以解释。当$\dfrac{\Delta h}{H}$增加时，ΔB 增加，故$\dfrac{\Delta B}{\Delta h}$增加。在 Δh＝常数时，增加$\dfrac{\Delta h}{H}$时显然$\dfrac{\Delta B}{\Delta h}$会直线增加，当 h 或 H＝常数时，增加$\dfrac{\Delta h}{H}$时，是靠增加 Δh 来实现的，所以$\dfrac{\Delta B}{\Delta h}$增加的缓慢，而且到一定数值以后即 Δh 增加超过了 ΔB 的增大时，会出现$\dfrac{\Delta B}{\Delta h}$下降的现象。

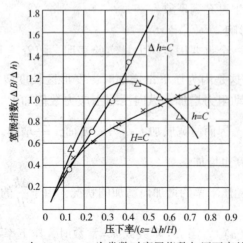

图 9-12　在 Δh、H、h 为常数时宽展指数与压下率的关系

9.1.3.3 轧辊直径的影响

由实验得知，其他条件不变时，宽展 ΔB 随轧辊直径 D 的增加而增加。这是因为当 D 增加时变形区长度加大，使纵向的阻力增加，根据最小阻力定律，金属更容易向宽度方向流动(图9-13)。

研究辊径对宽展的影响时，应当注意到轧辊为圆柱体这一特点，沿轧制方向由于是圆弧形的，必然产生有利于延伸变形的水平分力，它使纵向摩擦阻力减少，有利于纵向变形，即增大延伸。所以，即使变形区长度与轧件宽度相等时，延伸与宽展的量也并不相等，而由于工具形状的影响，延伸总是大于宽展。

9.1.3.4 轧件宽度的影响

根据金属流动的最小阻力定律，可将接触表面金属流动分成四个区域：即前、后滑区和左、右宽展区。用它说明轧件宽度对宽展的影响。假如变形区长度 l 一定，当轧件宽度 B 逐渐增加时，由 $l_1 > B_1$ 到 $l_2 = B_2$ 如图9-14所示，宽展区是逐渐增加的，因而宽展也逐渐增加。当由 $l_2 = B_2$ 到 $l_3 < B_3$ 时，宽展区变化不大，而延伸区逐渐增加，因此从绝对量上来说，宽展的变化也是先增加，后来趋于不变，这也为实验所证实(图9-15)。

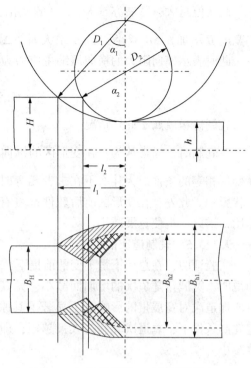

图9-13 轧辊直径 D 对宽展的影响

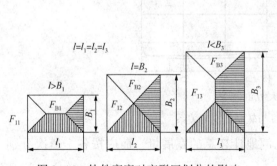

图9-14 轧件宽度对变形区划分的影响

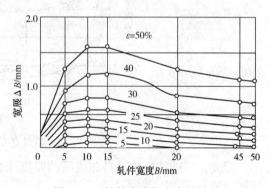

图9-15 轧件宽度与宽度的关系

从相对量来说，则随着宽展区 F_B 和前、后滑区 F_1 的 F_B/F_1 比值不断减小，而 $\Delta B/B$ 逐渐减小。同样若 B 保持不变，而 l 增加时，则前、后滑区先增加，而后接近不变；而宽展区的绝对量和相对量均不断增加。

一般来说，当 l/B 增加时，宽展 ΔB 增加，亦即宽展 ΔB 与变形区长度 l 成正比，而与其平均宽度 $\bar{B}$ 成反比。轧制过程中变形区尺寸的比，可用下式来表示：

$$l/\bar{B} = \frac{\sqrt{R\Delta h}}{\dfrac{B_H + B_h}{2}} \tag{9-7}$$

此比值越大，宽展亦越大。$l/\bar{B}$ 的变化，实际上反映了纵向阻力及横向阻力的变化，轧件宽度 $\bar{B}$ 增加，ΔB 减小，当 $\bar{B}$ 很大时，ΔB 趋近于零，即 $B_\mathrm{H}/B_\mathrm{h}=1$，即出现平面变形状态。此时表示横向阻力的横向压缩主应力为

$$\sigma_2 = \frac{\sigma_1 + \sigma_3}{2}$$

轧制薄板就属于此种情况。

在轧制时，通常认为，在变形区的纵向长度为横向长度的 2 倍时 $(l/\bar{B})=2$，会出现纵横变形相等的条件。为什么不在二者相等时 $(l/\bar{B}=1)$ 时出现呢？这是因为前面所说的工具形状影响。此外，在变形区前后轧件都具有外端，外端将起着妨碍金属质点向横向移动的作用，因此，也使宽展减小。

9.1.3.5 轧制道次的影响

实验证明，在总压下量不变的前提下，轧制道次越多，宽展越小，如图 9-16 所示。图中说明，宽展量随道次的增加而减小，尤其是在前五道最为明显。当道次大于五道以上时再增加道次对宽展量的影响就不显著了其原因是，道次越多，则每道次的压下量越小，在一定轧制条件下，每道次轧制的入弧越短，即金属纵向流动阻力越小，这样宽展增大的趋势就减小。

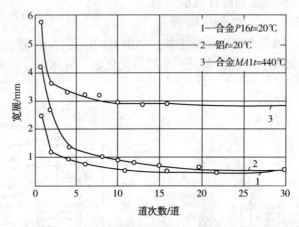

图 9-16　绝对宽展量与轧制道次的关系

因此，不能按轧件原料和成品的厚度来比例地计算总的宽展量，而应按各个道次分别计算宽展。

9.1.3.6 张力的影响

张力的存在可以减小轧件沿轧制方向的延伸阻力，使轧件更多向轧制方向伸长，所以张力增加可以使宽展减小。

9.1.4　宽展的计算

由于影响宽展的因素很多，一般公式中很难把所有的影响因素全考虑进去。甚至一些主要因素也难考虑正确。例如，厚件轧制的双鼓形宽展与薄件轧制的单鼓形宽展，其性质不同，很难用同一公式考虑。所以，在现有的公式中，只能说某一类公式更能适合于某种轧制情况。

190

9.1.4.1 采利柯夫公式

采利柯夫公式推导的理论依据是利用宽展的分区假说，如图9-17所示。假定由曲线三角形 ACB 围成的宽展区内，金属只产生横向变形。

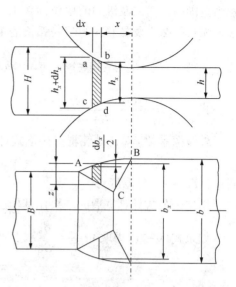

当距轧辊中心线 $x+dx$ 的 ac 截面移动 dx 时，即位于 bd 截面时，移动的体积保持相等。

$$\frac{1}{2}h_x dx \frac{db_x}{2} = -\frac{1}{2}z dx \cdot 2\frac{dh_x}{2}$$

或

$$db_x = -2z\frac{dh_x}{h_x} \qquad (9-8)$$

式中 db_x——高度 h_x 的减缩量；

dh_x——当截面 ac 移动到 dx 时轧件高度的增量；

z——由轧件侧边到 bd 截面上假定宽展区边界的距离。

图9-17 当无外端影响时假定轧件的宽展

上式右边的负号表示 b_x 随着 h_x 的减少而增加。

以式(9-8)为基础经一系列推导和简化，采利柯夫提出最后的计算公式，当 $\Delta h/H < 0.9$ 时，忽略很小的前滑区的宽展，计算公式如下：

$$\Delta B = C \cdot \Delta h \left(2\sqrt{\frac{R}{\Delta h}} - \frac{1}{f}\right)\varphi(\varepsilon) \qquad (9-9)$$

式中 C——决定于轧件开始宽度与咬入弧长的比值的系数；

$\varphi(\varepsilon)$——决定于压下率 ε 的函数。

$$C = 1.34\left(\frac{B_H}{\sqrt{R\Delta h}} - 0.15\right)e^{0.15 - \frac{B_H}{\sqrt{R\Delta h}}} + 0.5 \qquad [9-10(a)]$$

$$\varphi(\varepsilon) = (0.138\varepsilon^2 - 0.328\varepsilon) \qquad [9-10(b)]$$

C 和 $\varphi(\varepsilon)$ 也可由图9-18和图9-19的曲线查出。

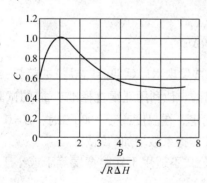

图9-18 系数 C 与 $B_H/\sqrt{R\Delta H}$ 的关系

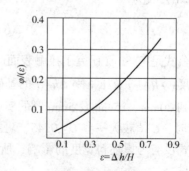

图9-19 函数 $\varphi(\varepsilon)$ 与压下率 $\varepsilon = \Delta h/H$

该公式是根据最小阻力定律和体积不变条件导出的，理论根据比较严密，计算结果比较切合实际，较适合于薄板轧制。

9.1.4.2 S. Ekelund(埃克伦德)公式

Ekelund 认为，宽展决定于压下量及轧件与轧辊接触面上纵横阻力的大小。并假定在接

191

触面范围内，横向及纵向的单位面积上的单位功是相同的。在延伸方向上，假定滑动区为咬入弧长的 2/3 及黏着区为咬入弧长的 1/3。得出的公式为

$$B_h^2 = 8m\sqrt{R\Delta h}\,\Delta h + B_H^2 - 2\times 2M(H+h)\sqrt{r\Delta h}\ln\frac{B_h}{B_H} \tag{9-11}$$

式中　　$m = \dfrac{1.6f\sqrt{R\Delta h}-1.2\Delta h}{H+h}$

外摩擦系数 f 对铸铁轧辊可按下式计算

$$f = 0.8(1.05-0.0005t^0) \tag{9-12}$$

式中　t^0——轧件温度℃。

用这个公式计算宽展的结果比其他所有的公式计算的结果要正确得多。

如果式（9-11）中取 $\ln\dfrac{B_h}{B_H}\approx\dfrac{B_h}{B_H}-1$，当 $\dfrac{B_h}{B_H}<1.2$ 时，则

$$B_h = -A + \sqrt{A^2 + B_H^2 + 4m\sqrt{R\Delta h}\,(3H-h)} \tag{9-13}$$

式中，$A = 2m(H+h)\dfrac{\sqrt{R\Delta h}}{B_H}$

9.1.4.3　巴赫契诺夫公式

巴赫契诺夫公式的形式为

$$\Delta B = 1.15\frac{\Delta h}{2H}\left(\sqrt{r\Delta h}-\frac{\Delta h}{2f}\right) \tag{9-14}$$

这个理论公式，考虑了压下量、摩擦系数、变形区长度和轧辊直径对宽展的影响。是根据前滑功、后滑功及宽展功的分布而得出的。因此可认为该公式也考虑了前滑对宽展的影响。实践证明，用该公式计算平辊轧制和箱型孔型中的自由宽展可以得到与实际相近的结果。值得注意的是该公式未考虑原始宽度对宽展的影响。在 $B_H/2\sqrt{R\Delta h}>1$ 时，它算得的结果是正确的。轧钢时的外摩擦系数用式（9-12）来确定。

9.1.4.4　E. Sibel（谢别尔）公式

E. Sibel 公式为

$$\Delta B = C\frac{\Delta h}{H}\sqrt{R\Delta h} \tag{9-15}$$

这个公式是 E. Sibel 研究了接触表面的摩擦力并发现阻碍延伸（或宽展）的趋势，正比于咬入弧长度（$\sqrt{R\Delta h}$）及压下率 $\Delta h/H$ 的基础上提出的。他利用轧辊直径 180mm 的试验轧机，把钢坯轧到 20mm、15mm 及 5mm 厚的实验结果确定。在温度高于 1000℃ 时，$C=0.35$；低于 1000℃ 时，C 值较大一些 $C=0.45$，可能由于外摩擦系数增加的结果。

该公式没有考虑坯料宽度的影响，所以这个公式不适用于轧制宽度等于或小于其厚度的轧制条件。

9.1.4.5　С. И. 古布金公式

С. И. 古布金公式为

$$\Delta B = \left(1+\frac{\Delta h}{H}\right)\left(f\sqrt{R\Delta h}-\frac{\Delta h}{2}\right)\frac{\Delta h}{H} \tag{9-16}$$

此式是在实验的基础上得到的，基本上正确反映了各种因素对宽展的影响。

9.1.4.6 H. SedIaczeK 公式

$$\Delta B = \frac{B_H(H+h)\sqrt{B_H R}}{3(B_H^2+Hh)} \tag{9-17}$$

该公式对以 3m/s 的速度轧制低碳钢带时，计算的结果令人满意。对其他钢种及轧制速度，建议在公式中引入一个修正系数，对于不同轧制速度的修正系数 a 见表 9-2。

表 9-2　轧制速度修正系数

轧制速度 $v/(m/s)$	0.5	1.5	3.0	5.0	7.5	10.0	15.0
修正系数 a	1.37	19.5	1.0	0.9	0.81	0.76	0.69

9.1.4.7 Z. Wusatowski 公式

此公式给出了宽展系数公式

$$\omega = \lambda^{-W} \tag{9-18}$$

其中，$W = 10^{-1.269} \cdot \varepsilon d^{0.556\delta}$。

认为影响宽展的重要因素是坯料的原始断面尺寸和轧辊直径 D 并用下面系数来考虑：

$$\delta = \frac{B_H}{H}、\ \varepsilon_d = \frac{H}{D}、\ \lambda = \frac{h}{H}、\ \omega = \frac{B_h}{B_H}。$$

在采用大压下量时的宽展系数公式为

$$\omega = \lambda^{-W_1} \tag{9-19}$$

$$W = 10^{-0.3457} \cdot \varepsilon d^{0.968\delta}$$

除用计算方法外，Z. Wusatowski 在其著作中还给出一些为简化计算用的图表，用查表法可以较快的确定 W 值，从而可以迅速得出宽展的大小。

9.1.4.8 若兹公式

德国学者若兹根据实际经验提出如下计算宽展的公式：

$$\Delta B = \beta \Delta h$$

式中　β——宽展系数，可以根据现场经验数据选用，如：

热轧低碳钢(1000~1150℃)，$\beta = 0.31~0.35$；

热轧合金钢或高碳钢，$\beta = 0.45$。

在轧制普通碳素钢时，采用不同的孔型，β 的取值范围如表 9-3 所示。

表 9-3　不同的孔型时宽展系数值

轧机	孔型形状	轧件尺寸/mm	宽展系数 β 值
中小型开坯机	扁平箱形孔型		0.15~0.35
	立箱形孔型		0.20~0.25
	共轭平箱形孔型		0.20~0.35
小型初轧机	方进六角孔型	边长 > 40(方)	0.5~0.7
	菱进方形孔型	边长 <40(方)	0.65~1.0
	方进菱形孔型		0.20~0.35
			0.25~0.40

轧机	孔型形状	轧件尺寸/mm	宽展系数 β 值
			1.4~2.2
		边长 6~9	1.2~1.6
中小型轧机及	方进椭圆孔型	9~14	0.9~1.3
线材轧机	圆进椭圆孔型	14~20	0.7~1.1
	椭圆进方孔型	20~30	0.5~0.9
	椭圆进圆孔型	30~40	0.4~1.2
			0.4~0.6
			0.2~0.4

若兹公式只考虑了绝对压下量的影响，因此是近似计算，局限性较大。但形式简单，使用方便，所以在生产中应用较多。

【例题 9-1】 已知轧前轧件断面尺寸 $H \times B = 100\text{mm} \times 200\text{mm}$，轧后厚度 $h = 70\text{mm}$，轧辊材质为铸钢，工作辊直径为 650mm，轧制速度 $V = 4\text{m/s}$，轧制温度 $t = 1100℃$，轧件材质为低碳钢，计算该道次的宽展量。

解：（1）计算外摩擦系数

根据式(9-12)可得

$$f = 0.8(1.05 - 0.0005t^0) = 0.8 \times (1.05 - 0.0005 \times 1100) = 0.4$$

计算压下量及变形区长度

$$\Delta h = H - h = 100 - 70 = 30\text{mm};$$

$$l = \sqrt{R \cdot \Delta h} = \sqrt{\frac{650}{2} \times 30} = 98.7$$

（2）按若兹公式计算宽展量

因轧制温度较高，轧件材质又是低碳钢，系数 β 可取上限，即 $\beta = 0.35$。

故 $\Delta B = \beta \Delta h = 0.35 \times 30 = 10.5\text{mm}$。

（3）按巴赫契诺夫公式计算宽展量

$$\Delta B = 1.15 \frac{\Delta h}{2H} \left(\sqrt{r \Delta h} - \frac{\Delta h}{2f} \right) = 1.15 \times \frac{30}{2 \times 100} \times \left(98.7 - \frac{30}{2 \times 0.4} \right) = 10.6\text{mm}$$

（4）按谢别尔公式计算宽展量

因 $t > 1000℃$，又是低碳钢，取系数 $C = 0.35$。

$$\Delta B = C \frac{\Delta h}{H} \sqrt{R \Delta h} = 0.35 \times \frac{30}{100} \times 98.7 = 10.4\text{mm}$$

9.1.5 孔型中轧制时的宽展特点

9.1.5.1 孔型的基本知识

轧槽：型钢是在带有轧槽的轧辊上轧制出来的。在一个轧辊上用来轧制轧件的工作部分，即轧制时轧辊与轧件相接触的部分。

孔型：由两个或两个以上的轧槽，在通过其轧辊轴线的平面上所构成的孔洞。

孔型主要由辊缝、圆角、侧壁斜度等参数组成。如图 9-20 所示。

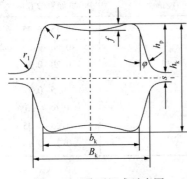

图 9-20 孔型组成示意图

9.1.5.2 孔型中轧制时的变形特点

由于工具形状和轧件形状的特点，变形区内的主要几何参数（H、h、D、l、a、Δh）不再保持常数。

为说明各几何参数沿轧件宽度上的变化，并与简单轧制情况比较，给出图 9-21 中几种典型的孔型中轧制情况。孔型中轧制的变形具有一系列特点。

（1）孔型中轧制时，沿轧件宽度的压下量是不均匀的。

如图 9-21(c)所示，当方坯进椭圆孔型时，压下量沿宽度上的分布是不均匀的。

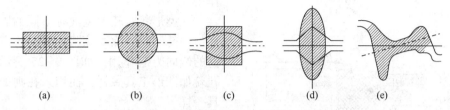

| (a) | (b) | (c) | (d) | (e) |

图 9-21　几种典型孔型中的轧制状况

宽展的特点：金属沿宽度的压下量不同，但轧制后轧件的长度并不因此沿着轧件宽度而不同，延伸在轧件的任何部分相同。在大压下区高向压下的金属被迫向宽度方向发展，增加了宽展；低压下区受轧件整体性的影响可能产生横向收缩现象。

平辊上轧制时压下量可按 $\Delta h = H - h$ 确定。在孔型中轧制时，确定压下量就比较复杂。因为此时压下量沿宽度是变化的，就不能简单地按上式计算了，此时确定压下量有不同的方法。

① 外形轮廓法

按轧件的最大外廓尺寸来计算压下量和宽展量，如图 9-22 所示，即 $\Delta h = H - h$；$\Delta B = B_h - B_H$。这方法最简单，但是不准确。

② 平均高度法

用具有相同的矩形面积来代替曲线的孔型面积和轧件面积来计算压下量，如以 F_H 和 F_h 表示轧制前后的断面积，则轧件轧制前、后的平均高度为 $\bar{H} = \dfrac{F_H}{B_H}$，$\bar{h} = \dfrac{F_h}{B_h}$。此时压下量按 $\Delta \bar{h} = \bar{H} - \bar{h}$ 确定。

例如：椭圆坯进方型孔轧制时的实际尺寸与换算成的矩形尺寸，如图 9-23 所示。

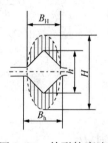

图 9-22　外形轮廓法

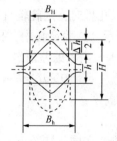

图 9-23　平均高度法

（2）轧件与轧辊接触的非同时性使变形区长度沿轧件宽度是变化的。

如图 9-24 所示，轧件与轧辊首先在 A 点局部接触。随着轧件继续进入变形区，B 点开

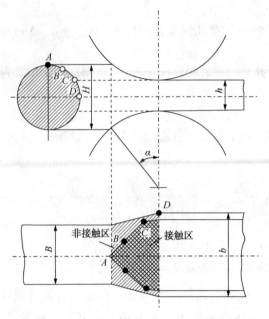

图 9-24 轧件与轧辊接触的非同时性

始接触，直到最边缘 C 点。因此在变形区内除轧件与轧辊表面相接触的接触区外，还存在着非接触区。轧件沿变形区宽度与轧辊非同时接触，并形成非接触区，一般叫作"接触非同时性"。此时，接触面积的确定方法可用作图法来确定。

（3）孔型形状的影响，凸起及侧壁的作用。

孔型形状对轧制宽展有不同的影响，在孔型中轧制时，除摩擦阻力外，还有孔型侧壁的侧向力起作用。如图 9-25 所示，菱形孔就如凹形工具一样；而切入孔则如凸形工具一样。

图 9-25 中菱形孔（凹形孔）中孔型侧壁给予轧件的力为正压力 N 和摩擦力 T。

此时横向变形阻力（即轧件宽度方向上的横向阻力）为

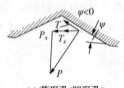

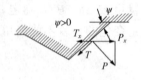

(a) 菱形孔(凹形孔) (b) 切入孔

图 9-25 孔型形状的影响

$$N_x + T_x = N(f\cos\psi + \sin\psi)$$

在切入孔中，凸形孔型侧壁给予轧件的力为正压力 N 和摩擦力 T。

横向变形阻力为二者的水平分量之差，即为

$$T_x - N_x = N(f\cos\psi + \sin\psi)$$

所以，在凸形孔型中轧制时，产生强制宽展，而在凹形孔型中轧制时为限制宽展。这与平辊轧制的自由宽展是不同的。

（4）轧制时的速度差现象。

当轧辊上刻以孔型时，则轧辊直径沿宽度不再相同。

如图 9-26 所示。在菱形孔中，孔型边部的辊径为 D_1，中心部分的辊径为 D_2，两者的差值

$$D_1 - D_2 = h - s$$

式中 h——孔型高度；

s——辊缝。

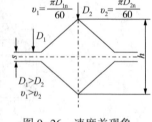

图 9-26 速度差现象

对轧制的影响：在同一转数下，D_1 的线速度 v_1 要大于 D_2 的 v_2，这样，孔型边部轧辊速度较大，孔型中部较小。但轧件是一个整体，出口速度相同，造成轧件中部和边部的相互拉扯，如果中部体积大于边部的，则边部金属拉不动中部的，就导致宽展的增加。同时这种速度差导致孔型磨损的不均匀。

9.2 轧制过程中的纵向变形——前滑与后滑

9.2.1 前滑与后滑的定义及表示方法

9.2.1.1 轧制过程的金属流动

如图9-27(a)为轧制过程变形区的示意图，图中参数的含义如下：H—入口厚度；h—出口厚度；V_H—入口速度；V_h—出口速度；α—咬入角；γ—中性角(中性面与轧件出口面间圆弧对应的圆心角为中性角，中性角是决定变形区内金属相对轧辊运动速度的一个参量，一定摩擦条件下，咬入角越小，中性角越趋于咬入角的一半)；R—轧辊半径。

轧件由厚度H变为h，在变形区内轧件厚度逐渐减小，根据变形金属的体积不变的条件，变形区内金属各质点运动速度不可能一样，金属和轧辊间必有相对运动。假设轧件无宽展，沿各截面上变形均匀，这样轧制变形区可分为前滑区、中性面和后滑区，如图所示如图9-27(b)所示。在前滑区，金属速度大于轧辊圆周速度，在后滑区则相反，在中性面两者速度相同，无相对滑动。

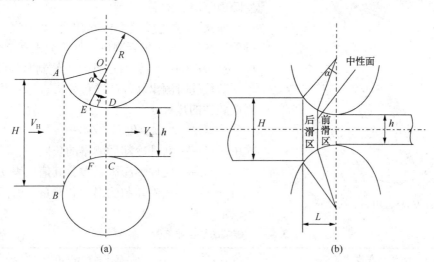

图9-27 轧制变形区示意图

9.2.1.2 前滑和后滑的产生原因

在变形区内的金属由于受到高向压下，相对于轧辊，既向出口方向流动，也向入口方向流动，因而在变形区出口处，轧件的速度比轧辊线速度快了些，而在入口处则比轧辊线速度的水平分量慢了些。即：轧件出口速度高于轧辊线速度，轧件入口速度低于入口处轧辊线速度的水平分量。

9.2.1.3 定义及表示方法

前滑：在轧制过程中，轧件出口速度V_h大于轧辊在该处的圆周速度V，这种$V_h > V$的现象称为前滑。

后滑：轧件进入轧辊的速度V_H小于轧辊在该处圆周速度V的水平分量$V \times \cos\alpha$的现象称为后滑。

前滑值：用出口断面上轧件速度与轧辊圆周速度之差和轧辊圆周速度的比值的百分数

表示，即

$$S_h = \frac{V_h - V}{V} \times 100\% \qquad\qquad (9-20)$$

式中　V——轧辊圆周速度；

　　　S_h——前滑值。

后滑值：如图9-27(a)所示，用入口断面处轧辊圆周速度的水平分量与轧件入口速度之差和轧辊圆周速度水平分量比值的百分数表示：

$$S_H = \frac{v\cos\alpha - v_H}{v\cos\alpha} \times 100\%$$

式中　S_H——后滑值。

实验方法计算出轧制时的前滑值：如果将(9-20)式中的分子和分母同乘以时间Δt，则得

$$S_h = \frac{V_h \cdot \Delta t - V \cdot \Delta t}{V \cdot \Delta t} = \frac{L_h - L_H}{L_H} \times 100\%$$

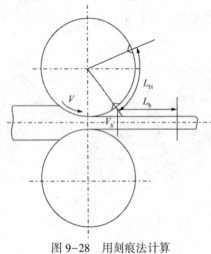

图9-28　用刻痕法计算

式中　L_h——在时间Δt内轧出的轧件长度；

　　　L_H——在时间Δt内，轧辊表面任一点所移动的圆周距离。

如果事先在轧辊上刻出距离为L_H的小坑(图9-28)，则轧制后测量轧件表面出现刻痕的距离L_h，根据式(9-20)就可以计算出轧制时的前滑值。

若热轧时测出轧件的冷尺寸L'_h，则可用下式换算成轧件的热尺寸：

$$L_h = L'_h [1 + \alpha(t_1 - t_2)]$$

式中　L'_h——轧件冷却后测得的长度；

　　　α——轧件热膨胀系数，其值见表9-4；

　　　t_1，t_2——轧件轧制的温度和测量时的温度。

表9-4　碳钢的热膨胀系数

温度/℃	膨胀系数 $\alpha \times 10^{-4}$
0~1200	15~20
0~1000	13.5~17.5
0~800	13.3~17

9.2.1.4　研究前滑的意义

① 前后滑现象是纵变形研究的基本内容。

② 使用带拉力轧制及连轧时必须考虑前滑值。因为在轧机调整时必须正确估计前滑值，否则可能造成两台轧机之间的堆钢，或者因S_h值估计过大而致使轧件被拉断等现象。

9.2.2　前滑值的计算

9.2.2.1　芬克(Fink)前滑公式

(1)推导公式

忽略轧件的宽展，并由秒流量相等条件，可得出

$$v_h h = v_\gamma h_\gamma \text{ 或者 } v_h = v_\gamma \frac{h_\gamma}{h}$$

式中　v_h、v_γ——轧件出辊和中性面处的水平速度；

　　　h、h_γ——轧件出辊和中性面处的高度。

因为 $v_\gamma = v\cos\gamma$，$h_\gamma = h + D(1-\cos\gamma)$

由公式可得出

$$\frac{v_h}{v} = \frac{h_\gamma \cos\gamma}{h} = \frac{[h + D(1-\cos\gamma)]\cos\gamma}{h}$$

由前滑的定义得到

$$S_h = \frac{v_h - v}{v} = \frac{v_h}{v} - 1$$

将前面的式子代入上式后得

$$S_h = \frac{(D\cos\gamma - h)(1-\cos\gamma)}{h}$$

（2）芬克公式计算的曲线

图 9-29 为前滑值 S_h 与轧辊直径 D、轧件厚度 h 和中性角 γ 的关系曲线。

1—曲线 1，$S_h = f(h)$，$D = 300\text{mm}$，$\gamma = 5°$；

2—曲线 2，$S_h = f(D)$，$h = 20\text{mm}$，$\gamma = 5°$；

3—曲线 3，$S_h = f(\gamma)$，$h = 20\text{mm}$，$D = 300\text{mm}$

由图 9-29 可知，前滑与中性角呈抛物线关系；前滑与辊径呈直线关系；前滑与轧件轧出厚度呈双曲线关系。

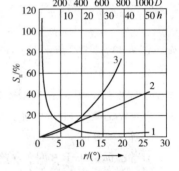

图 9-29　按芬克公式计算的曲线

9.2.2.2　艾克隆德（Ekelund）前滑公式

当中性角 γ 很小时，可取 $1-\cos\gamma = 2\sin^2\frac{\gamma}{2} = \frac{\gamma^2}{2}$，$\cos\gamma = 1$

则式可简化为

$$S_h = \frac{\gamma^2}{2}\left(\frac{D}{h} - 1\right)$$

9.2.2.3　德雷斯登（Dresden）前滑公式

因为 D/h 远远大于 l，故上式括号中 l 可以忽略不计，则该式变为

$$S_h = \frac{R}{h}\gamma^2$$

上述是在不考虑宽展时求前滑的近似公式。

9.2.2.4　孔型轧制时的前滑

在孔型轧制过程中，通常沿孔型周边各点轧辊的线速度不同，但由于金属的整体性和外端的作用，轧件横断面上各点又必须以同一速度出辊。

可采用平均高度法：把孔型和来料化为矩形断面，然后按平辊轧矩形断面轧件的方法，来确定轧辊的平均线速度 $\bar{v}$ 和平均前滑值 $\bar{S}_h$。

并按下式确定轧件平均出辊速度：

$$\bar{v}_h = \bar{v}(1 + \bar{S}_h)$$

9.2.3 中性角的确定

9.2.3.1 计算中性角的巴甫洛夫公式

对简单的理想轧制过程，在假定接触面全滑动和遵守库伦干摩擦定律以及单位压力沿接触弧均匀分布和无宽展的情况下，按变形区内水平力平衡条件导出中性角 γ 的计算公式，

$$\gamma = \frac{\alpha}{2}\left(1 - \frac{\alpha}{2\beta}\right)$$

即

$$\gamma = \frac{\alpha}{2}\left(1 - \frac{\alpha}{2f}\right)$$

9.2.3.2 讨论 α、β、γ 三个角的函数关系

如图9-30为三特征角 α、β、γ 之间的关系。当摩擦系数 f（或摩擦角 β）为常数时，γ

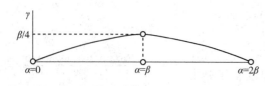

图9-30　三特征角 α、β、γ 之间的关系

与 α 的关系为抛物线方程，当 $\alpha = 0$ 或 $\alpha = 2\beta$ 时，$\gamma = 0$。实际上，当 $\alpha = 2\beta$ 时，因变形区全部为后滑区，轧件向入口方向打滑，轧制过程已不能进行下去了。

当 $\alpha = \beta$ 时，γ 有最大值：

$$\gamma_{max} = \frac{\alpha}{4} = \frac{\beta}{4}$$

可见①当 $\alpha = \beta$ 即在极限咬入条件下，中性角有最大值，其值为 0.25α 或 0.25β；
②当 $\alpha < \beta$ 时，随 α 增加，γ 增加；当 $\alpha > \beta$ 时，随 α 增加，γ 减小；
③当 $\alpha = 2\beta$ 时，$\gamma = 0$；
④当 α 远远小于 β 时，γ 趋于极限值 $\alpha/2$，这表明剩余摩擦力很大。

当咬入角增加时，则剩余摩擦力减小，前滑区占变形区的比例减小，极限咬入时只占变形区的 1/4，如果再增加咬入角（在咬入后带钢压下），剩余摩擦力将更小，当 $\alpha = 2\beta$ 时，剩余摩擦力为零，而此时 $\gamma/\alpha = 0$，$\gamma = 0$。前滑区为零即变形区全部为后滑区，此时轧件向入口方向打滑，轧制过程实际上已不能继续下去。

【例题9-2】　在 $D = 650\text{mm}$，材质为铸铁的轧辊上，将 $H = 100\text{mm}$ 的低碳钢轧成 $h = 70\text{mm}$ 的轧件，轧辊圆周速度为 $v = 2\text{m/s}$，轧制温度 $t = 1100℃$，计算此时的前滑值。

解：（1）计算咬入角

$$\Delta h = H - h = 100 - 70 = 30\text{mm}$$

$$\alpha = \arccos\left(\frac{D - \Delta h}{D}\right) = \arccos\left(\frac{650 - 30}{650}\right) = 17°28' = 0.3049$$

（2）计算摩擦角
由计算摩擦角的艾克隆德公式，按已知条件查得

$$K_1 = 0.8, \quad K_2 = 1, \quad K_3 = 1$$

$$f = 0.8K_1K_2K_3(1.05 - 0.0005t)$$

$$= 0.8(1.05 - 0.0005 \times 1100) = 0.4$$

$$\beta = \arctan 0.4 = 21°48' = 0.38$$

（3）计算中性角

$$\gamma = \frac{\alpha}{2}\left(1-\frac{\alpha}{2\beta}\right) = \frac{0.305}{2}\times\left(1-\frac{0.305}{2\times0.38}\right) = 0.091$$

$$\cos\gamma = 0.9958$$

（4）计算前滑值

$$S_h = \frac{(1-\cos\gamma)(D\cos-h)}{h} = \frac{(1-0.9958)(650\times0.9958-70)}{70} = 3.47\%$$

9.2.4 前滑的影响因素

9.2.4.1 轧辊直径的影响

图 9-31 表示了轧辊直径对前滑影响的实验结果指出：前滑随轧辊直径增大而增大。

此实验结果可从两方面解释：

① 轧辊直径增大，咬入角减小，在摩擦系数不变时，剩余摩擦力增大。

② 实验中当 $D>400mm$ 时，随辊径增加前滑增加的速度减慢。因为辊径增加伴随着轧制速度增加，摩擦系数随之而减小，使剩余摩擦力有所减小；同时，辊径增大导致宽展增大，延伸系数相应减小。上述因素共同作用，使前滑增加速度放慢。

9.2.4.2 摩擦系数的影响

实验证明，摩擦系数 f 越大，在其他条件相同时，前滑值越大，如图 9-32 所示。

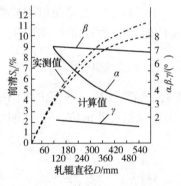

图 9-31　轧辊直径对前滑的影响

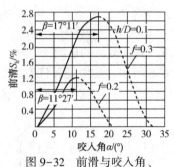

图 9-32　前滑与咬入角、
摩擦系数的关系（$h/D=0.1$）

凡是影响摩擦系数的因素，如轧辊材质、轧件化学成分、轧制温度、轧制速度等，都能影响前滑的大小。

在热轧温度范围内，在 $\varepsilon = \Delta h/H$ 不变时，随温度降低，前滑值增大，这是因为此时摩擦系数增大的缘故，如图 9-33 所示。

9.2.4.3 压下率的影响

由图 9-33 和图 9-34 的实验结果可以看出，前滑均随相对压下量增加而增加，而且以当 $\Delta h=$ 常数时，前滑增加更为显著。形成以上现象的原因首先是随着相对压下量增加，高向移位体积增加。

当 $\Delta h=$ 常数时，相对压下量的增加是靠减小轧件厚度 H 或 h 完成，咬入角 α 并不增大，在摩擦系数不变化时，此时 γ/α 值不变化，即剩余摩擦力不变化，前、后滑区在变形区中所占比例不变，即前、后滑值均随 $\Delta h/H$ 值增大以相同的比例增大。而 $h=$ 常数或 $H=$ 常数时，相对压下量增加是由增加Δh，即增加咬入角α的途径完成的，此时γ/α值将减小，这标志着剩余摩擦力减小，此时延伸变形增加，但主要是由后滑的增加来完成的，前滑的增加速度与Δh＝常数的情况相比要缓慢得多。

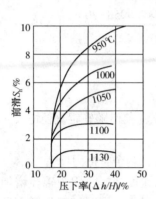

图 9-33　轧制温度、压下量对前滑的影响

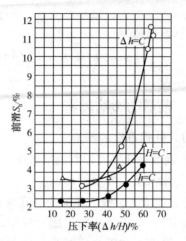

图 9-34　相对压下量对前滑的影响
（1号钢，$t=1000℃$，$D=400mm$）

9.2.4.4　轧件厚度的影响

如图 9-35 的实验结果表明，当轧后厚度h减小时，前滑增大。当Δh＝常数时，前滑值增加的速度比H＝常数时要快。因为在H、h、Δh三个参数中，不论是以H＝常数或以Δh＝常数，h减小都意味着相对压下量增加。所以，轧件轧后厚度对前滑的影响，实质上可归结为相对压下量对前滑的影响。

9.2.4.5　轧件宽度的影响

如图 9-36 所示。前滑随轧件宽度变化的规律是，当宽度小于一定值时（在此试验条件下是小于 40mm 时），随宽度增加前滑值也增加；而宽度超过此值后，宽度再增加，则前滑不再增加。

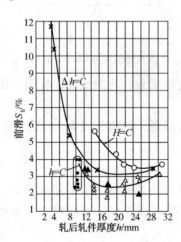

图 9-35　轧件轧后厚度与前滑的关系

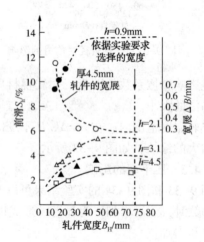

图 9-36　轧件宽度对前滑的影响

因宽度小于一定值时，宽度增加、宽展减小，延伸变形增加，在α、f不变的情况下，

前、后滑都应增加。而在宽度大于一定值后，宽度增加、宽展不变，延伸也为定值，在 γ/α 值不变时，前滑值亦不变。

9.2.4.6 张力对前滑的影响

实验证明，前张力增加时，使前滑增加、后滑减小；后张力增加时，使后滑增加、前滑减小。

因为前张力增加时，使金属向前流动的阻力减小，前滑区增大；而后张力 Q_H 增加，使中性角减小（即前滑区减小），故前滑值减小。图9-37还可看出张力对前滑值和后滑值的影响规律。如图9-38所示的实验结果，也完全证实了上述分析。

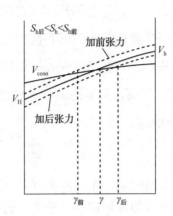

图9-37 张力改变时轧件
水平速度及中性角的变化

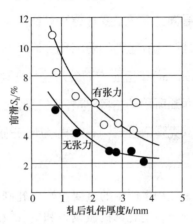

图9-38 张力对前滑的影响

复习思考题

9-1 何为宽展？研究宽展的意义是什么？

9-2 简述宽展的分类及组成。

9-3 影响宽展的因素有哪些？对主要因素的影响规律进行解释。

9-4 何为前滑、后滑？

9-5 研究前滑的意义是什么？

9-6 影响前滑的主要因素有哪些？有什么影响规律？

10 轧制压力的计算

> **本章导读**：本章主要介绍轧制压力的概念、计算方法和轧制压力的影响因素。了解计算轧制压力的思路和计算方法；在计算轧制压力的方程中主要了解卡尔曼(Karman)单位压力微分方程及采利柯夫解、奥洛万(Orowan)单位压力微分方程及西姆斯和勃兰特-福特单位压力公式；了解计算平均单位压力的采利柯夫公式和艾克隆德公式；熟知轧制压力的影响因素。

轧制压力是轧钢生产中的重要参数。轧制压力的确定，在理论研究和生产实践中都有重要意义。轧制压力是轧钢机械设备和电气设备设计的原始依据，是进行轧钢机各零件的强度、刚度计算和主电机容量选择、校核主电机能力的主要参数。制定合理的轧制工艺规程，改进产品的生产工艺，都必须掌握轧制压力的大小。

轧制压力的大小取决于轧制单位压力和其沿接触弧上的分布特征。本章讨论轧制单位压力的计算。

10.1 概述

10.1.1 轧制压力的概念

在轧制过程中，金属对轧辊作用力有两个：一是与接触表面相切的摩擦应力的合力——摩擦力；二是轧辊和轧件接触表面相垂直的单位压力的合力——正压力。摩擦力与正压力在垂直于轧制方向上的投影之和，即平行轧辊中心连线的垂直力（轧制过程中金属给轧辊总压力的垂直分量），通常称之为轧制压力，有时又称之为轧制力或轧制压力。

从另一方面来说，轧制力是轧制过程中使轧件产生塑性变形所需的变形力，即轧制过程中轧辊给轧件的作用力。当轧件不受张力作用、或承受相等的前后张力作用时，根据轧件在水平方向的受力平衡条件，轧制力将垂直指向

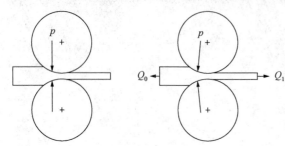

(a) 简单轧制条件下的轧制力方向　　(b) 前后张力不等式轧制力方向

图 10-1　轧制力示意图

轧件[图 10-1(a)]。当轧件受不相等的前后张力作用时，轧制力将向较小张力的方向倾斜，以保持轧件在水平方向的受力平衡[图 10-1(b)]，但是这种倾斜很小，因此工程上可以认为：无论哪种情况，轧制力都是垂直指向轧件的。

轧制时轧件将给轧辊以反作用力，其大小等于轧制力。它通过轧辊轴承传递给压下螺丝，因此轧制力可以通过安装在轧机压下螺丝下的力传感器测量。

10.1.2 轧制压力的意义

确定轧制压力在生产实践中有着重要的意义：

① 为了计算轧辊和轧机其他各个部件的强度，校核和选择电动机负荷，正确制定压下工艺规程，需要计算轧制压力。

② 钢板生产中为了实现板厚和板形的自动控制，需要计算轧制压力。

③ 为了充分发挥轧机的生产潜力，提高轧机的生产率，以及利用计算机实现轧制生产过程自动化，需要计算轧制压力。

10.1.3 轧制压力的确定方法

确定轧制压力可以有直测法、理论计算法、经验公式和图表法等。

10.1.3.1 直测法

直接测量法是用测压仪器直接在压下螺丝下对总压力进行实测而得的结果。它是在轧钢机上放置专门设计的压力传感器，将压力信号转换为电信号，然后通过放大器或直接送往测量仪表并记录下来，获得实测的轧制压力，用实测的轧制总压力除以接触面积便求出平均单位压力。

近些年测量轧制压力的技术获得了很大的进步，测量精度也不断提高，这对生产实践和进一步提高轧制压力计算精度的研究，都有很大的作用。

10.1.3.2 理论计算法

它是建立在理论分析基础上用计算公式确定单位压力。通常需要首先确定变形区内单位压力分布的形式和大小，然后再计算平均单位压力。

10.1.3.3 经验公式和图表法

它是根据大量的实测统计资料。进行一定的数学处理，抓住一些主要因素，建立经验公式和图表。

目前，上述三种方法在确定平均单位压力时都得到广泛的应用，它们各具有优缺点。理论分析法是一种较好的方法，但理论计算公式尚有一定的局限性，它还没有建立起包括各种轧制方式、条件和钢种的高精度公式，以致应用时常感到困难，同时计算烦琐。实测方法如果在相同的实验条件下应用，可能会得到较为满意的结果，但是它又要受到实验条件的限制。总之，目前计算平均单位压力的公式很多，参数选用各异，而各公式又都具有一定的适用范围。因此确定平均单位压力时，根据不同情况上述方法都可以采用。下面介绍理论计算法来确定轧制压力的过程。

10.1.4 轧制压力的计算方法

10.1.4.1 受力分析

按照简单轧制条件绘出轧件和轧辊的受力如图 10-2 和图 10-3 所示。轧制时轧辊对轧件的作用力为一不均匀分布的载荷，但为了研究方便，假定在轧件上作用着的载荷均匀分布，其载荷强度为整个变形区接触的平均单位压力 $p_{平}$，此时可用合力 p 来代替，合力的作用点在接触弧的中点 C 和 D（图10-2）。由于轧件上仅作用着上下轧辊给予的作用力 p_1 和 p_2，因此根据力的平衡条件，p_1 和 p_2 为大小相等，方向相反，作用在 CD 直线上的一对平衡力。在简单轧制的情况下，CD 与两轧辊连心线 O_1O_2 平行。

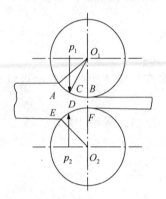
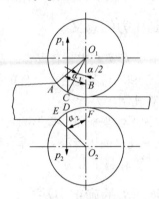

图 10-2　简单轧制时　　　图 10-3　简单轧制时
轧辊对轧件的作用力　　　轧件对轧辊的作用力

根据作用力与反作用力定律，轧件作用在上下辊上的力 p_1 和 p_2（图10-3）即为轧制力。

10.1.4.2　轧制压力的计算公式

轧制压力 p 与平均单位轧制压力 $\bar{p}$ 及接触面积之间的关系为

$$p = \bar{p}F$$

式中　$\bar{p}$——金属对轧辊的（垂直）平均单位压力。

　　　　F——轧件与轧辊接触面积的水平投影，简称接触面积。

10.1.4.3　轧制单位压力的理论计算

在忽略轧件沿宽度方向上接触应力的变化，并假定变形区内某一微分体积上轧件受到来自轧辊的单位压力 p 和单位摩擦力 t（图10-4）。

轧制压力可用如下式计算：

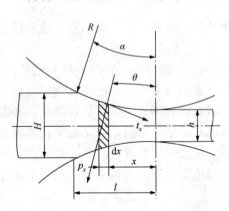

$$p = \bar{B}\left(\int_0^l p_x \cos\theta \frac{\mathrm{d}x}{\cos\theta} + \int_{l_r}^l t_x \sin\theta \frac{\mathrm{d}x}{\cos\theta} - \int_0^{l_r} t_x \sin\theta \frac{\mathrm{d}x}{\cos\theta} \right)$$

$$(10-1)$$

式中　θ——变形区内任一角度；

　　　$\bar{B}$——变形区内轧件的平均宽度，$\bar{B} = \dfrac{B+b}{2}$；

　　　$l,\ l_r$——变形区长度和出口处到中性角的接触弧长；

　　　$\dfrac{\mathrm{d}x}{\cos\theta}$——轧件与轧辊在某一微分体积上接触面积；

　　　t_x——接触表面 x 的单位摩擦力；

　　　p_x——接触表面径向单位压力。

图 10-4　后滑区内作用于轧件微分体上

显然在式（10-1）中，第一项为单位压力在接触面积之合力的垂直分量，第二项和第三

206

项分别为后、前滑区摩擦力在垂直方向上的分力，它们与第一项相比其值甚小，可以忽略不计，则轧制压力式(10-1)可写成下式：

$$p = \bar{B} \int_0^l p_x \cos\theta \frac{\mathrm{d}x}{\cos\theta} = \bar{B} \int_0^l p_x \mathrm{d}x \qquad (10\text{-}2)$$

从式(10-2)可见，轧制压力为微分体上之单位压力 p_x 与该微分体积接触表面之水平投影面积乘积的总和。

若单位压力用平均值代替，则式(10-2)可表示为

$$p = \bar{p}F \qquad (10\text{-}3)$$

式中　p——轧制压力；

　　　$\bar{p}$——平均单位压力；

　　　F——轧件与轧件实际接触面积之水平投影。

由此可见，为了确定轧件给轧辊总压力，必须正确地计算平均单位压力和轧件与轧辊实际接触面积之水平投影。确定接触面积 F，在平板轧制的简单轧制条件下，并没有什么困难，它为变形区长度 l 与平均宽度之乘积，即

$$F = \frac{B+b}{2}l = \frac{B+b}{2}\sqrt{R\Delta h} \qquad (10\text{-}4)$$

式中　l——变形区长度。

在孔型轧制及轧制板材时，考虑到轧辊由于受力面产生弹性变形，确定接触面积的问题就复杂得多。正确地计算轧制压力，就需正确地计算平均单位压力，为此必须正确地确定单位压力沿接触弧上的分布。

10.2　几种计算轧制单位压力的理论计算方法

10.2.1　卡尔曼(Karman)单位压力微分方程及采利柯夫解

卡尔曼方程是应用较为普遍的一种计算方法，因为对这种计算方法研究比较深入，很多公式都由它派生出来。

卡尔曼单位压力微分方程是以数学、力学理论为出发点，在一定的假设条件下，在变形区内任意取一微分体，分析作用在此微分体上的各种作用力，根据力平衡条件，将各力通过微分平衡方程式联系起来。同时运用屈服条件或塑性方程、接触弧方程、摩擦规律和边界条件来建立单位压力微分方程并求解。

10.2.1.1　卡尔曼单位压力微分方程式的假设条件

卡尔曼微分方程式的假设条件有：

① 变形区内沿轧件横断面高度上的各点的金属流动速度、应力及变形均匀分布。

② 当 $\dfrac{\bar{b}}{\bar{h}}$（或 $\dfrac{l}{\bar{h}}$）的比值很大时，认为宽展很小，可以忽略，即 $\Delta b = 0$。这样把三个方向都有变形的空间问题变成了只有两个方向变形的平面变形问题。

③ 认为轧制时，轧件高向、纵向和横向的变形都与主应力方向一致，忽略了切应力的影响。

④ 认为金属质点在变形过程中，性质处处相同。

⑤ 上下轧辊辊径相等，并做匀速运动，不产生惯性力，轧辊和机架为刚体，即不产生弹性变形。

⑥ 在接触弧上的摩擦系数为常数，即 $f=C$。

10.2.1.2 卡尔曼单位压力微分方程式的建立

如图 10-5 所示，用垂直于轧制方向的相距为 dx 的两个无限接近的平面，即在后滑区内

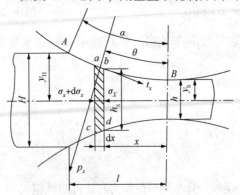

图 10-5 变形区内任意微分体上受力情况

截取微分体 $abcd$，高度由 $2y$ 变化到 $2(y+dy)$；高度在微分体的右侧为 h_x，左侧为 h_x+dh_x；弧长 $\widehat{ab}$ 近似等于弦长，即 $\widehat{ab}=\overline{ab}=\dfrac{dx}{\cos\theta}$；轧件宽度为 l。

作用在 ab 弧长的力有径向单位压力 P 和切向单位摩擦力 t，在后滑区接触面上金属质点向轧辊转动相反的方向滑动，它们在接触弧 ab 上的合力的水平投影为

$$2B(p_x\frac{dx}{\cos\theta}\sin\theta-t_x\frac{dx}{\cos\theta}\cos\theta) \qquad (10-5)$$

式中 θ——ab 弧切线与水平面所成的夹角，亦即相对应的圆心角。

根据纵向应力分布均匀的假设，作用在单元体两侧的应力各为 σ_x 及 $\sigma+d\sigma_x$，而其合力则为

$$2B\sigma_x y-2B(\sigma_x+d\sigma_x)(y+dy)$$

根据力的平衡条件，所有作用在水平轴 X 上力的投影代数和应等于零，即 $\sum X=0$。则

$$2B\sigma_x y-2B(\sigma_x+d\sigma_x)(y+dy)-2B\left(p_x\frac{dx}{\cos\theta}\sin\theta-t_x\frac{dx}{\cos\theta}\cos\theta\right)=0 \qquad (10-6)$$

假设没有宽展，并取 $\tan\theta=\dfrac{dy}{dx}$，忽略高阶项，对上式进行简化，可以得到

$$\frac{d\sigma_x}{dx}-\frac{p_x-\sigma_x}{y}\cdot\frac{dy}{dx}+\frac{t_x}{y}=0 \qquad (10-7)$$

同理，前滑区中金属的质点沿接触表面向着轧制方向滑动，摩擦力相反，相同方式得出

$$\frac{d\sigma_x}{dx}-\frac{p_x-\sigma_x}{y}\cdot\frac{dy}{dx}-\frac{t_x}{y}=0 \qquad (10-8)$$

为了对式(10-7)和式(10-8)求解，必须找出单位压力 p 与应力 σ 的关系。根据假设，单元体 h 上水平压应力 σ_x 和垂直压应力 σ_y 均为主应力，设 $\sigma_3=-\sigma_y$ 则有

$$\sigma_3=-\sigma_y=-(Bp_x\frac{dx}{\cos\theta}\cos\theta\pm Bt_x\frac{dx}{\cos\theta}\sin\theta)\frac{1}{Bdx}$$

上式是将微分体上所受之力全部投影到垂直方向，然后除以承受力的作用面积 Bdx，式中负号适用于后滑区，正号适用于前滑区。由于上式右方之第二项与第一项相比其值甚小，可以忽略，于是得

$$\sigma_3=-p_x$$

同时 $\sigma_1=-\sigma_x$

代入 Mises 屈服条件：$\sigma_1-\sigma_3=K$ 或 $\sigma_1-\sigma_3=1.15\sigma_s$

得
$$p_x-\sigma_x=K \qquad (10-9)$$

对式(10-9)微分可得 $d\sigma_x=dp_x$，代入式(10-7)和式(10-8)可得

$$\frac{\mathrm{d}p_x}{\mathrm{d}x} - \frac{K}{y} \cdot \frac{\mathrm{d}y}{\mathrm{d}x} \pm \frac{t_x}{y} = 0 \qquad (10-10)$$

上式即为卡尔曼单位压力微分方程。"+"适用于后滑区，"–"适用于前滑区。

10.2.1.3 卡尔曼单位压力微分方程式的求解

要对方程式求解，必须知道：

① 边界上的单位压力(边界条件)；

② 接触弧方程(几何条件)；

③ 单位摩擦力 t_x 沿接触弧的变化规律(物理条件)。

所取条件不同，就有很多不同解法。

(1) 边界条件

由式(10-9) $p_x - \sigma_x = K$ 可知：

① 设变形区内不存在加工硬化，即进出口处变形抗力 K 值不变，且进出口水平应力为零。则边界条件为：

轧件出口处，即 $x=0$ 时：$\sigma_x=0$，$p_h=K$；

轧件入口处，即 $x=l$ 时：$\sigma_x=0$，$p_H=K$；

即轧件出口、入口处单位压力 p_h 和 p_H 都等于轧件的平面变形抗力 K。

② 变形区内存在加工硬化时，即进出口处变形抗力 K 值不等，且进出口水平应力为零。则边界条件为：

轧件出口处，即 $x=0$ 时：$\sigma_x=0$，$p_h=K_h$；

轧件入口处，即 $x=l$ 时：$\sigma_x=0$，$p_H=K_H$；

式中 K_h、K_H 分别为轧件出口、入口处的平面变形抗力。

③ 如果考虑轧机前后张力的影响，并设变形区内不存在加工硬化，即进出口处变形抗力 K 值不变。则边界条件为：

轧件出口处，即 $x=0$ 时：$\sigma_x=-q_h$，$p_h=K-q_h$；

轧件入口处，即 $x=l$ 时：$\sigma_x=-q_H$，$p_H=K-q_H$。

④ 如果既考虑轧机前后张力的影响，又考虑变形区内的加工硬化，即进出口处变形抗力 K 值不等。则边界条件为：

轧件出口处，即 $x=0$ 时：$\sigma_x=-q_h$，$p_h=K_h-q_h$；

轧件入口处，即 $x=l$ 时：$\sigma_x=-q_H$，$p_H=K_H-q_H$。

(2) 接触弧方程

如果把精确的圆弧坐标代入方程，积分时会变得很复杂，甚至不能求解，而且也难以应用。所以，在求解时，都设法加以简化，常有以下几种假设：

① 轧制时，轧辊产生弹性压扁，使变形区长度增长，常近似地认为接触弧为平板压缩。

② 轧制薄板时，可将圆弧看成直线，即以弦代弧。

③ 接触弧用抛物线代替圆弧。

④ 采用圆弧方程，但改用极坐标，以利求解。

(3) 摩擦条件

关于轧件与轧辊间的接触摩擦问题是非常复杂的，目前，对此而做的假设或理论比较多，常采用的有以下几种基本摩擦条件：

① 接触摩擦遵从干摩擦定律，即

$$t=fp_x \qquad (10-11)$$

② 假设接触表面上单位摩擦力不变，等于一个常数，且约等于

$$t = 常数 \approx fK \tag{10-12}$$

③ 假设轧辊与轧件间的接触表面发生液体摩擦，按照液体摩擦定律，将单位摩擦力表示为

$$t = \eta \frac{dv_x}{dy} \tag{10-13}$$

式中 η——黏性系数；

$\dfrac{dv_x}{dy}$——在垂直于滑动平面方向上的速度梯度。

④ 根据实测结果，变形区内摩擦系数并非恒定不变，因此可把摩擦系数视为单位压力的函数，即 $f = U(p)$。

⑤ 把变形区分成若干区域，而每个区域采用不同的摩擦规律。

显然，不同的边界条件，不同的接触弧方程，不同的摩擦规律代入微分方程，将会得出不同的解。下面介绍其中的采利柯夫解。

10.2.1.4　采利柯夫解

采利柯夫在解微分方程式(10-10)时所用的边界条件、接触弧方程、摩擦条件如下：

① 边界条件：K 为常值，考虑前后张力。

② 接触弧方程：采用以弦代弧。

③ 摩擦条件：采用干摩擦定律[式(10-11)]。

将式(10-11)代入式(10-10)中得

$$\frac{dp_x}{dx} - \frac{K}{y} \times \frac{dy}{dx} \pm \frac{fp_x}{y} = 0 \tag{10-14}$$

在图 10-5 中，设经过 A、B 两点的直线方程为 $y = ax + b$

在 B 点：$x_B = 0$，$y_B = b = h/2$；

在 A 点：$x_A = l$，$y_A = al + \dfrac{h}{2} = \dfrac{H}{2}$；则，$a = \dfrac{\Delta h}{2l}$。

则直线 AB 的方程为

$$y = \frac{\Delta h}{2l}x + \frac{h}{2} \tag{10-15}$$

对上式微分得

$$dy = \frac{\Delta h}{2l}dx$$

则 $dx = \dfrac{2l}{\Delta h}dy$

将 dx 代入方程式(10-14)中得

$$\frac{dp_x}{\frac{2l}{\Delta h}dy} - \frac{K}{y} \times \frac{dy}{\frac{2l}{\Delta h}dy} \pm \frac{fp_x}{y} = 0 \tag{10-16}$$

以 $\dfrac{2lf}{\Delta h}dy$ 乘以方程式并整理得

$$dp_x - \frac{K}{y}dy \pm \frac{2ldy}{\Delta h} \times \frac{fp_x}{y} = 0$$

令 $\dfrac{2lf}{\Delta h} = \delta$，则有

210

$$\mathrm{d}p_x + \frac{\mathrm{d}y}{y}(\pm\delta p_x - K) = 0 \tag{10-17}$$

$$\frac{\mathrm{d}p_x}{\pm\delta p_x - K} = -\frac{\mathrm{d}y}{y} \tag{10-18}$$

对上式积分得

后滑区：
$$p_\mathrm{H} = C_\mathrm{H} y^{-\delta} + \frac{K}{\delta} \tag{10-19}$$

前滑区：
$$p_\mathrm{h} = C_\mathrm{h} y^{\delta} - \frac{K}{\delta} \tag{10-20}$$

根据边界条件

轧件出口处，即　$x=0$，$y=\dfrac{h}{2}$：$p_\mathrm{h}=K-q_\mathrm{h}=k\left(1-\dfrac{q_\mathrm{h}}{K}\right)\xi_\mathrm{h}K$ \hfill (10-21)

轧件入口处，即　$x=l$，$y=\dfrac{H}{2}$：$p_\mathrm{H}=K-q_\mathrm{H}=k\left(1-\dfrac{q_\mathrm{H}}{K}\right)\xi_\mathrm{H}K$ \hfill (10-22)

式中　q_h、q_H——前后张力。

得出积分常数为

$$C_\mathrm{H} = K\left(\xi_\mathrm{H} - \frac{1}{\delta}\right)\left(\frac{H}{2}\right)^{\delta}$$

$$C_\mathrm{h} = K\left(\xi_\mathrm{h} + \frac{1}{\delta}\right)\left(\frac{h}{2}\right)^{-\delta}$$

代入式（10-19）和式（10-20），并用 $h_x/2$ 代替 y，可得出

后滑区：
$$p_\mathrm{H} = \frac{K}{\delta}\left[(\xi_\mathrm{H}\delta - 1)\left(\frac{H}{h_x}\right)^{\delta} + 1\right] \tag{10-23}$$

前滑区：
$$p_\mathrm{h} = \frac{K}{\delta}\left[(\xi_\mathrm{h}\delta - 1)\left(\frac{h_x}{h}\right)^{\delta} - 1\right] \tag{10-24}$$

如果无前后张力时有：

后滑区：
$$p_\mathrm{H} = \frac{K}{\delta}\left[(\delta - 1)\left(\frac{H}{h_x}\right)^{\delta} + 1\right] \tag{10-25}$$

前滑区：
$$p_\mathrm{h} = \frac{K}{\delta}\left[(\delta - 1)\left(\frac{h_x}{h}\right)^{\delta} - 1\right] \tag{10-26}$$

分析以上描述单位压力沿接触弧分布规律的方程时，可以看出，影响单位压力的主要因素有外摩擦系数、轧辊直径、压下量、轧件高度和前、后张力等。

根据式（10-23）~式（10-26）可得图 10-6 所示接触弧上单位压力分布图。由图看出，在接触弧上单位压力的分布是不均匀的，由轧件入口开始向中性面逐渐增加，并达到最大值，然后降低，到出口处降到最低。而接触表面摩擦力 $t = fp$ 在中性面处改变方向，其分布规律如图 10-6 所示。

为了显示外摩擦系数、轧辊直径、压下量、轧件高度和前、后张力等不同因素对单位压力的影响，可用不同因素为参数，描绘出诸因素条件下单位压力曲线。如图 10-7~图 10-10 所示。图中纵坐标用轧制单位压力与平面变形抗力 K 之比值表示，分析图中定性曲线可以得出以下结论。

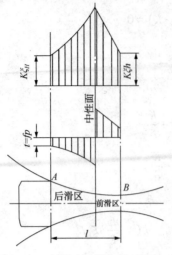
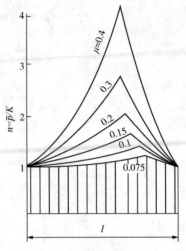

图 10-6　在滑动摩擦条件下接触弧
上单位压力分布图

图 10-7　摩擦系数 f 对
单位压力分布的影响

（1）接触弧摩擦系数对单位压力影响

如图 10-7 所示，在压下量一定 $\varepsilon\% = 30\%$、咬入角 $\alpha = 5°46'$、$h/D = 1.16\%$ 的条件下得到的不同摩擦系数对单位压力影响曲线。从曲线可以看出，摩擦系数越高，从出口、入口向中性单位压力增加越高、单位压力的峰值越高，因此单位压力值就越大。

（2）相对压下量对单位压力的影响

如图 10-8 所示，在其他条件一定的情况下，试件轧后高度 $h = 1mm$、轧直径 $= 200mm$、$f = 0.2$ 时，随着压下量增加，变形区长度增加，单位压力亦相应增加。在这种情况下，轧件对轧辊总压力增加，不仅是由于接触面积增大，而且也由于单位压力本身的增加。

（3）轧辊直径对单位压力的影响

如图 10-9 所示，轧辊直径增加，变形区长度 l 也增大，单位压力亦相应增加。

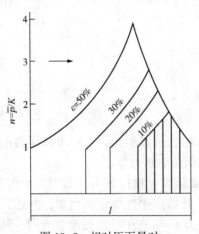
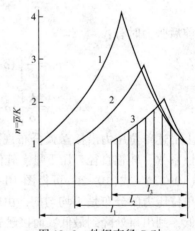

图 10-8　相对压下量对
单位压力分布的影响

图 10-9　轧辊直径 D 对
接触弧单位压力分布的影响

1—$D = 700mm$，$D/h = 350mm$，$l = 17.2mm$；

2—$D = 400mm$，$D/h = 200mm$，$l = 13mm$；

3—$D = 200mm$，$D/h = 100mm$，$l = 8.6mm$；

212

(4)前后张力对单位压力的影响

如图 10-10 所示，在相对压下量 $\Delta h/H = 30\%$、$\alpha = 3°50'$、$f = 0.2$、$h/D = 0.5\%$ 时，采用不同的张力轧制都使单位压力著降低，并且张力越大、单位压力越小。因此，在冷轧时是希望采用张力轧制的。

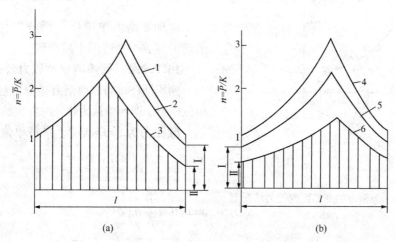

图 10-10　张力对单位压力分布的影响（Ⅰ—0.8K；Ⅱ—0.5K）
1—$q_h = 0$；2—$q_h = 0.2K$；3—$q_h = 0.5K$；4—$q_h = q_H = 0$；5—$q_h = q_H = 0.2K$；6—$q_h = q_H = 0.5K$

采利何夫单位压力公式突出的优点是反映了一系列工艺因素对单位压力的影响，但在公式中没有考虑金属材料在变形过程中的加工硬化现象的影响，而且在变形区内没有考虑黏着区的存在。以直线代替圆弧的接触弧方程只有对冷轧薄板时比较接近，此时弦弧差别较小，同时冷轧薄板时黏着现象不太显著，所以采利柯夫公式运用在冷板情况下是比较准确的。

10.2.2　奥洛万(Orowan)单位压力微分方程及西姆斯和勃兰特-福特单位压力公式

10.2.2.1　奥洛万(Orowan)单位压力微分方程

卡尔曼认为变形区内沿轧件各横截面上无切应力作用，横截面上各点金属流动速度、应力及变形均匀分布，因此采用平截面截取微分体，这种处理与轧件厚度较薄的冷轧条件接近，但与热轧条件相差较远。

与卡尔曼一样，奥洛万同样假设轧件金属性质均匀，轧制过程为平面变形(无宽展)。但奥洛万认为，由于接触摩擦的影响，沿横截面存在切应力，水平方向的正应力沿横截面高度方向也并非均匀分布，因此在变形区以圆弧面截取微分体，即对应于接触角，作圆心在对称线上、中心角等于接触角的圆弧，此圆弧与接触弧在交点处垂直。

奥洛万在推导单位压力微分方程时采用了卡尔曼的某些假设，主要是假设轧件在轧制时无宽展。即轧件只产生平面变形。

奥洛万理论与卡尔曼理论的最重要区别是：不承认接触弧上各点的摩擦系数恒定，不认为整个变形区都产生滑移，而认为轧件与轧辊间是否产生滑移，决定于摩擦力的大小、当摩擦力小于轧件材料的剪切屈服极限 τ_s 时($t < \tau_s$)，产生滑移，而当摩擦力 $t > \tau_s$ 时。则不产滑移而出现黏着现象(图 10-11)。

在变形区内取单元体(圆弧小条)，水平应力沿轧件高度分布不均匀．而存在剪应力 τ 其值为

$$\tau = \tau_{r\theta} = \frac{t}{\theta}\theta' = \frac{fp}{\theta}\theta'$$

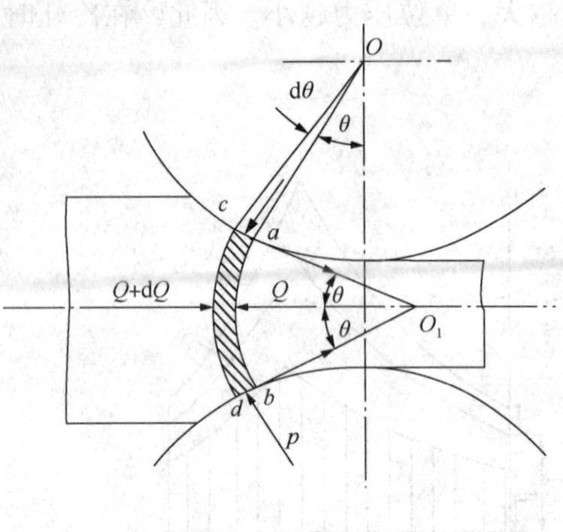

奥洛万单位压力微分方程如下：

$$\frac{\mathrm{d}[h_\theta(p-K\omega)]}{\mathrm{d}\theta} = 2R(p\sin\theta \mp t\cos\theta)$$

此即奥洛万单位压力微分方程。"+"适用于前滑区，"−"适用于后滑区。

10.2.2.2 西姆斯单位压力公式

西姆斯(Sims)以奥洛万微分方程为基础求解单位压力。西姆斯认为热轧时发生黏着，单位摩擦力为 $t = k = K/2$。求得单位压力公式为

前滑区：$\dfrac{p_\mathrm{h}}{K} = \dfrac{\pi}{4}\ln\left(\dfrac{h_0}{h}\right) + \dfrac{\pi}{4} + \sqrt{\dfrac{R}{h}}$

$\arctan\left(\sqrt{\dfrac{R}{h}}\theta\right)$

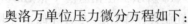

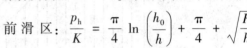

图 10-11 奥洛万的变形区内受力情况

后滑区：$\dfrac{p_\mathrm{H}}{K} = \dfrac{\pi}{4}\ln\left(\dfrac{h_0}{H}\right) + \dfrac{\pi}{4} + \sqrt{\dfrac{R}{h}}\arctan\left(\sqrt{\dfrac{R}{h}}\alpha\right) - \sqrt{\dfrac{R}{h}}\arctan\left(\sqrt{\dfrac{R}{h}}\theta\right)$

10.3　接触面积的确定

根据轧制压力的计算公式：

$$p = \bar{p}F$$

式中　$\bar{p}$——金属对轧辊的(垂直)平均单位压力；

　　　F——轧件与轧辊接触面积的水平投影，简称接触面积。

可知决定轧制压力的基本因素：一是平均单位压力 $\bar{p}$，二是轧件与轧辊的接触面积 F。所以必须确定对轧制时的接触面积。

在一般情况下轧件对轧辊的总压力作用在垂直方向上或倾斜度不大，而接触面积应与压力垂直。因此，F 一般情况下不是轧件与轧辊实际接触面积，而是其的水平投影。

10.3.1　在平辊上轧制矩形断面轧件时的接触面积

10.3.1.1　简单轧制条件下接触面积的计算

公式为

$$F = \bar{B}\cdot l$$

式中　$\bar{B}$——平均宽度，$\bar{B} = (B+b)/2$；

　　　l——变形区长度，$l = \sqrt{R\Delta h}$。

以下分为两种情况讨论：

① 当上下工作辊径相同时，其接触面积可用下式确定：

$$F = \frac{B+b}{2}\sqrt{R\Delta h}$$

② 当上下工作辊径不等时，其接触面积可用下式确定：

$$F = \frac{B+b}{2}\sqrt{\frac{2R_1R_2}{R_1+R_2}\Delta h}$$

式中 R_1、R_2——上下轧辊工作半径。

10.3.1.2　考虑轧辊弹性压扁时的接触面积计算

在冷轧板带和热轧薄板时，由于轧辊承受的高压作用，轧辊产生局部的压缩变形，此变形可能很大，尤其是在冷轧板带时更为显著。轧辊的弹性压缩变形一般称为轧辊的弹性压扁，轧辊弹性压扁的结果使接触弧长度增加，如图 10-12 所示。

若忽略轧件的弹性变形，根据两个圆柱体弹性压扁的公式推得

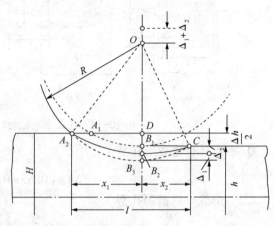

$$l' = x_1 + x_2 = \sqrt{R\Delta h + x_2^2} + x_2$$
$$= \sqrt{R\Delta h + (\bar{c}\bar{p}R)^2} + \bar{c}\bar{p}R$$

式中 C——系数，$C = \dfrac{8(1-v^2)}{\pi E}$，对钢轧辊，弹性模数 $E = 2.156\times10^5\,\mathrm{N/mm^2}$，波桑系数 $v = 0.3$，则 $C = 1.075\times10^5\,\mathrm{mm^2/N}$；

图 10-12　轧辊的弹性变形对变形区长度的影响

$\bar{p}$——平均单位压力，$\mathrm{N/mm^2}$；

R——轧辊半径，mm。

考虑弹性压扁时的接触面积：

$$F = B \cdot l'$$

注意：一般先计算出没有考虑弹性压扁时的轧制压力 P，而后按此压力计算轧辊压扁的变形区长度 l'；再根据此 l' 值重新计算轧制压力 P'，用 P' 来验算所求的 l''。若 l' 与 l'' 相差较大，尚需反复运算，直至其差值较小为止。

10.3.2　在孔型中轧制时接触面积的确定

在孔型中轧制时，由于轧辊上刻有孔型，轧件进入变形区和轧辊接触是不同时的，压下也是不均匀的。在这种情况下可用图解法或近似公式来确定。

10.3.2.1　按作图法确定接触面积

图 10-13 是用作图法，把孔型和在孔型中的轧件一起，画出三面投影，得出轧件与孔型相接触面的水平投影，其面积即为接触面积。图中俯视图有剖面线的部分为不考虑宽展时的接触面积，虚线加宽部分系根据轧件轧后宽度近似画出的接触面积。

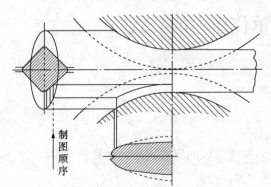

图 10-13　用作图法确定接触面积

10.3.2.2　近似公式计算法

孔型中轧制时，其接触面积也可用下式确定：

$$F = \frac{B+b}{2}\sqrt{R\Delta h}$$

注意：压下量 Δh 和轧辊半径 R 应为平

均值 $\bar{\Delta h}$ 和 $\bar{R}$。

对菱形、方形、椭圆和圆孔型进行计算时，如图 10-14 所示，可采用下列经验公式计算：

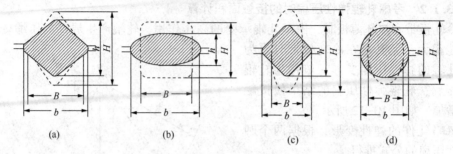

图 10-14　在孔型中轧制时的压下量的计算示意

① 菱形轧件进菱形孔型

$$\overline{\Delta h} = (0.55 \sim 0.6)(H-h)$$

② 方形轧件进椭圆孔型

$$\overline{\Delta h} = H-0.7h(适用于扁椭圆)$$

$$\overline{\Delta h} = H-0.85h(适用于圆椭圆)$$

③ 椭圆轧件进方孔型

$$\overline{\Delta h} = (0.65 \sim 0.7)H-(0.55 \sim 0.6)h$$

④ 椭圆轧件进圆孔型

$$\overline{\Delta h} = 0.85H-0.79h$$

为了计算延伸孔型的接触面积，可用下列近似公式。

由椭圆轧成方形　　　　　$F = 0.75B_h\sqrt{R(H-h)}$

由方形轧成椭圆　　　　　$F = 0.54(B_H+B_h)\sqrt{R(H-h)}$

由菱形轧成菱形或方形　　$F = 0.67B_h\sqrt{R(H-h)}$

式中　H、h——在孔型中央位置的轧制前、后轧件断面的高度；

　　　B_H、B_h——轧制前、后轧件断面的最大宽度；

　　　　R——孔型中央位置的轧辊半径。

10.4　计算平均单位压力的公式

10.4.1　采利柯夫公式

10.4.1.1　表达式

(1) 计算公式

平均单位压力决定于被轧制金属的变形抗力和变形区的应力状态。计算公式为

$$\bar{p} = m \cdot n_\sigma \cdot \sigma_s$$

式中　m——考虑中间主应力的影响系数，在 $1 \sim 1.15$ 范围内变化，若忽略宽展，认为轧件

216

产生平面变形，则 $m = 1.15$；

n_σ——应力状态系数；

σ_s——被轧金属的屈服强度。

（2）应力状态系数的确定

应力状态系数决定于被轧金属在变形区内的应力状态。影响应力状态的因素有外摩擦、外端、张力等，因此应力状态系数可写成

$$n_\sigma = n'_\sigma \cdot n''_\sigma \cdot n'''_\sigma$$

式中　n'_σ——考虑外摩擦影响的系数；

n''_σ——考虑外端影响的系数；

n'''_σ——考虑张力影响的系数。

（3）平面变形抗力的确定

平面变形条件下的变形抗力称为平面变形抗力，用 K 表示。

$$K = 1.15\sigma_s$$

结论：此时的平均单位压力计算公式为

$$\bar{p} = n_\sigma K$$

10.4.1.2　外摩擦影响系数 n'_σ 的确定

$$n'_\sigma = \frac{2(1-\varepsilon)}{\varepsilon(\delta-1)}\left(\frac{h_\gamma}{h}\right)\left[\left(\frac{h_\gamma}{h}\right)-1\right]$$

式中　ε——本道次变形程度，$\varepsilon = \Delta h / H$；

δ——系数，$\delta = 2fl/\Delta h$，$l = \sqrt{R\Delta h}$。

为简化计算，将 n'_σ 与 δ、ε 的函数关系作成曲线，如图 10-15 所示。从图中可以看出，当 ε、f、D 增加时，平均单位压力急剧增大。当 δ、ε 较小时，可用如图 10-15（b）所示的局部放大曲线。

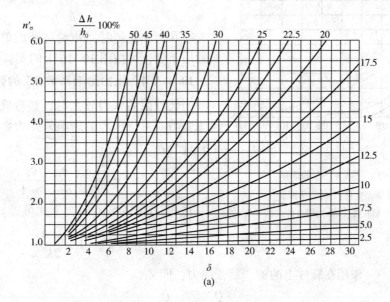

(a)

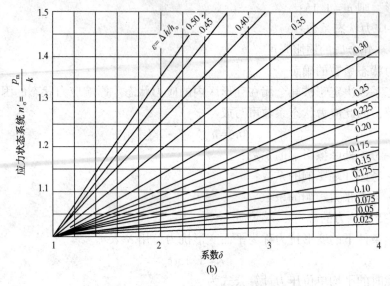

图 10-15 n'_σ 与 δ、ε 的关系曲线

10.4.1.3 外端影响系数 n''_σ 的确定

外端影响系数 n''_σ 的确定是比较困难的，因为外端对单位压力的影响是很复杂的。在一般轧制板带的情况下，外端影响可忽略不计。实验研究表明，当变形区 $l/\bar h > 1$ 时，n''_σ 接近于 1，如在 $l/\bar h = 1.5$ 时，n''_σ 不超过 1.04，而在 $l/\bar h = 5$ 时，n''_σ 不超过 1.005。因此，在轧板带时，计算平均单位压力可取 $n''_\sigma = 1$，即不考虑外端的影响。

实验研究表明，对于轧制厚件，由于外端存在使轧件的表面变形引起的附加应力而使单位压力增大，故对于厚件，当 $0.5 < l/\bar h < 1$ 时，可用经验公式计算 n''_σ 值，即

$$n''_\sigma = \left(\frac{l}{\bar h}\right)^{-0.4}$$

在孔型中轧制时，外端对平均单位压力的影响性质不变，可按图 10-16 上的实验曲线查找。

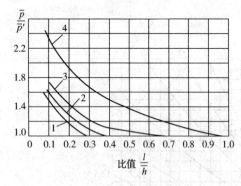

图 10-16 $l/\bar h$ 对 n''_σ 的影响

1—方形断面轧件；2—圆形断面；
3—菱形轧件；4—矩形轧件

10.4.1.4 张力影响系数 n'''_σ 的确定

当轧件前后张力较大时，如冷轧带钢，必须考虑张力对单位压力的影响。张力影响系数可用下式计算：

$$n'''_\sigma = 1 - \frac{\delta}{2K}\left(\frac{q_H}{\delta-1} + \frac{q_h}{\delta-1}\right)$$

在 $\delta = 2fl/\Delta h \geqslant 10$ 时，上式可近似认为

$$n'''_\sigma \approx 1 - \frac{q_H + q_h}{2K}$$

式中 q_H、q_h ——作用在轧件上的前、后张应力，即

$$q_h = \frac{Q_h}{bh}, \quad q_H = \frac{Q_H}{BH}$$

式中 Q_h、Q_H ——作用在轧件上的前、后张力；

218

B、H——轧件轧制前的宽度和厚度；

b、h——轧后的宽度和厚度；

K——平面变形抗力。

当轧件无纵向外力作用时，$n'''_\sigma = 1$，如纵向外力为推力时，Q_h、Q_H取负值。

特点：采利柯夫公式可用于热轧，也可用于冷轧；可用于薄件轧制，也可用于厚件轧制。

10.4.1.5 采利柯夫公式的应用

【例题 10-1】 在 $D = 500$mm、轧辊材质为铸铁的轧机上轧制低碳钢板，轧制温度为 950℃，轧件尺寸 $H \times B = 5.7 \times 600$mm，$\Delta h = 1.7$mm，$K = 86$N/mm^2，求轧制压力。

解：

$$f = 0.8 \times (1.05 - 0.0005t)$$
$$= 0.8 \times (1.05 - 0.0005 \times 950) = 0.46$$

$$l = \sqrt{R\Delta h} = \sqrt{250 \times 1.7} = 20.6 \text{mm}$$

$$\delta = \frac{2fl}{\Delta h} = \frac{2 \times 20.6 \times 0.46}{1.7} = 11$$

$$\varepsilon = \frac{\Delta h}{H} = \frac{1.7}{5.7} = 30\%$$

查图 10-15 得

$$n'_\sigma = 2.9$$

因为

$$\frac{l}{h} = \frac{20.6 \times 2}{5.7 + 4} = 4.2 > 1$$

所以

$$n''_\sigma = 1$$

又因为无前后张力，所以

$$p = n'_\sigma KBL = 2.9 \times 86 \times 600 \times 20.6 = 3.08 \text{MN}$$

10.4.2 艾克隆德公式

10.4.2.1 表达式

$$p = (1+m)(K + \eta \cdot \overline{\dot{\varepsilon}})$$

式中 $1+m$——考虑外摩擦影响的系数；

K——平面变形抗力，N/mm^2；

η——金属的黏度，N·s/mm^2；

$\overline{\dot{\varepsilon}}$——轧制时的平均变形速度，s^{-1}。

式中以乘积 $\eta \cdot \dot{\varepsilon}$ 考虑轧制速度对变形抗力的影响。

10.4.2.2 公式中各项的计算

$$m = \frac{1.6f\sqrt{R\Delta h} - 1.2\Delta h}{H + h}$$

式中 f——摩擦系数。

$$K = (137 - 0.098t)(1.4 + C + Mn + 0.3Cr) \text{ N/mm}^2$$

式中 C、Mn、Cr——钢中碳、锰、铬的含量，%；

t——轧制温度，℃。

$$\eta = 0.01(137 - 0.098t) \cdot c'N \cdot s/mm^2$$

式中 c'——轧制速度对 η 的影响系数，其数值，见表 10-1。

$$\bar{\dot{\varepsilon}} = \frac{2v\sqrt{\dfrac{\Delta h}{R}}}{H + h}$$

表 10-1 系数 c' 与轧制速度的关系

轧制速度 $v/(m/s)$	<6	6~10	10~15	15~20
系数 c'	1	0.8	0.65	0.6

10.4.2.3 特点

艾克隆德公式是用于计算热轧时平均单位压力的半经验公式，计算热轧低碳钢钢坯及型钢的轧制压力有比较正确的结果。但对轧制钢板和异型钢材，则不宜使用。

10.4.2.4 艾克隆德公式的应用

【例题 10-2】 在 $D = 530mm$、辊缝 $s = 20.5mm$、轧辊转速 $n = 100r/min$ 的箱形孔型中轧制 45 号钢，轧件尺寸为 $H \times B = 202.5mm \times 174mm$，$h \times b = 173.5mm \times 176mm$，轧制温度 1120℃，钢轧辊，求轧制压力。

解：
$$R = \frac{1}{2}(D - h + s) = \frac{1}{2}(530 - 173.5 + 20.5) = 188.5mm$$

$$\Delta h = H - h = 202.5 - 173.5 = 29mm$$

$$l = \sqrt{R\Delta h} = \sqrt{188.5 \times 29} = 74mm$$

$$F = \frac{B + b}{2}l = \frac{174 + 176}{2} \times 74 = 12950mm^2$$

$$v = \frac{\pi D n}{60} = \frac{3.14 \times 2 \times 188.5 \times 100}{60} = 1.97m/s$$

$$f = 1.05 - 0.0005 \times 1120 = 0.49$$

$$m = \frac{1.6fl - 1.2\Delta h}{H + h} = \frac{1.6 \times 0.49 \times 74 - 1.2 \times 29}{202.5 + 173.5} = 0.06$$

$$K = (137 - 0.098 \times 1120)(1.4 + 0.45 + 0.5) = 64N/mm^2$$

$$\eta = 0.01 \times (137 - 0.098 \times 1120) = 0.27N \cdot s/mm^2$$

$$\bar{\dot{\varepsilon}} = \frac{2 \times 1.97 \sqrt{\dfrac{29}{188.5}} \times 10^3}{202.5 + 173.5} = 4.1s^{-1}$$

$$\bar{p} = (1 + m)(K + \eta \cdot \bar{\dot{\varepsilon}}) = (1 + 0.06)(64 + 0.27 \times 4.1) = 69N/mm^2$$

$$p = \bar{p}F = 69 \times 12950 = 894 \times 10^3 N$$

10.5 轧制压力的影响因素

（1）轧件材质的影响

轧件材质不同，变形抗力也不同。含碳量高或合金成分高的材料，因其变形抗力大，轧制时单位变形抗力也大，轧制力也就大。

220

（2）轧件温度的影响

所有金属都有一个共同的特点，即其屈服点随着温度的升高而下降，因为温度升高后，金属原子的热振动加强、振幅增大，在外力作用下更容易离开原来的位置发生滑移变形，所以温度升高时，其屈服点即下降。在高温时，由于不断产生加工硬化，因此金属的屈服点和抗拉强度值是相同的，即 $\sigma_s = \sigma_b$。此外，温度高于900℃以后，含碳量的多少，对屈服点不产生影响。

轧制温度对碳素钢轧制力的影响不是一条曲线所能表达清楚的。轧制温度高，一般来说轧制力小，但仔细来说，在整个温度区域中，200~400℃时轧制力随温度升高而下降，400~600℃时轧制力随温度升高而升高，600~1300℃时轧制力随温度升高而下降。

（3）变形速度的影响

根据一些实验曲线可以得出，低碳钢在400℃以下冷轧时，变形速度对抗拉强度影响不大，而在热轧时却影响极大，型钢热轧时变形速度一般在 $10 \sim 100 \text{s}^{-1}$ 之间，与静载变形（变形速度为 10^{-4}s^{-1}）相比，屈服点高出5~7倍。因此，热轧时，随轧制速度增加变形抗力有所增加，平均单位压力将增加，故轧制力增加。

（4）外摩擦的影响

轧辊与轧件间的摩擦力越大，轧制时金属流动阻力愈大，单位压力愈大，需要的轧制力也越大。在表面光滑的轧辊上轧制比表面粗糙的轧辊上轧制时所需的轧制力小。

（5）轧辊直径的影响

轧辊直径对轧制压力的影响通过两方面起作用，一方面，当轧辊直径增大，变形区长度增长，接触面积增大，导致轧制力增大；另一方面，由于变形区长度增大，金属流动摩擦阻力增大，则单位压力增大，所以轧制力也增大。

（6）轧件宽度的影响

轧件越宽对轧制力的影响也越大，接触面积增加，轧制力增大，轧件宽度对单位压力的影响一般是宽度增大，单位压力增大，但当宽度增大到一定程度以后，单位压力不再受轧件宽度的影响。

（7）压下率的影响

压下率愈大，轧辊与轧件接触面积愈大，轧制力增大；同时随着压下量的增加，平均单位压力也增大，轧制力增大。

（8）前后张力的影响

轧制时对轧件施加前张力或后张力，均使变形抗力降低。若同时施加前后张力，变形抗力将降低更多，前后张力的影响是通过减小轧制时纵向主应力，从而减弱三向应力状态，使变形抗力减小。

复习思考题

10-1　轧制压力在生产实践中有何重要的意义？

10-2　轧制压力的确定方法有哪些？

10-3　写出卡尔曼（Karman）单位压力微分方程及采利柯夫解。

10-4　影响轧制压力的因素有哪些？

参 考 文 献

[1] 吕立华. 金属塑性变形与轧制原理[M]. 北京：化学工业出版社，2007.

[2] 赵志业. 金属塑性变形与轧制理论[M]. 北京：冶金工业出版社，2014.

[3] 李尧. 金属塑性成形原理[M]. 第2版. 北京：机械工业出版社，2013.

[4] 董湘怀. 金属塑性成形原理[M]. 北京：机械工业出版社，2011.

[5] 彭大暑. 金属塑性加工原理[M]. 第二版. 长沙：中南大学出版社，2014.

[6] 胡礼木. 材料成形原理[M]. 北京：机械工业出版社，2005.

[7] 俞汉清，陈金德. 金属塑性成形原理[M]. 北京：机械工业出版社，1999.

[8] 运新兵. 金属塑性成形原理[M]. 北京：冶金工业出版社，2012.

[9] 王占学. 塑性加工金属学[M]. 北京：冶金工业出版社，1991.

[10] 叶茂. 金属塑性加工中摩擦润滑原理与应用[M]. 沈阳：东北工学院出版社，1990.

[11] 曹乃光. 金属塑性加工原理[M]. 北京：冶金工业出版社，1983.

[12] 王祖唐. 金属塑性成形原理[M]. 北京：机械工业出版社，1989.

[13] 汪大年. 金属塑性成形原理[M]. 北京：机械工业出版社，1986.

[14] 万胜狄. 金属塑性成形原理[M]. 北京：机械工业出版社，1995.

[15] 任学平. 金属塑性成形力学原理[M]. 北京：冶金工业出版社，2008.

[16] 周志明. 材料成形原理[M]. 北京：北京大学出版社，2011.

[17] 胡亚民. 材料成形技术基础[M]. 第2版. 重庆：重庆大学出版社，2008.

[18] 王仲仁. 塑性加工力学基础[M]. 哈尔滨：哈尔滨工业大学出版社，1989.

[19] 王平. 金属塑性成形力学[M]. 北京：冶金工业出版社，2006.

[20] 黄重国. 金属塑性成形力学原理[M]. 北京：冶金工业出版社，2008.

[21] 曹鸿德. 金属塑性变形与轧制原理[M]. 北京：机械工业出版社，1979.

[22] 王廷溥. 金属塑性加工学[M]. 北京：冶金工业出版社，1988.

[23] 【苏】采利科夫. 轧制原理手册[M]. 王克智，欧光辉，张维静，译. 北京：冶金工业出版社，1989.

[24] 吕立华. 轧制理论基础[M]. 重庆：重庆大学出版社，1991.

[25] 钱苗根. 金属学[M]. 上海：上海科学技术出版社，1982.

[26] 徐秉业，陈森灿. 塑性理论简明教程[M]. 北京：清华大学出版社，1984.

[27] 王国栋，赵德文. 现代材料成形力学[M]. 沈阳：东北大学出版社，2004.

[28] 赵德文. 材料成形力学[M]. 沈阳：东北大学出版社，2002.

[29] 杨觉先. 金属塑性变形物理基础[M]. 北京：冶金工业出版社，1991.

[30] 何景素，王燕文. 金属的超塑性[M]. 北京：科学出版社，1986.